科学技术部科研条件与财务司
科学技术部科技经费监管服务中心

促进科技和金融结合政策文件汇编

王伟中 主编

图书在版编目(CIP)数据

促进科技和金融结合政策文件汇编/王伟中主编.—北京:科学技术文献出版社,2011.9
ISBN 978-7-5023-6982-8

Ⅰ.①促… Ⅱ.①王… Ⅲ.①科技政策-汇编-中国 ②金融政策-汇编-中国 Ⅳ.①G322.0 ②F832.0

中国版本图书馆 CIP 数据核字(2011)第 164971 号

促进科技和金融结合政策文件汇编

| 策划编辑:周国臻 | 责任编辑:李 芳 周国臻 | 责任校对:赵文珍 | 责任出版:王杰馨 |

出 版 者	科学技术文献出版社
地 址	北京市复兴路 15 号 邮编 100038
编 务 部	(010)58882938,58882087(传真)
发 行 部	(010)58882868,58882866(传真)
邮 购 部	(010)58882873
网 址	http://www.stdp.com.cn
发 行 者	科学技术文献出版社发行 全国各地新华书店经销
印 刷 者	北京雁林吉兆印刷有限公司
版 次	2011 年 9 月第 1 版 2011 年 9 月第 1 次印刷
开 本	787×1092 1/16 开
字 数	357 千
印 张	22
书 号	ISBN 978-7-5023-6982-8
定 价	56.00 元

版权所有 违法必究

购买本社图书,凡字迹不清、缺页、倒页、脱页者,本社发行部负责调换

《促进科技和金融结合政策文件汇编》
编辑委员会

主　编　王伟中
副主编　张晓原　宋德正　邓天佐　房汉廷　郭建川
编　委　沈文京　国丽娜　潘昕昕　熊　明　郭　戎
　　　　　　蒋　琦　贾建平　张明喜　张俊芳　李文雷
　　　　　　安　磊　王　磊　陈　伟

前　言

　　为贯彻落实《规划纲要》及其配套政策，进一步促进科技和金融结合，加快形成多元化、多层次的科技投融资体系，科技部会同中国人民银行、中国银监会、中国证监会、中国保监会等部门和单位出台了《关于印发促进科技和金融结合试点实施方案的通知》，并会同有关部门出台了多项促进科技和金融结合的政策。为了便于学习和贯彻执行，我们将近期出台的与科技和金融相关的政策制度汇编成册。

　　本书主要收集了综合、创业投资、科技贷款、科技担保、资本市场和科技保险等方面的规章制度与相关的法律法规，对国家各类科技金融管理政策等内容进行了重点介绍，具有较强的指导性，可作为各级科技管理部门、金融管理部门、企事业单位开展科技金融工作和融资规划的重要资料。

科学技术部科研条件与财务司
科学技术部科技经费监管服务中心
二〇一一年七月

目 录

一、综合篇

国务院办公厅转发财政部　科技部关于改进和加强中央财政科技
　　经费管理若干意见的通知　国办发〔2006〕56号 ………………………………… 3
科学技术部关于印发《关于加强科技条件财务工作的意见》
　　的通知　国科发财字〔2006〕454号 …………………………………………………… 7
科学技术部　国务院国资委　中华全国总工会关于印发"技术创新引导工程"
　　实施方案的通知　国科发政字〔2006〕31号 ………………………………………… 15
财政部　国家发展改革委　科技部　劳动保障部关于企业实行自主
　　创新激励分配制度的若干意见　财企〔2006〕383号 ………………………………… 20
商务部　发展改革委　科技部　财政部　海关总署　税务总局　知识产权局
　　外汇局关于鼓励技术引进和创新，促进转变外贸增长方式的若干意见
　　商服贸发〔2006〕13号 …………………………………………………………………… 24
财政部　国家税务总局关于企业技术创新有关企业所得税优惠
　　政策的通知　财税〔2006〕88号 ………………………………………………………… 28
财政部　国家税务总局关于纳税人向科技型中小企业技术创新基金
　　捐赠有关所得税政策问题的通知　财税〔2006〕171号 ……………………………… 30
科学技术部　国家发展改革委　国土资源部　建设部关于印发促进国家
　　高新技术产业开发区进一步发展增强自主创新能力的若干意见
　　的通知　国科发高字〔2007〕152号 …………………………………………………… 31
国家发展改革委　教育部　科技部　财政部　人事部　人民银行　海关
　　总署　税务总局　银监会　统计局　知识产权局　中科院关于印发关于
　　支持中小企业技术创新的若干政策的通知　发改企业〔2007〕2797号 …………… 35
电子信息产业发展基金管理办法　财建〔2007〕866号 …………………………………… 42
国务院办公厅转发发展改革委等部门关于促进自主创新成果产业化

若干政策的通知　国办发[2008]128号 ……………………………………… 48

财政部　工业和信息化部关于印发《中小企业发展专项资金管理办法》
的通知　财企[2008]179号 ……………………………………………… 52

科学技术部　财政部　教育部　国务院国资委　中华全国总工会
国家开发银行关于推动产业技术创新战略联盟构建的指导意见
国科发政[2008]770号 …………………………………………………… 57

国务院关于进一步促进中小企业发展的若干意见
国发[2009]36号 …………………………………………………………… 60

科学技术部　财政部　教育部　国务院国资委　中华全国总工会
国家开发银行关于印发《国家技术创新工程总体实施方案》的通知
国科发政[2009]269号 …………………………………………………… 67

科学技术部关于印发《关于推动产业技术创新战略联盟构建与发展的
实施办法(试行)》的通知　国科发政[2009]648号 …………………… 75

科学技术部关于印发发挥国家高新技术产业开发区作用促进经济
平稳较快发展若干意见的通知　国科发高[2009]379号 ……………… 82

国家发展改革委关于加快国家高技术产业基地发展的指导意见
发改高技[2009]3211号 …………………………………………………… 87

国务院关于鼓励和引导民间投资健康发展的若干意见
国发[2010]13号 …………………………………………………………… 92

国务院关于加快培育和发展战略性新兴产业的决定
国发[2010]32号 …………………………………………………………… 99

科学技术部等部门关于印发促进科技和金融结合试点实施方案的通知
国科发财[2010]720号 …………………………………………………… 108

财政部　科技部关于印发《中关村国家自主创新示范区企业股权和分红
激励实施办法》的通知　财企[2010]8号 ……………………………… 114

中国人民银行　银监会　证监会　保监会关于进一步做好中小企业
金融服务工作的若干意见　银发[2010]193号 ………………………… 125

科学技术部办公厅关于印发地方促进科技和金融结合试点方案提纲
的通知　国科办财[2011]22号 ………………………………………… 130

关于进一步促进科技型中小企业创新发展的若干意见
国科发政[2011]178号 …………………………………………………… 133

目 录

中国银监会关于支持商业银行进一步改进小企业金融服务的通知
　　银监发[2011]59号 …………………………………………………… 139
财政部　科技部关于印发《国家科技成果转化引导基金管理
　　暂行办法》的通知　财教[2011]289号 ………………………………… 141
科学技术部办公厅关于转发财政部基本建设贷款中央财政贴息资金
　　管理办法的通知　国科办财[2011]48号 ……………………………… 146

二、创业投资篇

财政部　国家发展改革委关于产业技术研究与开发资金试行创业风险
　　投资的若干指导意见　财建[2007]8号 ………………………………… 155
财政部　国家税务总局关于促进创业投资企业发展有关税收政策的通知
　　财税[2007]31号 ………………………………………………………… 160
财政部　科技部关于印发《科技型中小企业创业投资引导基金管理
　　暂行办法》的通知　财企[2007]128号 ………………………………… 162
财政部　国家发展改革委关于印发《产业技术研究与开发资金试行创业风险
　　投资管理工作规程(试行)》的通知　财建[2007]953号 ……………… 169
国务院办公厅转发发展改革委等部门关于创业投资引导基金规范设立
　　与运作指导意见的通知　国办发[2008]116号 ………………………… 175
财政部　国资委　证监会　社保基金会关于印发《境内证券市场转持部分
　　国有股充实全国社会保障基金实施办法》的通知　财企[2009]94号 … 180
商务部关于外商投资创业投资企业、创业投资管理企业审批事项的通知
　　商资函[2009]9号 ………………………………………………………… 185
科学技术部关于外商投资创业投资企业创业投资管理企业审批有关事项
　　的通知　国科发财[2009]140号 ………………………………………… 187
国家税务总局关于实施创业投资企业所得税优惠问题的通知
　　国税发[2009]87号 ……………………………………………………… 189
国家发展和改革委关于加强创业投资企业备案管理和严格规范创业投资
　　企业募资行为的通知　发改财金[2009]1827号 ……………………… 191
国家发展改革委　财政部关于实施新兴产业创投计划、开展产业技术研究
　　与开发资金参股设立创业投资基金试点工作的通知

3

发改高技[2009]2743号 ························ 194

财政部　国资委　证监会　社保基金会关于豁免国有创业投资机构和国
有创业投资引导基金国有股转持义务有关问题的通知
　　财企[2010]278号 ························ 198

财政部关于豁免国有创业投资机构和国有创业投资引导基金国有股转持
义务有关审核问题的通知　财企[2011]14号 ························ 201

国家发展改革委办公厅关于进一步规范试点地区股权投资企业发展和备案
管理工作的通知　发改办财金[2011]253号 ························ 205

三、科技贷款篇

中国银行业监督管理委员会关于商业银行改善和加强对高新技术企业金融
服务的指导意见　银监发[2006]94号 ························ 213

中国银行业监督管理委员会关于印发《支持国家重大科技项目政策性金融
政策实施细则》的通知　银监发[2006]95号 ························ 217

国家开发银行　科学技术部关于对创新型试点企业进行重点融资支持的
通知　开行发[2007]225号 ························ 222

国务院办公厅关于当前金融促进经济发展的若干意见
　　国办发[2008]126号 ························ 224

中国银行业监督管理委员会　中国人民银行关于小额贷款公司试点
的指导意见　银监发[2008]23号 ························ 230

中国银监会关于银行建立小企业金融服务专营机构的指导意见
　　银监发[2008]82号 ························ 234

中国银监会　科学技术部关于进一步加大对科技型中小企业信贷支持
的指导意见　银监发[2009]37号 ························ 236

中国银监会　科学技术部关于选聘科技专家参与科技型中小企业项目评审
工作的指导意见　银监发[2009]64号 ························ 239

关于科技部与中国银行加强合作促进高新技术产业发展的通知
　　国科发财[2009]620号 ························ 242

科学技术部　中国银监会关于开展科技专家参与科技型中小企业贷款
项目评审工作的通知　国科发财[2010]44号 ························ 244

目　录

财政部　工业和信息化部　银监会　国家知识产权局　国家工商行政
　　管理总局　国家版权局关于加强知识产权质押融资与评估管理支持
　　中小企业发展的通知　财企〔2010〕199号 ………………………………… 246

四、科技担保篇

国务院办公厅转发发展改革委等部门关于加强中小企业信用担保体系建设
　　意见的通知　国办发〔2006〕90号 …………………………………………… 251
中国人民银行关于中小企业信用担保体系建设相关金融服务工作的指导
　　意见　银发〔2006〕451号 ……………………………………………………… 255
工业和信息化部关于支持引导中小企业信用担保机构加大服务力度缓解
　　中小企业生产经营困难的通知　工信部企业〔2008〕345号 ……………… 258
财政部　国家税务总局关于中小企业信用担保机构有关准备金税前扣除
　　问题的通知　财税〔2009〕62号 ……………………………………………… 261
工业和信息化部　国家税务总局关于中小企业信用担保机构免征营业税
　　有关问题的通知　工信部联企业〔2009〕114号 …………………………… 262
财政部　工业和信息化部关于印发《中小企业信用担保资金管理暂行
　　办法》的通知　财企〔2010〕72号 …………………………………………… 265

五、资本市场篇

证券公司代办股份转让系统中关村科技园区非上市股份有限公司股份报价
　　转让试点办法（暂行） ………………………………………………………… 273
中国证券监督管理委员会发行审核委员会办法
　　证监会令第31号 ……………………………………………………………… 283
首次公开发行股票并在创业板上市管理暂行办法
　　证监会令第61号 ……………………………………………………………… 291
中国证券监督管理委员会关于修改《证券发行上市保荐业务管理办法》的
　　决定　证监会令第63号 ……………………………………………………… 299

六、科技保险篇

国务院关于保险业改革发展的若干意见
　　国发[2006]23号 ·· 321

财政部关于进一步支持出口信用保险为高新技术企业提供服务的通知
　　财金[2006]118号 ·· 328

中国保监会　科技部关于加强和改善对高新技术企业保险服务有关问题
　　的通知　保监发[2006]129号 ·· 329

科学技术部　中国出口信用保险公司关于进一步发挥信用保险作用支持
　　高新技术企业发展有关问题的通知　国科发财字[2007]254号 ················ 331

科技部　中国保监会关于开展科技保险创新试点工作的通知
　　国科办财字[2007]24号 ·· 334

科技部　中国保监会关于确定第一批科技保险创新试点城市的通知
　　国科发财字[2007]427号 ··· 336

科学技术部　中国保监会关于确定成都市等第二批科技保险创新试点
　　城市（区）的通知　国科发财[2008]521号 ······························· 337

中国保险监督管理委员会　中华人民共和国科学技术部关于进一步做好
　　科技保险有关工作的通知　保监发[2010]31号 ···························· 338

一、综合篇

国务院办公厅转发财政部 科技部关于改进和加强中央财政科技经费管理若干意见的通知

国办发[2006]56号

各省、自治区、直辖市人民政府,国务院各部委、各直属机构:

财政部、科技部《关于改进和加强中央财政科技经费管理的若干意见》已经国务院同意,现转发给你们,请认真贯彻执行。

中华人民共和国国务院办公厅
二〇〇六年八月二十一日

关于改进和加强中央财政科技经费管理的若干意见

在"十一五"开局之年,党中央、国务院召开了全国科技大会,做出了增强自主创新能力、建设创新型国家的重大战略决策,对实施《国家中长期科学和技术发展规划纲要(2006—2020年)》(以下简称《规划纲要》)进行了全面部署,我国的科技事业步入了新的历史时期。为全面贯彻落实《规划纲要》及其配套政策,在确保财政科技投入稳定增长的同时,必须进一步规范财政科技经费管理,提高经费使用效益。现就改进和加强中央(民口)财政科技经费管理提出以下意见:

一、完善科技资源配置的统筹协调和决策机制

1. 完善国家科技计划(基金等)及重大科技事项的决策机制。新设立(或在每个五年规划期后需延续设立)的国家科技计划(基金等)以及涉及国民经济、社会发展和国家安全的重大科技事项,要在科学论证的基础上,报请国家科教领导小组或国务院决策。

2. 建立部(局)际联席会议制度。定期交流部门年度重点科技工作,加强部门之间科技资源配置的协调沟通,推动科技资源共建共享,减少重复、分散和浪费。

3. 加强对地方科技资源配置和科技经费管理工作的指导和协调。构建中央、地方信息沟通平台,加强中央与地方之间科技资源配置的协调,发挥地方资源优势,联合推动重大科技项目的实施,推动区域创新体系的建设。

二、优化中央财政科技投入结构

4. 财政科技投入主要用于支持市场机制不能有效配置资源的基础研究、前沿技术研究、社会公益研究、重大共性关键技术研究开发等公共科技活动。

5. 根据科研活动规律、科技工作特点和财政预算管理要求,优化中央财政科技投入结构。中央财政科技投入主要分为以下五类:

——国家科技计划(基金等)经费。主要支持对经济社会发展、国家安全和科技发展具有重大作用的科学技术研究与开发。国家自然科学基金主要支持自由探索的基础研究。

——科研机构运行经费。主要用于从事基础研究和社会公益研究的科研机

构的运行保障,结合科研机构管理体制和运行机制改革,逐步提高保障水平。

——基本科研业务费。主要用于支持公益性科研机构等的优秀人才或团队开展自主选题研究。

——公益性行业科研经费。主要用于支持公益性科研任务较重的行业部门,组织开展本行业应急性、培育性、基础性科研工作。

——科研条件建设经费。主要用于支持科研基础设施建设、科研机构基础设施维修和科研仪器设备购置、科技基础条件平台建设等。

《规划纲要》确定的重大专项经国务院批准后,统筹落实专项经费,以专项计划的形式逐项启动实施。

6. 合理配置各类财政科技经费,明确各类经费的功能定位,实行分类管理,避免重复交叉。

三、创新财政经费支持方式,推动产学研结合

7. 加大财政支持力度,改进国家科技计划(基金等)支持方式。国家有关科技计划项目要更多地反映企业重大科技需求,在具有明确市场应用前景的领域,应当由企业、高等院校、科研院所共同参与实施。建立健全产学研多种形式结合的新机制,促进科研院所与高等院校围绕企业技术创新需求服务,推动企业提高自主创新能力。

8. 财政对企业自主创新的支持要符合WTO和公共财政的原则,主要用于对共性技术和关键性技术研发的支持。要综合运用无偿资助、贷款贴息、风险投资等多种投入方式,加大对企业、高等院校、科研院所开展产学研合作的支持,积极推动产学研有机结合。

四、健全科研项目立项及预算评审评估制度

9. 根据不同科研项目的特点,建立健全专家咨询、政府决策的立项机制,以及科研项目预算的编制与评审制度,积极引入第三方评估,提高科研项目立项及预算的科学性和规范性。

10. 完善专家参与科研项目管理的机制,建立评审专家库,完善评审专家的遴选、回避、信用和问责制度。

11. 提高科研项目管理的透明度。在符合国家保密规定的前提下,全面实行网上申报,逐步推行网上评审,积极实施公告、公示制度。

12. 建立全国统一的科研项目数据库。在符合国家保密规定的条件下,财政支持的科研项目,从申报、评审、立项、执行到验收等信息必须全部纳入数据库,避免或减少重复申报、重复立项等现象,同时,方便科研人员和科研管理人员了解全国科研项目的信息。

五、强化科研项目经费使用的监督管理

13. 建立和完善国家科技计划(基金等)经费管理制度。严格规定科研项目经费的开支范围与开支标准,重点规范人员费、会议费、差旅费、国际合作与交流费、协作研究费等支出的管理。

14. 加强科研项目经费支出的管理。科研项目经费支出要严格按照批准的预算执行,严禁违反规定自行调整预算和挤占挪用科研项目经费,严禁各项支出超出规定的开支范围和开支标准,严禁层层转拨科研项目经费和违反规定将科研任务外包。健全科研项目经费报账制度。

15. 健全科研项目经费的内部管理制度。各科研项目承担单位应当按照国家有关财务规章制度的规定,健全科研项目经费内部管理制度。科研项目承担单位要明确科研、财务等部门及项目负责人在科研项目经费使用与管理中的职责与权限。科研项目经费必须纳入单位财务统一管理,单独设账,专款专用。科研项目结余经费应严格按照国家有关财务规章制度和财政部结余资金管理的有关规定执行,不得归项目组成员所有、长期挂账,严禁用于发放奖金和福利支出。

16. 加强科研项目经费的监督检查。建立包括审计、财政、科技等部门和社会中介机构在内的财政科技经费监督体系,建立对科研项目的财务审计与财务验收制度。

17. 严格追究违法违纪单位和个人的责任。对违反国家财政法律制度和财经纪律的单位和个人,要给予追回财政拨款等处罚,取消其以后若干年度申请国家科研项目的资格,并向社会公告。同时建议有关部门给予单位和个人纪律处分。构成犯罪的,要依法移送司法机关追究刑事责任。

18. 逐步建立科研项目经费的绩效评价制度。对应用型科研项目,应明确项目的绩效目标,并对其执行过程与执行结果进行绩效评价。绩效评价的结果将成为单位和个人今后申请立项的重要依据。逐步建立国家科技计划(基金等)经费的绩效评价制度。

国防科技工业科技经费管理办法另行研究制订。

科学技术部关于印发《关于加强科技条件财务工作的意见》的通知

国科发财字[2006]454号

各省、自治区、直辖市、计划单列市科技厅(委、局),新疆生产建设兵团科技局:

为贯彻落实全国科技大会精神和《国家中长期科学和技术发展规划纲要(2006—2020年)》及其配套政策,进一步提高科技条件财务管理工作质量和水平,科技部在广泛征求各地方意见的基础上,提出了《关于加强科技条件财务工作的意见》(以下简称《意见》)。现将《意见》印发给你们,请按照《意见》的有关要求,进一步做好科技条件财务工作,促进科技事业发展。

附件:关于加强科技条件财务工作的意见

科学技术部

二〇〇六年十一月十五日

附件：

关于加强科技条件财务工作的意见

为深入贯彻全国科技大会精神，落实《国家中长期科学和技术发展规划纲要（2006—2020年）》（以下简称《规划纲要》）的总体部署，进一步转变政府职能，加强宏观管理，增强服务能力，提高科技条件财务管理工作质量和水平，以更好地支撑科技事业的发展，现就进一步加强科技条件财务工作提出以下意见：

一、高度重视科技条件财务工作，增强对自主创新的支撑能力

1. 科技条件财务工作是实施自主创新战略的重要支撑。科技条件财务工作是科技管理的重要组成部分，是科技事业持续发展的重要前提和根本保障，是实施自主创新战略的重要支撑。改革开放以来，在党和政府的重视下，我国的科技事业迅猛发展，建立了比较完整的学科布局，科研人员数量和素质日渐提高，科研实力显著增强，逐步缩小了与发达国家的差距。这些成就的取得既离不开广大科研工作者的努力，也离不开科技投入和基础设施条件的支持。

2. 科技条件财务工作面临着重要的机遇和挑战。《规划纲要》颁布和全国科技大会召开以后，党中央国务院确定了实施自主创新战略和建设创新型国家的目标。各部门各地方高度重视科技工作，各级政府大幅度增加财政科技投入，科技事业发展已进入新的历史阶段。社会各界对科技经费使用和条件支撑保障问题也越来越予以关注，同时，近年来财政预算管理体制改革进一步得到深化，部门预算、国库集中支付和政府收支分类等项改革措施不断推出，审计监督机制日益健全，管理要求逐渐细化，科技条件财务工作的环境发生了深刻变化，条件财务工作者承担了重要的历史使命，肩负着管好用好科技经费、提高科技条件水平的职责任务，增强了为自主创新支撑服务的能力。

3. 科技条件财务机构必须有效履行自身职能。为适应新形势和新要求，全面实现《规划纲要》及其配套政策提出的任务目标，认真贯彻落实《国务院办公厅转发财政部科技部关于改进和加强中央财政科技经费管理若干意见的通知》（国办发〔2006〕56号）和《国务院办公厅转发科技部等部门2004—2010年国家科技基础条件平台建设纲要》（国办发〔2004〕55号），各级科技部门要充分发挥科技条

件财务机构在参与决策、筹集资金、统筹配置资源、管理和监督经费使用、提供科技条件支撑等方面的职能作用。各级科技条件财务机构要紧密围绕自主创新的需要,进一步树立全局观念,增强服务意识,创新管理方式,合理有效配置各项科技资源,避免重复分散,提高科技投入效率,增强支撑和服务能力。

二、科技条件财务工作的指导思想

4. 新形势下科技条件财务工作的指导思想是:以科学发展观为指导,贯彻落实全国科技大会的精神和《规划纲要》及配套政策的要求,以促进自主创新为核心,以制度建设为基础,以增强宏观调控能力、强化统筹协调为出发点,建立多渠道、多元化的科技投入体系,加强科技资源统筹配置,完善科技条件建设规划布局,规范科技经费的使用,建立全过程的财务监督机制,构建符合社会主义市场经济体制和科技发展要求的"努力增加投入、合理配置资源、监督管理到位、条件保障有力、支撑科技创新"的新型科技条件财务管理体系,促进我国科技事业的健康发展。

三、科技条件财务工作的主要任务

(一)多渠道筹集资金,增加科技投入。

在充分发挥政府科技投入主渠道和引导作用的同时,要积极研究促进企业成为技术创新投入主体的政策和措施,努力使我国全社会研究开发投入占国内生产总值的比例逐年提高,实现到2010年达到2%,到2020年达到2.5%以上的目标。

5. 贯彻《科技进步法》和《规划纲要》及其配套政策的要求,努力落实各级党委、政府和财政部门增加财政科技投入的政策。各级科技条件财务机构作为科技经费统筹协调管理机构,要切实履行好职责,不断研究科技发展与科技投入的新情况、新问题,围绕本部门、本地区的科技工作,了解掌握经费需求情况,提出经费预算需求建议,不断优化资金结构。同时,要牵头组织向财政等部门反映科技经费需求情况,做好沟通协调工作,努力保证增加财政科技投入的政策得以实现,构建起财政科技投入稳定增长机制。

6. 努力营造有利于社会资金投入科技的环境,逐步建立多渠道、多元化的科技投入体系。一是要充分发挥金融资金在促进高新技术产业发展方面的作用,大力推动政策性银行、商业银行、创业风险投资公司、保险机构等加大对自主创新的投入力度,支持省市科技部门与金融机构的省市分行建立合作机制,创新金融工具和产品,利用市场化机制促进科技创新与金融创新的有效结合,支持高新技术企业发展,促进科技成果转化。二是要引导企业加大对技术创新和成果应用的投入力度,支持企业承担国家科技计划项目,充分发挥市场对资源配置的基础性作用,推动建立以企业为主体、产学研结合的技术创新体系。三是鼓励其他社会资金投入科技创新活动,支持和引导社会资金参与科学研究,依照国家有关规定保护其合法权益。

(二)统筹配置资源,创新投入方式。

7. 建立科技经费预算的统筹协调机制。按照"尊重科技规律、服务国家目标、增强调控能力、统筹配置经费"的原则,建立科技经费预算管理协调机制。科技条件财务机构应统一管理本部门各项经费(包括列入部门预算的经费和归口管理的经费),牵头负责科技部门内的资源统筹配置工作,协调安排业务职能机构的资金需求,整合相关科技资源,保障重点支出需要,同时加强科技部门与财政部门,科技部门与其他部门在科技经费配置方面的沟通与协调工作。

8. 创新财政科技投入方式。一是优化财政科技投入结构,根据科研活动规律和科研院所体制改革进展情况,财政科技投入主要分为科技计划经费、科研机构运行经费、基本科研业务费、公益性行业科研经费和科研条件建设经费。要明确定位,合理配置各类经费,加大对基础研究和社会公益类科研机构的稳定支持力度。二是要适应科技改革与发展的新形势,研究科技计划项目资金的多种资助方式。在保留无偿拨款基本方式的同时,对有明确产品导向或产业化前景的科技项目,探索贷款贴息、资本金注入、创业风险投资、担保、偿还性资助、以奖代补等方式,充分发挥财政科技资金的带动引导作用,提高财政资金的使用效率。

(三)强化科技经费过程管理和监督。

9. 加强制度建设,规范科技经费管理。按照课题制管理规定和其他相关制度,科技条件财务机构要建立和完善适应科学研究规律和科技工作特点的科技经费管理制度。做到每个科技计划(专项)都有相应的经费管理办法与之配套,对经费使用方向、开支范围和日常监督做出明确的规定,提高经费管理办法的操作性。

10. 全面实行科技计划项目(含课题,下同)的预算评审评估工作。按照计划管理与经费管理、项目立项与项目预算之间既分工协作、又相互制约的管理原则,科技条件财务机构要认真组织好科技项目的预算评审评估工作。对财政资金设立的科技计划,必须实行预算评审评估,在预算评审评估的基础上,确定并批复项目经费预算,提高预算的相关性、合理性,充分发挥财政资金的效益。各级科技条件财务机构要建立并逐步完善预算评估评审专家库,充分发挥专家作用,提高决策的科学性、准确性。

11. 建立全方位的科技经费监督制约机制。一是建章立制,制定符合科研活动规律的科技经费监督管理办法,研究建立包括审计、财政、科技等部门和社会中介机构的全方位科技经费监督体系。二是建立科技项目年度财务决算制度,作为财务监督检查的基础。三是建立科技项目预算执行过程的抽查审计与延伸审计制度,确保资金流转到哪里,审计跟踪监督到哪里。对实施周期三年以上的项目,要开展中期专项财务检查。四是建立科技项目结题财务验收制度。科技项目结题验收前,必须实施专项财务审计等各种经费审核方式,审核结果是项目财务验收的必备依据。财务验收不合格的,不能通过项目验收。五是充分发挥主管部门和地方科技部门的作用,建立中央、部门、地方的联动机制,形成覆盖全国的科技经费监督网络。

12. 稳步推进绩效评价工作。科技条件财务机构要充分发挥各种中介机构的作用,牵头组织实施科技部门归口管理的科技项目绩效评价工作。研究探索对科研院所经费财务管理以及机构运行状况的考评,支持科研院所体制改革和长远发展。

13. 规范和加强国有科技资产的管理。各级科技条件财务机构要按照财政部及同级财政部门制定的事业单位国有资产管理办法的有关规定,加强国有科技资产的日常管理工作,研究制定加强国有科技资产尤其是科技计划项目经费支持形成的固定资产和科研成果等无形资产的管理措施。

(四)加速推进科技条件建设。

科技条件是科技创新的物质基础,是科技持续发展的重要前提和根本保障。超前部署科技条件建设是切实推进科技自主创新的重要举措,加速推进科技条件建设是《规划纲要》的重要内容,同时又是有效推动《规划纲要》实施的重要保证。

14. 加强科技条件资源建设的统筹规划。一是要结合《规划纲要》及其配套政策的部署,组织制定科技条件资源建设和发展规划,并组织实施,促进资源的优化配置和合理布局;二是要统筹协调各类科技计划(专项)中的科技条件相关工作;三是要指导本部门、本地区科研机构(包括相关企业)科技条件资源建设和共享管理工作。

15. 加强科技条件政策法规建设。研究出台科技条件规范管理等方面的方针政策,促进科技条件的规范化、法制化管理;全面贯彻落实实验动物行政许可制度,加强实验动物原种进口登记单位资质认定、实验动物许可证核发、实验动物出口审批等工作;

16. 积极推进科技条件资源和基地建设。一方面,结合《规划纲要》的重点任务对科技条件资源的重大需求,推进大型科学仪器设备等科技条件资源建设;另一方面,推动科技条件资源的应用基地和自主研发基地建设。

17. 稳步推动科技基础条件平台建设。围绕大型科学仪器和国家研究实验基地建设、自然科技资源、科学数据、科技文献、网络科技环境和成果转化公共服务平台建设,按照"整合、共享、完善、提高"的方针,促进资源的优化配置和合理布局。

18. 加强科技条件资源的自主研发工作。科技条件资源是科技自主创新的基础性支撑,同时,科技条件资源的自主研发又是科技创新的重要内容。一方面,要结合本部门、本地方的实际情况,着力自主创新,推动大型精密仪器、应用范围广泛的中小型分析仪器等科技条件资源的研究开发,逐步解决重大科学研究科技条件支撑严重依赖进口的"空心化"问题;另一方面,要继续推动科学仪器设备的改造升级和功能开发,以及相关新技术、新方法的研究,促进消化、吸收和再创新,提高我国科学仪器设备的研发和应用水平。

19. 加强区域科技条件资源的共享合作。充分结合区域科技、经济和社会发展的需求,建设各具特色和优势的区域科技条件资源共享合作体系,加强中、西部区域科技条件资源建设。重点推进环渤海、长三角、泛珠三角、东北、华中、西北以及西南等七大区域大型科学仪器设备协作共用网建设,并带动相关科技条件资源的区域合作,逐步形成区域性、全国性的共享网络,促进传统科研方式的变革。

20. 推进管理和服务模式创新。一是充分利用现代信息技术,构建基于网络的科技条件工作和服务体系;二是要逐步建立科技条件资源质量保障体系,确保相关工作健康、有序发展;三是充分发挥社会和科技中介机构的作用,积极推进科技条件资源的挖掘服务以及专业化技术人员的培训和资质认定工作。

四、加强科技条件财务工作的保障措施

(一)夯实科技条件财务管理工作的基础。

21. 加强前瞻性调研和政策研究工作。适应当前建设创新型国家和实施自主创新战略的要求,对科技条件财务工作中的重大问题和亟待解决的问题,要超

前部署,及时组织开展前瞻性调研和战略研究,做好政策理论储备,拓宽宏观管理思路,提高科技条件财务管理能力和主动性。

22. 认真落实财政预算改革各项要求,提高预算和财务管理水平。一是各级科技条件财务机构的管理人员要认真学习财政预算改革相关知识,充分认识财政预算改革的重要意义。二是要按照部门预算、政府采购、国库集中收付、政府收支分类改革要求,扎实做好各项管理工作。三是根据事业单位财务制度和会计制度改革部署,研究制定适应科技管理需求的科技事业财务制度和会计核算办法,提高预算和财务管理水平。

23. 建立统一的科研项目预算和经费管理数据库。为避免重复立项,各部门、各地方管理的所有财政支持的科研项目相关信息全部纳入数据库,实行数据共享,并及时更新。数据库中包括项目预算申报、预算评审评估、预算安排、资金国库集中支付、年度财务决算、财务审计、财务验收、项目单位和项目组成员等与项目经费管理相关的所有信息,以实现对项目经费的全过程动态监管。有关信息将按政务公开的要求,面向社会公众开放。

(二)推进机构和队伍建设。

24. 加强领导。各级科技部门的领导班子要高度重视科技条件财务工作,给予有力指导,积极支持科技条件财务机构履行管理职能,并提供必要的工作条件保障。

25. 健全机构、充实人员。各级科技部门要建立健全科技条件财务机构,选派适应管理要求的人员从事相关工作。

26. 建立长效培训机制。科技条件财务机构要高度认识提高工作人员业务素质的重要性。与本部门人事管理机构密切配合,统一制定科技条件财务系统的培训计划,建立部门、地方联动的培训机制,加强科技条件财务管理人员的理论和业务知识学习,提升业务素质和管理能力。

27. 积极开展国际合作与交流。开辟科技条件财务工作人员参加国外培训考察的渠道,借鉴学习国外科技经费管理和条件建设的先进经验,拓宽视野,不断改进和提高自身工作。

(三)加强业务沟通和信息交流。

28. 加强对地方科技条件财务工作的指导和协调。积极开展调研,及时了解各地工作情况,加强业务沟通,推动地方科技部门关注和重视条件财务工作,营造良好的工作氛围。

29. 建立畅通的信息交流机制。构建中央、地方的科技条件财务工作信息交流平台。每年召开全国科技条件财务工作会议,鼓励各区域召开科技条件财务工作片会。地方科技条件财务机构定期报送有关管理信息,科技部条件财务司定期汇编中央有关政策、制度、工作部署和地方管理经验做法,印发各地参阅。互相学习,交流经验,为开拓管理思路服务。

科学技术部 国务院国资委 中华全国总工会关于印发"技术创新引导工程"实施方案的通知

国科发政字[2006]31号

各省、自治区、直辖市科技厅（科委）、国资委、总工会，各计划单列市科技局、国资委，新疆生产建设兵团科技局、国资委，各全国产业工会，各中央企业：

　　为贯彻党的十六届五中全会和全国科技大会精神，落实中共中央、国务院关于加强自主创新的要求，科学技术部、国务院国资委和中华全国总工会决定联合实施"技术创新引导工程"，促进企业成为技术创新的主体，提升企业核心竞争力，增强国家自主创新能力。

　　现将《"技术创新引导工程"实施方案》印发给你们，请结合实际制定具体工作方案，推动此项工作扎实深入地开展，工作中的有关情况和问题请及时报告。

科学技术部　国务院国资委　中华全国总工会
二〇〇六年一月二十四日

附件：

"技术创新引导工程"实施方案

为贯彻党的十六届五中全会和全国科技大会精神，进一步增强企业自主创新能力，加快建立以企业为主体、市场为导向、产学研相结合的技术创新体系，科学技术部、国务院国资委、中华全国总工会决定实施"技术创新引导工程"。

一、基本宗旨和主要目标

基本宗旨：促进企业成为技术创新的主体，提升企业核心竞争力，增强国家自主创新能力，为建设创新型国家提供有力支撑。

主要目标：引导形成拥有自主知识产权、自主品牌和持续创新能力的创新型企业；引导建立以企业为主体、市场为导向、产学研相结合的技术创新体系；引导增强战略产业的原始创新能力和重点领域的集成创新能力。

二、指导原则和总体部署

指导原则：全面落实科学发展观，加强政府引导与运用市场机制相结合，优化资源配置，集成各方优势，创新工作机制，营造有利环境。

总体部署：针对各类企业的特点和发展要求，重点给予支持。对高新技术企业，重点支持其开展以增强自主创新能力为核心的"二次创业"，推进高新技术产业化和科技型中小企业的孵化发展；对大中型骨干企业，支持其建立研发中心，增强研究开发实力；对民营科技企业和科技型中小企业，着重建设公共技术服务平台，完善科技中介服务体系，使其在市场竞争中迅速成长壮大，实现新的发展；对已实施企业化转制的科研院所，加强其持续创新能力建设，在深化改革的基础上，加大支持力度，充分发挥其在行业发展和高新技术产业化中的骨干作用。

三、重点内容

（一）开展创新型企业试点工作。

制定创新型企业试点办法，在全国各地方和行业选择一批符合条件的企业进行试点，给予优先支持，推动企业建立和完善有利于创新的体制和机制，激励企业加大研发投入、健全研发机构、培育创新人才,增强技术创新的内在动力和能力,支持企业加强管理创新和创新文化建设,引导企业走创新型发展的道路。建立相应的考核评估指标体系,开展"创新型企业"评估工作。在地方和行业试点的基础上,开展"国家级创新型企业"命名。

(二)引导和支持若干重点领域形成产学研战略联盟。

引导若干重点领域,以共性技术和重要标准为纽带,以大中型骨干企业和行业龙头企业为核心,形成各种形式的产学研战略联盟,并给予优先支持。以国家高新区等产业集群中的技术联盟企业为主体,配合国家科技计划、重大专项和条件平台项目,采用竞争机制,组织产学研联合开展对引进先进技术的消化吸收和再创新。

(三)优化资源配置,加大对企业技术创新的引导。

主体科技计划优先支持企业承担或企业牵头、产学研联合承担的竞争前技术与共性关键技术研发,引导战略产业的原始创新和重点领域的集成创新。调整政策引导类计划的引导方向,并在其中设立"技术创新引导工程",将科研院所技术开发专项、重点新产品计划、生产力促进中心等纳入统筹考虑。完善科技计划项目评审和立项办法,提高评审专家中企业同行专家的比例。

(四)加强企业研究开发机构和产业化基地建设。

积极扩大在转制科研院所和其他具备条件的企业中建设国家重点实验室的试点规模;采取多种方式,新建一批国家工程技术研究中心。与有关部门共同开展国家认定企业技术中心工作,重点支持企业自主研发活动。

新发展一批产业化基地,提高基地建设水平。进一步发挥国家高新区在科技成果产业化中的重要作用。依托产业化基地,加快探索技术扩散的机制和途径,鼓励和支持企业运用专利许可、技术转让、技术入股等方式加快技术成果的扩散应用。

(五)加强面向技术创新的公共服务平台建设。

针对中小企业的创新需求,建立和完善科技中介服务体系,加大对技术市场、生产力促进中心、科技企业孵化器、科技咨询机构和创业风险投资服务机构等科技中介机构的政策扶持;建立健全共享机制,实现国家重点实验室、国家工程中心等各类共性技术平台向中小企业开放。鼓励社会力量参与技术创新服务人才的培训工作。继续深化和推广科技特派员试点,推广农业专家大院等服务模式,完善农业技术推广服务体系。

（六）激励广大职工为企业技术创新建功立业。

引导职工加强技术创新和技术改造，推动产业结构优化升级和经济结构调整。广泛开展职工技术交流和技术协作，组织能工巧匠进行技术攻关，发动职工参与技术市场建设，促进职工科技成果加速转化。引导职工增强节约意识，发动职工改进工艺、技术和设备，大力推广节能降耗、环境保护、安全生产等方面的先进适用技术，倡导节约型的生产方式和消费方式。

四、保障措施

（一）营造有利的政策环境。

积极推动《国务院关于实施〈国家中长期科学和技术发展规划纲要〉的若干配套政策》中促进企业自主创新的财税政策、金融政策、政府采购政策、技术引进等政策的落实，加快制定相关细则和实施办法。研究制定有利于促进企业自主创新、形成知识产权和保护知识产权的有关政策，形成有利于技术创新的良好政策环境。

（二）加大引导性经费投入。

优化存量，扩充增量。稳步提高计划经费的支持比重，加大政策性经费的支持力度，加强政策研究、创新型企业试点、研发中心与工程中心建设、产学研结合引导以及工程整体推动等方面工作。

（三）加强创新人才队伍建设。

为企业家成长和各类科技人才创新创业创造良好条件。大力提倡科技人才到企业就业或自行创业，鼓励企业探索股权、期权等激励方式吸引科学家和工程师到企业创新创业，不断壮大技术创新队伍。深入开展职工素质建设工程，努力提高广大职工的思想道德素质、科学文化素质、技术技能素质。

（四）加强考核激励，增强企业技术创新的内在动力。

把技术创新能力作为国有企业考核的重要指标，把技术要素参与分配作为高新技术企业产权制度改革的重要内容。深化企业化转制科研院所产权制度等方面的改革，使之在高新技术产业化和行业技术创新中发挥骨干作用。

（五）加强国际科技合作，促进技术创新。

利用政府间科技合作渠道，引导和支持一批企业开展引进消化吸收和再创新。对符合条件的企业，认定为国际科技合作示范基地。在国际科技合作重点项目计划中，加大对大企业集团与国外企业开展联合研发的支持。

(六)加强对技术创新工作的统计评估和奖励。

制定评价指标体系,加强对行业(或产业)技术创新工作的统计评估,定期公布评估结果,加强宏观指导,整体推进技术创新工作。完善各类企业技术创新的评价办法。制定并实施对企业技术创新的奖励办法,激励和引导企业加强技术创新。

五、组织实施

(一)建立部门间分工负责机制,保证本方案确定的各项任务落到实处。科技部、国务院国资委和全国总工会分解工作任务,加强指导和阶段性检查与考核,推动本工程扎实开展。各级科技、国资监管机构和工会组织要根据本方案制订相应的行动方案,纳入"十一五"规划,并作为2006年的工作重点,切实加强领导,精心组织实施。

(二)建立协调沟通机制,形成推进工程实施的合力。科技部、国务院国资委和全国总工会建立联席会议制度,定期进行会商,可联合更多部门参与,加强政策协调,协同行动,适时编印简报,加强信息沟通和经验交流。各级科技、国资监管机构和工会组织要加强协作和联合,统筹协调,优势互补,集成资源,落实工程任务。

(三)各级科技、国资监管机构和工会组织要进一步解放思想,大胆创新,务求实效。建立共同研究探索机制。根据工程实施的需要,共同组织调研,总结经验,发现问题,研究新政策,探索引导技术创新的新方式。同时,加强宣传,为工程深入实施营造良好的社会氛围。

(四)科技部、国务院国资委和全国总工会将会同相关部门抓紧制订本方案确定的创新型企业试点、引导产学研战略联盟试点、建设企业研究开发机构及产业化基地、加强技术创新的公共服务平台建设、激励职工为技术创新建功立业等重点工作的具体方案,并下发实施。

财政部 国家发展改革委 科技部 劳动保障部关于企业实行自主创新激励分配制度的若干意见

财企[2006]383号

党中央各部门,国务院各部委、各直属机构,总后勤部,武警总部,全国人大常委会办公厅,全国政协办公厅,各省、自治区、直辖市、计划单列市财政厅(局)、发展改革委、科技厅(委、局)、劳动和社会保障厅(局),新疆生产建设兵团,各中央管理企业:

为了贯彻实施《国家中长期科学和技术发展规划纲要(2006—2020年)》,支持企业自主创新,维护企业及其研发人员的知识产权权益,改革和完善企业分配和激励机制,根据国家有关法律、法规的规定,现就企业实行自主创新激励分配制度提出如下意见:

一、企业应当建立内部知识产权管理制度,依法划清企业职工职务技术成果与非职务技术成果的界限。属于以下情形之一取得的职工职务技术成果,应当属于企业所有,法律、法规另有规定的除外:

(一)职工在本职工作中取得的;

(二)职工在企业交付的研发任务中取得的;

(三)职工主要利用企业的资金、设备、零部件、原材料或未对外公开的技术资料等资源取得的;

(四)职工退职、退休、调动工作后一年内或者在与企业约定的期限内取得的,且与其在原企业承担的本职工作或分配的任务有关的。

对职务技术成果完成人,企业应当依法支付报酬,并可以给予奖励。

企业研发人员作为非职务技术成果完成人享有的合法权益,企业不得侵犯。

二、企业内部分配应当向研发人员适当倾斜,可以通过双方协商确定研发人员的工资报酬水平,并可以在工资计划中安排一定数额,专门用于对企业在职研发人员的奖励。

实行工资总额同经济效益挂钩政策的企业,在国家调整"工效挂钩政策之前,因实行新的自主创新激励分配制度增加的对研发人员的工资、奖金、津贴、补贴等各项支出,计入工资总额,但应当在工资总额基数之外单列。

三、企业在实施公司制改建、增资扩股或者创设新企业的过程中,对职工个人合法拥有的、企业发展需要的知识产权,可以依法吸收为股权(股份)投资,并办理权属变更手续。

企业应当在对个人用于折股的知识产权进行专家评审后,委托具备相应资质的资产评估机构进行价值评估,评估结果由企业董事会或者经理办公会等类似机构和个人双方共同确认。其中,国有及国有控股企业应当按国家有关规定办理备案手续。

企业也可以与个人约定,待个人拥有的知识产权投入企业实施转化成功后,按照其在近3年累计为企业创造净利润的35%比例内折价入股。折股所依据的累计净利润应当经过中介机构依法审计。

四、企业实现科技成果转化,且近3年税后利润形成的净资产增值额占实现转化前净资产总额30%以上的,对关键研发人员可以根据其贡献大小,按一定价格系数将一定比例的股权(股份)出售给有关人员。

价格系数应当综合考虑企业净资产评估价值、净资产收益率和未来收益折现等因素合理确定。企业不得为个人认购股权(股份)垫付款项,也不得为个人融资提供担保。个人持有股权(股份)尚未缴付认股资金的,不得参与分红。

五、高新技术企业在实施公司制改建或者增资扩股过程中,可以对关键研发人员奖励股权(股份)或者按一定价格系数出售股权(股份)。

奖励股权(股份)和以价格系数体现的奖励额之和,不得超过企业近3年税后利润形成的净资产增值额的35%,其中,奖励股权(股份)的数额不得超过奖励总额的一半;奖励总额一般在3年到5年内统筹安排使用。

六、没有实施技术折股、股权出售和奖励股权办法的企业,可以实施以下技术奖励或分成政策:

(一)与关键研发人员约定,在其任职期间每年按研发成果销售净利润的一定比例给予奖励;

(二)根据盈利共享、风险共担的原则,采取合作经营方式,与拥有企业发展需要的成熟知识产权的研发人员约定,对合作项目的收益或者亏损按一定比例进行分成或者分担。

以上比例一般控制在项目利润或亏损的 30% 以内，相应支出不计入工资总额，不得作为企业计提职工教育经费、工会经费、社会保险费、住房公积金等的基数。企业支付的奖励或收益分成计入管理费用，收到研发人员的损失补偿款冲减管理费用。

七、国有及国有控股企业根据企业自身情况，采取技术折股、股权出售、奖励股权、技术奖励或分成等方式，对相关人员进行激励，并应当具备以下条件：

（一）企业发展战略明确，产权明晰，法人治理结构健全；

（二）建立了规范的员工绩效考核评价制度、内部财务管理制度；

（三）企业财务会计报告经过中介机构依法审计，近 3 年净资产增值额真实无误，且没有违反财经法律法规的行为；

（四）实行股权出售或者奖励股权的企业，近 3 年税后利润形成的净资产增加值占企业净资产总额的 30% 以上，且实施股权激励的当年年初未分配利润没有赤字；

（五）实行技术奖励或分成的企业，年度用于技术奖励或分成的金额同时不得超过当年可供分配利润的 30%。

八、企业按照本意见第三条至第六条实行激励分配制度的，应当拟订具体的实施方案，经股东会或履行股东职能的相关机构审议通过后，与激励对象签订协议。

实施方案应当明确激励对象、激励方式、激励标准、激励计划、绩效考核、权利义务、违约责任等内容，并不得对同一研发人员或者同一知识产权重复实施不同形式的激励政策。

国有及国有控股企业实行激励分配制度的实施方案，应当按国家有关规定报经批准。

九、企业应当在年度财务会计报告中，对企业实行自主创新激励分配的相关财务信息予以充分披露。具体披露信息包括研发人员工资总额及人均工资总额，实施技术折股、股权出售、奖励股权、技术奖励或者分成涉及的研发人员人数及其条件、股权数量、比例或奖励金额等。会计师事务所在对企业年报实施审计时，应当对企业相关激励分配情况予以重点关注。

十、本意见所称企业研发人员，是指从事研究开发活动的企业在职和外聘兼职的专业技术人员以及为其提供直接服务的管理人员。

本意见所称企业关键研发人员，是指关键技术成果的主要完成人、重大研发项目的负责人或者对企业主导产品、核心技术进行重大创新、改进的主要技术人员。

高新技术企业的资格，按照国家高新技术企业认定的相关规定确定。

十一、各部门、各地方可以按照本意见，结合实际情况制定本系统、本地区企业自主创新激励分配的具体实施办法。

十二、本意见自发布之日起施行。执行中有何问题，请随时反映。

财政部　国家发展改革委　科技部　劳动保障部
二〇〇六年十月二十五日

商务部　发展改革委　科技部　财政部 海关总署　税务总局　知识产权局　外汇局 关于鼓励技术引进和创新， 促进转变外贸增长方式的若干意见

商服贸发[2006]13号

各省、自治区、直辖市、计划单列市及新疆生产建设兵团商务主管部门、发展改革委(计委、经贸委、经委)、科技厅(委、局)、财政厅(局)，海关广东分署，天津、上海特派办，各直属海关、国家税务局、知识产权局、外汇管理局：

为深入贯彻全国科学技术大会精神，进一步实施科技兴贸战略，落实《科技兴贸"十一五"规划》，鼓励境内企业引进先进技术，增强消化吸收和再创新能力，提高企业核心竞争力，加快转变外贸增长方式，现提出如下意见：

一、提高对技术引进新形势的认识

(一)改革开放后，我国技术引进发展迅速。1979年以来，我国共对外签订技术引进合同近8万项，合同总金额2000多亿美元。其中，"十五"期间，签订技术引进合同3.5万项，合同金额近730亿美元，占改革开放以来引进技术总额的36%。技术引进为提高产业技术水平，增强企业创新能力，促进经济社会发展发挥了重要作用。

(二)当前，国际经济格局发生了深刻变化，经济全球化的趋势明显增强，经济结构调整不断加快，技术创新对经济增长的贡献日益突出，科技竞争成为国际综合国力竞争的焦点。国际技术转移呈现出新的发展趋势。跨国公司作为世界技术转移的主体的影响更为突出，中小企业积极参与世界技术转移活动；以高新技术为对象的技术转移日益增长；知识产权成为强化技术贸易和竞争的有效手段。这些都对我国技术引进和消化吸收再创新提出了更高的要求。

二、技术引进和创新的指导思想、总体目标和基本原则

(三)指导思想。全面贯彻落实科学发展观,进一步推动科技兴贸战略的实施,按照十六届五中全会要求,支持和鼓励引进先进技术,加强引进消化吸收和再创新,促进我国产业技术进步,提高企业的自主创新能力和核心竞争力,加快转变外贸增长方式,早日实现从"贸易大国"向"贸易强国"的历史性跨越。

(四)总体目标。优化技术引进结构,提高技术引进质量和效益,到2010年,专有技术和专利技术许可合同额占技术引进合同总额的比重提高到50%左右,引进技术的消化吸收配套资金比例有所提高,逐步建立以企业为主体,以市场为导向,政府积极引导推动,各方科技力量支持的技术引进和创新促进体系,实现"引进技术—消化吸收—创新开发—提高国际竞争力"的良性循环。

(五)基本原则。一是把大力引进先进技术和优化引进结构结合起来,提高产品设计、制造工艺等方面的专利或专有技术在技术引进中的比例;二是把引进技术和开发创新结合起来,强化技术引进与消化吸收的有效衔接,注重引进技术的消化吸收和再创新,使企业在核心产品和核心技术上拥有更多的自主知识产权;三是把发展高新技术产业和改造传统产业结合起来,选择重点领域和产业,扩大引进规模,实现传统产业结构优化和技术升级;四是把整体推进和重点扶持结合起来,培育技术引进和消化创新的主体;五是把提高引进外资质量和国内产业发展结合起来,鼓励外商投资高新技术企业发展配套产业,延伸产业链,培育和支持出口型企业的发展。

三、加快建设企业技术引进和创新促进体系

(六)根据国家产业发展方向和要求,重点支持企业引进电子通信、生物技术、民用航空航天、机械制造、石油化工、清洁发电、新材料、节约能源、环境保护等具有市场潜力且在未来竞争中将取得优势的或对国计民生具有重大意义的技术。

(七)积极开展多双边技术合作。通过加强政府间及非政府组织、企业间交流与合作,突破发达国家的技术垄断,促进高新技术的引进;采取联合研究,合作攻关和对口交往等多种形式,扩大合作范围;拓展技术引进来源国,适应企业的技术需求引进不同层次的技术;利用多双边合作机制,为双方企业和科研机构间进行研发和技术合作牵线搭桥。

(八)建立和完善国际技术贸易公众信息服务系统。通过信息收集、政策咨

询、发布技术资源和技术需求,帮助企业获取国际技术市场信息。

(九)积极推进企业知识产权管理和保护工作。支持和鼓励企业为吸收和创新的技术申请国内外专利;积极为企业提供专利信息和知识产权法律服务,引导企业运用专利检索分析和专利申请等手段,自觉保护知识产权,提升运用知识产权制度的能力和水平。

(十)引导有条件的企业"走出去"。通过建立境外研究与开发机构,充分利用国外科技资源,跟踪学习世界先进技术,不断提高中国企业技术开发和创新能力。

(十一)进一步鼓励跨国公司在华设立研发机构,提高我国整体研究开发水平。鼓励跨国公司和国内科研机构、学校、企业等展开技术研发合作,鼓励外资研发中心的技术成果在国内进行产业化,鼓励外商投资企业对国有企业和民营企业转让技术。

(十二)鼓励和引导企业与跨国公司或发达国家技术先进企业建立战略联盟关系,参与跨国公司主导的技术研发活动。鼓励国内企业与外商投资企业开展技术配套,加速高新技术研发领域的国际化进程。

(十三)充分发挥企业技术引进和消化创新的主体作用。鼓励企业自主引进先进适用技术,并与科研机构、高等院校开展吸收与创新的联合研究开发,或联合建立技术开发机构;支持大型企业或企业集团,利用现有资源,开展关键和共性技术的引进消化、吸收和再创新,并实现技术向中小企业的扩散。依托国家级经济技术开发区和国家级高新技术产业开发区的智力、信息、资金和政策资源,引导区内企业引进高新技术,实现技术创新。

(十四)培育、扶持一批高素质中介服务组织,为企业提供技术信息、市场调研、技术评估、专利检索、法律咨询等服务,弥补企业信息和专业人才的不足,防范风险,促进企业间的沟通与协调。

四、综合运用经济手段鼓励技术引进和创新

(十五)国家利用外贸发展基金支持企业通过引进技术和创新扩大出口。依据《技术更新改造项目贷款贴息资金管理办法》和《出口产品研究开发资金管理办法》等有关政策,支持企业引进先进技术、对引进技术进行消化吸收再创新和对外技术合作而进行的技术改造和研究开发。

(十六)对引进先进技术和再创新提供必要的金融支持。政策性银行和商业银行可根据国家有关法规和政策要求,积极开展技术引进和消化吸收再创新的贷

款业务。

(十七)为企业在境外设立研发中心提供必要的金融和外汇政策支持,重点支持能利用国际先进技术、管理经验和专业人才的境外研发中心项目。

(十八)国家财政、税务主管部门根据国家产业和技术发展需要,研究调整外国企业向境内转让技术获取的特许权使用费减征、免征所得税的范围。

国家财政主管部门会同有关部门研究完善引进技术的税收政策,海关会同有关部门研究制定单独引进技术在进口环节完税价格的确定和征税办法,鼓励企业引进符合国家产业技术政策的专利技术、专有技术和先进管理技术,进一步优化技术引进的质量和结构。

(十九)研究建立完善创业风险投资机制,利用社会资金支持企业和科研机构引进前沿技术成果,并进行产业化,以利于企业掌握国外最新技术成果和核心技术,提高企业自主创新能力。

五、完善技术引进与创新的各项制度

(二十)健全技术引进法律法规制度。政府主管部门应对现行法律执行情况进行调查研究,根据形势发展需要完善《中华人民共和国技术进出口管理条例》,研究制定《中华人民共和国技术进出口管理条例实施细则》,指导企业保护自身合法利益。定期调整《中国禁止进口限制进口技术目录》,限制进口我国已成熟和落后的技术;禁止或限制进口高能耗、高污染和已被淘汰的技术,限制盲目重复引进。

(二十一)建立技术引进工作交流与培训制度。加强企业技术引进工作的信息交流,加强对技术贸易专业人员的指导和培训,培养一支既有专业技术知识又懂国际贸易的技术贸易骨干队伍。

(二十二)健全技术引进综合统计制度。商务、外汇、海关、统计等有关部门加强协作,建立全口径技术进口统计分析和联网管理系统。

商务部　发展改革委　科技部　财政部
海关总署　税务总局　知识产权局　外汇局
二〇〇六年七月十四日

财政部 国家税务总局关于企业技术创新有关企业所得税优惠政策的通知

财税[2006]88号

各省、自治区、直辖市、计划单列市财政厅(局)、国家税务局、地方税务局,新疆生产建设兵团财务局:

为贯彻实施《国家中长期科学和技术发展规划纲要(2006—2020年)》(国发〔2005〕44号),根据《国务院关于印发实施〈国家中长期科学和技术发展规划纲要(2006—2020年)〉若干配套政策的通知》(国发〔2006〕6号)的有关规定,现将有关企业技术创新的企业所得税优惠政策明确如下:

一、关于技术开发费

对财务核算制度健全、实行查账征税的内外资企业、科研机构、大专院校等(以下统称企业),其研究开发新产品、新技术、新工艺所发生的技术开发费,按规定予以税前扣除。

对上述企业在一个纳税年度实际发生的下列技术开发费项目,包括新产品设计费,工艺规程制定费,设备调整费,原材料和半成品的试制费,技术图书资料费,未纳入国家计划的中间实验费,研究机构人员的工资,用于研究开发的仪器、设备的折旧,委托其他单位和个人进行科研试制的费用,与新产品的试制和技术研究直接相关的其他费用,在按规定实行100%扣除基础上,允许再按当年实际发生额的50%在企业所得税前加计扣除。

企业年度实际发生的技术开发费当年不足抵扣的部分,可在以后年度企业所得税应纳税所得额中结转抵扣,抵扣的期限最长不得超过五年。

二、关于职工教育经费

对企业当年提取并实际使用的职工教育经费,在不超过计税工资总额2.5%以内的部分,可在企业所得税前扣除。

三、关于加速折旧

企业用于研究开发的仪器和设备,单位价值在 30 万元以下的,可一次或分次计入成本费用,在企业所得税税前扣除,其中达到固定资产标准的应单独管理,不再提取折旧。

企业用于研究开发的仪器和设备,单位价值在 30 万元以上的,允许其采取双倍余额递减法或年数总和法实行加速折旧,具体折旧方法一经确定,不得随意变更。

前两款所述仪器和设备,是指 2006 年 1 月 1 日以后企业新购进的用于研究开发的仪器和设备。

四、关于高新技术企业税收优惠政策

自 2006 年 1 月 1 日起,国家高新技术产业开发区内新创办的高新技术企业,自获利年度起两年内免征企业所得税,免税期满后减按 15％的税率征收企业所得税。

上述企业在投产经营后,其获利年度以第一个获得利润的纳税年度开始计算;企业开办初期有亏损的,可以依照税法规定逐年结转弥补,其获利年度以弥补后有利润的纳税年度开始计算。

按照现行规定享受新办高新技术企业自投产年度起两年免征企业所得税优惠政策的内资企业,应继续执行原优惠政策至期满,不再享受自获利年度起两年免征企业所得税的优惠政策。

本通知自 2006 年 1 月 1 日起执行,此前有关规定与本通知不一致的,按本通知规定执行。国家今后对税收制度进行改革,有关税收优惠政策按新的税收规定执行。

请遵照执行。

财政部　国家税务总局
二〇〇六年九月八日

财政部 国家税务总局关于纳税人向科技型中小企业技术创新基金捐赠有关所得税政策问题的通知

财税[2006]171号

各省、自治区、直辖市、计划单列市财政厅(局)、国家税务局、地方税务局,新疆生产建设兵团财务局:

根据《国务院关于实施〈国家中长期科学和技术发展规划纲要(2006—2020年)〉若干配套政策的通知》(国发[2006]6号)精神,为鼓励社会资金捐赠创新活动,现对纳税人向科技型中小企业技术创新基金捐赠有关所得税政策问题明确如下:

一、对企事业单位、社会团体和个人等社会力量通过公益性的社会团体和国家机关向科技部科技型中小企业技术创新基金管理中心用于科技型中小企业技术创新基金的捐赠,企业在年度企业所得税应纳税所得额3%以内的部分,个人在申报个人所得税应纳税所得额30%以内的部分,准予在计算缴纳所得税税前扣除。

二、科技部科技型中小企业技术创新基金管理中心对纳税人向科技型中小企业技术创新基金的捐赠,实行封闭式财务管理,全部捐赠资产专项用于科技型中小企业技术创新基金事业,并制定相应的管理办法,管好、用好捐赠资产。

三、本通知所称科技型中小企业技术创新基金,是指1999年5月经国务院批准设立,由科技部主管的科技型中小企业技术创新基金。所称科技部科技型中小企业技术创新基金管理中心是指1999年经批准成立的,专门负责科技部科技型中小企业技术创新基金管理工作的非营利事业法人。

四、本通知自2007年1月1日起执行。

请遵照执行。

财政部 国家税务总局
二〇〇六年十二月三十一日

科学技术部 国家发展改革委 国土资源部 建设部关于印发促进国家高新技术产业开发区进一步发展增强自主创新能力的若干意见的通知

国科发高字[2007]152号

各省、自治区、直辖市科技厅(委)、发展改革委、国土资源厅(局)、建设厅(局)：

为落实《国家中长期科学和技术发展规划纲要(2006—2020年)》(国发[2005]44号)，全面推动国家高新技术产业开发区的快速健康发展，增强自主创新能力，根据《国务院关于实施〈国家中长期科学和技术发展规划纲要(2006—2020年)〉的若干配套政策的通知》(国发[2006]6号)，科技部、国家发展改革委、国土资源部、建设部研究制定了《关于促进国家高新技术产业开发区进一步发展增强自主创新能力的若干意见》。现印发给你们，请结合本地区实际情况，做好落实工作。

附件：关于促进国家高新技术产业开发区进一步发展增强自主创新能力的若干意见

科学技术部 国家发展改革委 国土资源部 建设部
二〇〇七年三月三十日

关于促进国家高新技术产业开发区进一步发展增强自主创新能力的若干意见

建立国家高新技术产业开发区(以下简称"国家高新区"),是党中央、国务院为发展我国高新技术产业、调整产业结构、推动传统产业改造、增强国际竞争力作出的重大战略部署。十多年来,国家高新区以创新为动力,以改革促发展,已经成为我国高新技术产业化成果丰硕、高新技术企业集中、民营科技企业活跃、创新创业氛围浓厚、金融资源关注并进入的区域,在我国社会主义现代化建设中起到了良好的示范、引领和带动作用。

为实施《国家中长期科学和技术发展规划纲要(2006—2020年)》(国发[2005]44号,以下简称《规划纲要》),营造激励自主创新的环境,促进国家高新区进一步发展、增强自主创新能力,制定本意见。

一、指导思想、目标和原则

(一)指导思想。以邓小平理论和"三个代表"重要思想为指导,全面树立和落实科学发展观,深入实施科教兴国战略和人才强国战略,贯彻《规划纲要》,推动国家高新区实施以增强自主创新能力为核心的"二次创业"发展战略,充分发挥国家高新区自主创新重要基地的优势,促进国家高新区发展并带动周边地区发展,为建设创新型国家做出新的贡献。

(二)目标。国家高新区应建设成为促进技术进步和增强自主创新能力的重要载体,成为带动区域经济结构调整和经济增长方式转变的强大引擎,成为高新技术企业"走出去"参与国际竞争的服务平台,成为抢占世界高新技术产业制高点的前沿阵地。

(三)原则。一是始终坚持把发展高新技术作为根本任务,创造局部优化的环境,大力培育有竞争优势和发展前景的高新技术产业,注重发展高新技术产业与改造传统产业相结合;二是以培育有国际竞争力的高新技术企业为目标,深化体制改革和软环境建设;三是坚持合理和节约使用各种资源,走集约化发展道路;四是在完善现有政策的基础上,切实解决制约发展的困难和问题。

二、重点工作

(四)突出企业技术创新的主体地位。国家高新区要采取强有力的措施,营造更加良好的环境,增强企业技术创新的动力和活力,发挥企业在技术创新活动和创新成果应用中的主体作用,推动企业提高自主创新能力;发挥经济、科技政策的导向作用,促进区内高新技术企业大幅度提高研发投入,使企业真正成为研究开发投入的主体;支持高新技术企业开发自主知识产权的高新技术产品,鼓励高新技术企业通过上市、兼并和收购等方式提高竞争力和产业规模;鼓励科研院所和高等学校为高新技术企业增强自主创新能力提供支持。

(五)加强创新创业服务体系建设。促进科技企业孵化器提高运行质量和扩大规模,重点办好专业孵化器;推动生产力促进中心、技术产权交易等机构增强服务能力;选择国家高新区已有基础和有优势的领域,支持建立若干专业化的共性技术服务平台;鼓励企业同科研院所、高等学校联合建立研究开发机构、产业技术联盟等技术创新组织,支持中小企业特别是科技型中小企业开展技术创新。

(六)促进创新资源在国家高新区的集聚。推进国家科技计划的实施与国家高新区的发展紧密结合,支持区内科研机构和企业承担对国民经济和社会发展具有战略意义、带动效应明显的科技项目;鼓励高等学校与区内机构开展合作,吸引高等学校及其师生进入国家高新区创业;发挥大学科技园作为国家高新区二次创业创新源泉的重要作用,建立大学科技园孵化毕业成果及企业进入高新区的便捷通道;制定并实施吸引留学人员回国工作和为国服务计划,重点吸引高层次人才和紧缺人才,加大对留学人才回国的资助力度,完善引才机制,推进留学人员创业基地建设;优先引进符合《中国鼓励引进技术目录》的国外先进技术,积极承接国际产业转移,推动产业结构升级;加快建立海外科技园,鼓励高新技术企业在海外设立分支机构参与国际竞争。

(七)进一步完善支持国家高新区增强自主创新能力的财税金融政策。逐步扩大国家高新区内的未上市高新技术企业的股权进入证券公司代办股份转让系统流通的试点范围;优先支持区内自主创新能力强、成长性好的企业上市融资;国家高新区要通过建立技术创新基金(资金)和创业风险投资引导基金,发展创业风险投资企业和科技担保机构等,支持企业增强自主创新能力;实施促进自主创新的政府采购政策,促进具有自主知识产权的高新技术产品、产业发展;国家政策性银行在规定的业务范围内,对符合国家有关规定的国家高新区基础设施建设项目、公用事业项目及自主创新活动给予信贷支持。

(八)严格依据土地利用总体规划和城市总体规划进行开发建设。国家高新区的发展要纳入城市的统一规划和管理。坚持十分珍惜和合理利用土地、切实保护耕地的基本国策,集约、高效开发利用土地,要改变高新区分散布局的局面,通过整合调整,逐步实现集中布局。国家高新区用地主要用于高新技术产业发展,不得擅自改变用途,不得用于房地产开发。严格执行土地利用年度计划,依法审批和供应土地。要加强对国家高新区土地利用等方面的考核,建立国家高新区土地集约合理利用和规划实施的考核评价制度。在土地利用总体规划和城市总体规划范围内,符合城市规划要求、不改变土地使用用途且符合国家产业政策的建设项目用地,有关部门应依法供地、及时办理相关手续。

三、加强对国家高新区的规范管理和宏观指导

(九)各省、自治区、直辖市人民政府有关部门应加强对国家高新区的规范管理和指导。制定国家高新区发展规划,并与国家及当地的国民经济和社会发展规划、土地利用总体规划、城市总体规划、城市环境规划充分衔接。进一步支持国家高新区在新形势下创新体制和机制,加强软环境建设,延长产业链条,增强集聚效应,进而培育有竞争优势和发展前景的高新技术产业,突出主导产业和高新技术产业特色。制订必要措施,提高国家高新区集聚高技术人才数量、科技型企业孵化能力、园区主导产业和高新技术企业比重、单位面积高新技术产业产值等,为其健康发展创造良好的制度环境和政策环境。

(十)科技部将会同有关部门加强对国家高新区的宏观指导。按照增强自主创新能力、优化创新创业环境、集聚高新技术产业、集约利用各种资源、完善配套功能的原则,修订国家高新区评价指标体系,定期组织对国家高新区进行评估,根据评估结果和不同区域发展的实际,调整布局,加强分类指导。对于少数管理不善、发展高新技术产业成效不大的国家高新区,要给予警告;不能在规定时限内整改的,取消其资格。

(十一)国家高新区要根据本意见制订具体落实方案,并组织实施,坚持把推进技术进步和增强自主创新能力作为结构调整和提高竞争力的中心环节,努力在新的时期勇往直前,与日俱进,实现跨越发展。

国家发展改革委 教育部 科技部 财政部 人事部 人民银行 海关总署 税务总局 银监会 统计局 知识产权局 中科院 关于印发关于支持中小企业技术创新的若干政策的通知

发改企业[2007]2797号

各省、自治区、直辖市及计划单列市发展改革委、经贸委(经委)、中小企业局(厅、办)、教育厅(教委)、科技厅(委、局)、财政厅(局)、人事厅、人民银行上海总部、各分行、营业管理部、省会(首府)城市中心支行、各直属海关、国家税务局、地方税务局、各银监局、统计局、各知识产权局,新疆生产建设兵团发展改革委、经贸委(经委),中科院各分院及研究机构:

为贯彻落实《中共中央、国务院关于实施科技规划纲要,增强自主创新能力的决定》、《国务院关于实施〈国家中长期科学和技术发展规划纲要(2006—2020年)〉若干配套政策》、《国务院关于鼓励支持和引导个体私营等非公有制经济发展的若干意见》,全面提升中小企业的自主创新能力,国家发展改革委、教育部、科技部、财政部、人事部、人民银行、海关总署、国家税务总局、银监会、国家统计局、国家知识产权局、中科院制定了《关于支持中小企业技术创新的若干政策》,现印发你们,请认真贯彻执行。

附:关于支持中小企业技术创新的若干政策

国家发展改革委 教育部 科技部 财政部
人事部 人民银行 海关总署 税务总局
银监会 统计局 知识产权局 中科院
二〇〇七年十月二十三日

主题词:企业 技术 创新 联合 通知

附件：

关于支持中小企业技术创新的若干政策

为贯彻落实《中共中央、国务院关于实施科技规划纲要，增强自主创新能力的决定》《国务院关于鼓励支持和引导个体私营等非公有制经济发展的若干意见》，全面提升中小企业的自主创新能力，充分发挥其在建设创新型国家中的重要作用，根据国家中长期科技发展规划纲要（2006—2020 年）若干配套政策，制定本政策。

一、激励企业自主创新

（一）鼓励加大研发投入。中小企业技术开发费税前扣除，按照《国务院关于实施〈国家中长期科学和技术发展规划纲要（2006—2020 年）〉若干配套政策》（国发[2006]6 号）和《财政部、国家税务总局关于企业技术创新有关企业所得税优惠政策的通知》（财税[2006]88 号）执行。

（二）支持建立研发机构。鼓励有条件的中小企业建立企业技术中心，或与大学、科研机构联合建立研发机构，提高自主创新能力。具备条件的企业可申报国家、省市认定企业技术中心。鼓励国家、省市认定企业技术中心向中小企业开放，提供技术支持服务。

（三）加快技术进步。中小企业投资建设属于国家鼓励发展的内外资项目，其投资总额内进口的自用设备，以及随设备进口的技术和配套件、备件，按照《国务院关于调整进口设备税收政策的通知》（国发[1997]37 号）的有关规定，免征关税和进口环节增值税。

（四）大力发展高新技术企业。经国家有关部门认定为高新技术企业的中小企业，可以按现行政策规定享受高新技术企业税收优惠政策。

（五）鼓励发明创造和标准制订。各级知识产权部门应按照有关规定对个人或小企业的国内外发明专利申请、维持等费用予以减免或给予资助。鼓励具有专利技术的中小企业参与行业标准制订。对中小企业参与行业技术标准制定发生的费用，给予一定比例的资助。

（六）加快中小企业信息化建设。鼓励中小企业运用现代信息技术提升管理水平,增强技术创新能力。鼓励信息技术供应商、服务商和中介服务机构为中小企业信息化提供技术支援与相关服务。鼓励建立中小企业信息化公共服务平台,推动信息技术在中小企业的应用。

(七)加强人才培养。鼓励中小企业加大职工岗位技能培训和技术人才培养,企业当年提取并实际使用的职工教育经费,按国家有关税收政策规定执行。

(八)建立人才培养机制。鼓励有条件的中小企业与大学、职业院校建立定向、订单式人才培养机制,提高企业职工素质;鼓励企业为学生提供实习、实训条件和实习指导。鼓励各类院校毕业生到企业工作,积极参与企业的创新活动。各级中小企业管理部门应采取政府、企业、高校、社会投资共建等方式,建立健全中小企业人才培养输送渠道,满足中小企业技术创新的人才需求。

(九)建立创新人才激励机制。鼓励中小企业建立健全培训、考核、使用与待遇相结合的机制,激励员工发明创造。对作出突出贡献的技术创新人才,可采取新产品销售提成、科技成果或知识产权入股等多种形式,予以奖励。

(十)政府采购支持自主创新。各级国家机关、事业单位、社团组织在政府采购活动中,在同等条件下,对列入《政府采购自主创新产品目录》的中小企业产品应当优先采购。

二、加强投融资对技术创新的支持

(十一)鼓励金融机构积极支持中小企业技术创新。商业银行对纳入国家及省、自治区、直辖市的各类技术创新计划和高新技术产业化示范工程计划的中小企业技术创新项目,应按照国家产业政策和信贷原则,积极提供信贷支持。各地可通过有关支持中小企业发展的专项资金对中小企业贷款给予一定的贴息补助,对中小企业信用担保机构予以一定的风险补偿。各级中小企业管理部门、知识产权部门要积极向金融机构推荐中小企业自主知识产权项目、产学研合作项目、科技成果产业化项目、企业信息化项目、品牌建设项目等,促进银企合作,推动中小企业创新发展。

(十二)加大对技术创新产品和技术进出口的金融支持。各金融机构要按照信贷原则,对有效益、有还贷能力的中小企业自主创新产品出口所需流动资金贷款积极提供信贷支持。对中小企业用于研究与开发所需的、符合国家相关政策和信贷原则的核心技术软件的进口及运用新技术所生产设备的出口,相关金融机构应按照有关规定积极提供必要的资金支持。

一、综合篇

(十三)加强和改善金融服务。引导和鼓励各类金融机构按照中小企业特点,加大金融产品的创新力度。畅通中小企业支付结算渠道,积极创造条件促使票据等支付工具服务中小企业,丰富中小企业支付和融资手段。组织开展对中小企业的信用评价,对资信好、创新能力强的中小企业,可核定相应的授信额度予以重点扶持。加快中小企业信用体系建设,促进各类征信机构发展,为金融机构改善对中小企业技术创新的金融服务提供配套服务。

(十四)鼓励和引导担保机构对中小企业技术创新提供支持。通过税收优惠、风险补偿和奖励等政策,引导各类担保机构积极为中小企业技术创新项目或自主知识产权产业化项目贷款提供担保服务,改进服务方式,对一些技术含量高、创新能力强、拥有自主知识产权并易于实现市场化的优质创新项目给予保费优惠。

(十五)加快发展中小企业投资公司和创业投资企业。鼓励设立创业投资引导基金,建立健全创业投资机制,引导社会资金流向创业投资企业。支持中小企业投资公司设立和发展,加大对中小企业投资公司的政策支持和风险补偿,激励其拓展投资业务,支持中小企业的技术创新活动。

(十六)鼓励中小企业上市融资。支持和推动有条件的中小企业在中小企业板上市。大力推进中小企业板制度创新,加快科技型中小企业、自主知识产权中小企业上市进程。在条件成熟时,设立创业板市场。

三、建立技术创新服务体系

(十七)加大创业服务。各地可利用闲置场地建立小企业创业基地,为初创小企业提供低成本的经营场地、创业辅导和融资服务。支持科技企业孵化器等科技中介机构为科技型中小企业发展提供孵化和公共技术服务。对科技企业孵化器、国家大学科技园的税收优惠政策,按照《财政部、国家税务总局关于科技企业孵化器有关税收政策问题的通知》(财税[2007]121号)、《财政部、国家税务总局关于国家大学科技园有关税收政策问题的通知》(财税[2007]120号)的有关规定执行。对符合条件的创业服务机构为创业企业提供的创业辅导服务,各地应给予一定的支持。

(十八)培育技术中介服务机构。鼓励技术中介服务机构、行业协会和技术服务企业为中小企业提供信息、设计、研发、共性技术转移、技术人才培养等服务,促进科研成果,尤其是拥有自主知识产权科研成果的商品化、产业化。对单位和个人从事技术转让、技术开发业务和与之相关的技术咨询、技术服务业务取得的收入,依据国家现行政策规定享受有关税收优惠。国家有关部门要研究制定支持技术中介服务机构发展的政策,各地要加大对技术中介服务机构的支持力度。

(十九)建立公共技术支持平台。各地要根据区域中小企业的产业特点,引导和促进中小企业转变发展方式,打破"小而全",提倡分工协作。重点支持在中小企业相对集中的产业集群或具有产业优势的地区,建立为中小企业服务的公共技术支持平台。鼓励企业和社会各方面积极参与中小企业公共技术平台建设。国家有关部门应加大对公共技术平台的政策支持。

(二十)开放科研设施。鼓励大学、科研院所、大企业开放科研仪器设施,为中小企业服务。各地中小企业管理、科技、教育、知识产权部门要密切合作,建立共享设施数据库,定期发布相关信息。要加强共享科研设施管理,简化中小企业使用手续,降低使用费用。

(二十一)加强技术信息服务。各级中小企业管理部门要健全信息服务网络,改善中小企业信息化建设的基础条件,优化技术资源配置,促进中小企业间、中小企业与大学和科研机构间、中小企业与大企业间的技术交流与合作。要逐步建立网上技术信息、技术咨询与网下专业化技术服务有机结合的服务系统,提高技术服务的即时有效性。

(二十二)加强知识产权服务与管理。各级中小企业管理部门要配合知识产权部门落实《专利法》,广泛开展知识产权宣传、培训活动,提高中小企业知识产权保护意识;建立区域性专利辅导服务系统,为中小企业提供专利查询、申报指导、管理与维护等服务;建立知识产权维权援助中心,为中小企业提供专利诉讼与代理等援助服务。加大对侵权行为的监督、处罚力度。密切跟踪国外行业技术法规、标准、评定程序、检验检疫规程的变化,对中小企业产品出口可能遭遇的技术性贸易措施进行监测,提供预警服务。国家知识产权部门、中小企业管理部门要制订完善中小企业知识产权促进政策。

(二十三)加强新产品认定和标准化服务。鼓励行业协会、服务机构根据国家、地方有关自主创新产品的认证评价办法,帮助中小企业申请新产品认证,提供相关服务。鼓励行业协会为中小企业提供标准化知识培训,加强对中小企业申请行业标准制订的指导和服务,对涉及跨行业的技术标准制订,要做好组织协调工作,简化手续,提供便利服务。

(二十四)营造公平的人才发展环境。各级中小企业管理部门要引导服务机构健全中小企业人才服务系统,帮助中小企业解决技术人才引进、职称评定等实际问题。对中小企业技术人员的任职资格评聘以及科技人才评选、奖励、培养等应一视同仁,同等对待。

四、健全保障措施

(二十五)加大对中小企业技术创新的支持力度。各地可根据财力情况,逐步加大中小企业技术创新的环境建设,重点支持中小企业公共服务体系建设、中小企业信用体系与担保体系建设和创业投资企业发展。

(二十六)建立健全统计评价制度。国家有关部门要研究建立中小企业技术创新评价指标体系,尽快建立中小企业技术创新统计调查制度,建立中小企业技术创新政策的跟踪测评机制,逐步形成支持中小企业技术创新的科学的政策体系。

(二十七)加强工作领导。要充分发挥全国推动中小企业发展工作领导小组的统筹协调作用,各部门要加强配合,推动中小企业技术创新。各地要将支持中小企业技术创新工作纳入政府中小企业工作考核范围,建立目标责任制,确保国家中长期科技发展规划纲要及其各项配套政策实施细则的落实到位。

电子信息产业发展基金管理办法

财建[2007]866号

第一章 总 则

第一条 根据《中华人民共和国预算法》等法律法规,为支持以软件产业和集成电路产业为核心的电子信息产业发展,规范电子信息产业发展基金管理,确保资金使用效益,制定本办法。

第二条 本办法所称电子信息产业发展基金是中央财政预算安排的专项资金(以下简称电子发展基金),支持范围主要是软件、集成电路产业,以及计算机、通信、网络、数字视听、测试仪器和专用设备、电子基础产品等电子信息产业核心领域技术与产品研究开发、产业化,促进其他行业信息技术应用。

第三条 国家安排电子发展基金的基本原则

(一)符合国家产业政策和电子信息产业发展规划。

(二)有利于提升我国电子信息产业自主创新能力,推进产、学、研合作,建立以企业为主体的自主创新体系。

(三)有利于促进科技成果转化,引导高新技术企业加快技术创新,促进技术成果的消化、吸收和再创新。

(四)有利于培育技术创新能力强,具有自主知识产权、自主品牌和国际竞争力的企业。

(五)有利于推动产业结构调整和产业结构升级,促进信息技术推广应用,形成规模经济。

(六)有利于引导社会资金支持信息产业发展。

(七)公开、公平、公正。

第四条 电子发展基金由财政部、信息产业部各司其职,各负其责,共同管理。

财政部职责:负责电子发展基金资金管理,根据信息产业部初审意见,下达资金使用计划,对资金使用、管理实施追踪问效、监督检查。

信息产业部职责:负责发布电子发展基金项目指南,组织项目申报、初审,建立项目库并实施管理,对项目实施过程实施监督检查,组织项目验收。

信息产业部与财政部联合设立电子发展基金项目审查委员会,负责电子发展基金项目审查;信息产业部下设电子发展基金管理办公室(以下简称基金管理办公室),负责日常事务管理。

第二章　项目管理

第五条　电子发展基金按照项目管理,采取公开招标和企业申报相结合的方式选择项目承担单位。具体程序如下:

(一)信息产业部于每年7月份以后组织编制下年度电子发展基金项目指南,在全国范围内发布。项目指南应简明扼要、内容明确、范围清晰、重点突出。

(二)符合规定条件的单位,按照项目指南要求通过电子发展基金申报专网申报(网址:www.itfund.gov.cn)项目材料,同时将纸质文稿报送基金管理办公室。招标项目根据信息产业部招标文件要求报送项目材料。

(三)基金管理办公室在对电子发展基金项目申报材料汇总、整理的基础上,委托中介机构组织专家评审。

(四)基金管理办公室根据专家评审结果建立电子发展基金项目库,对进入项目库的项目实施动态管理、滚动支持,根据年度财政预算、行业发展规划从项目库中选择项目,分期分批制定项目支持建议草案,报送项目审查委员会审查。

(五)信息产业部根据项目审查委员会审查意见拟定电子发展基金项目安排和资金使用计划,报送财政部批复。

(六)财政部根据国家产业政策和公共财政要求,下达电子发展基金使用计划。

(七)信息产业部收到经财政部批复的电子发展基金使用计划后,尽快与项目承担单位签订合同。

第六条　电子发展基金项目承担单位应当具备以下条件:

(一)法人资格。

(二)必要的专业技术人员。

(三)必要的研究与开发条件或生产设备、设施。

（四）在研究与开发技术领域已取得相关科研成果。

（五）其他应具备的条件。

第七条 电子发展基金项目按照以下方式选择：

（一）通过专家评审的，严格按照专家评审成绩择优支持。对股权投资项目，参考受托投资管理机构意见确定是否支持。

（二）符合产业发展规划并属于行业重点发展领域的，参照行业和所属省（自治区、直辖市、计划单列市）推荐意见，评审成绩合格者择优支持。

（三）所属部门或省（自治区、直辖市、计划单列市）安排配套资金的，同等条件下优先支持。

第八条 电子发展基金项目实行合同制管理，由信息产业部授权基金管理办公室与项目承担单位签订合同，主要内容：

（一）项目实施目标及主要内容。

（二）主要技术经济指标。

（三）跨年度项目年度计划及考核目标。

（四）项目预算及资金来源。

（五）电子发展基金支持方式。

（六）技术、产品产权归属。

（七）项目完成期限。

（八）共同责任。

（九）附件。

第九条 电子发展基金项目完成后，信息产业部根据项目合同组织验收。

因国家政策调整等不可预见因素导致项目无法完成的，信息产业部应及时中断、撤销或终止项目，并督促项目单位进行清算。收回资金报请财政部批准后继续用于安排项目库中的其他项目。

第三章　资金及财务管理

第十条 信息产业部根据产业发展规划、年度工作重点及本办法规定程序，从项目库中筛选项目报请财政部批复电子发展基金使用计划，并在收到财政部批复后及时与项目承担单位签订项目合同。

第十一条 电子发展基金开支范围包括项目经费和管理费用。

（一）项目经费：是指用于项目技术研究开发的各项必要支出，主要包括：专用设备购置使用费、劳务和委托业务费、差旅和会议费、出国费、印刷和手续费、咨询和培训费、邮电费等。

1. 专用设备购置使用费：是指项目技术研究开发过程中购置或试制专用仪器设备（含专用软件、配套资料）而发生的专用材料费、专用燃料费和电费等。

2. 劳务和委托业务费：是指在项目技术研究开发过程中支付给单位和个人的、与项目研发直接相关的劳务费用，如研发补助，稿费、翻译费，评审费以及支付给外单位的委托业务费等。

3. 差旅和会议费：是指项目技术研究开发过程中进行测试、考察、调研、交流等发生的外埠差旅费、市内交通费和组织实施研讨、咨询、协调活动发生的会议费等。

4. 出国费：是指项目技术研究开发过程中发生的国际合作与交流费用，如研究人员国际考察、培训、交流费用等。

5. 印刷和手续费：是指项目技术研究开发过程中需要支付的印刷费、文献检索、专利申请和其他知识产权事务手续费，以及技术研究开发成果的测试、化验、样品加工和鉴定手续费等。

6. 咨询和培训费：是指在项目技术研究开发过程中与项目研发直接相关的咨询费、培训费等。

7. 邮电费：是指在项目技术研究开发过程中发生的信函、包裹、货物等物品的邮寄费及电话费、电报费、传真费、网络通讯费等。

（二）管理费用：是指电子发展基金管理工作中发生的未纳入信息产业部部门预算的各项必要支出，包括办公费、会议费、劳务费、咨询费、委托业务费以及创业投资项目委托管理费等。

管理费用按不超过当年财政部批复的电子发展基金使用计划的3％列支。

（三）经财政部批准的其他支出。

第十二条 电子发展基金主要采取无偿资助、贷款贴息和创业风险投资三种方式。

（一）无偿资助方式。

1. 用于对中小企业研究、开发及中间试验阶段的必要补助。项目承担单位需配套等额以上自有资金。

2. 用于对行业内大型企业和对电子信息产业发展影响深远的重点研发项目

的必要补助。

对建立电子信息产业自主创新体系影响深远,并对提高产业竞争力作用显著的重大项目,电子发展基金可持续给予重点支持。

重大项目承担单位应当是自主创新能力强、有能力进行持续大规模研发投入的企业或由类似企业牵头组织的技术研发联盟、技术标准合作组织(以下简称企业联盟)等。承担单位应当有清晰、详尽、合理的研发规划,分阶段研发目标可行,研发队伍相对稳定,研发资金来源及分阶段投入计划明确。以企业联盟作为电子发展基金项目承担单位的,应当有独立的组织机构、明确的运行机制和完善的联盟章程,各成员单位研发投入均有保障,联盟内部成果分享机制明晰。对此类项目,通过初次专家评审即应确定支持对象、资助规模。资金初次投入后,财政部、信息产业部根据阶段性目标考核评估结果确定是否继续投入。

(二)贷款贴息方式。

用于对创新型信息技术在全社会推广示范以及成熟型信息技术在其他行业典型应用项目的贷款贴息补助。

(三)创业风险投资方式。

创业风险投资方式以引导社会资本投入电子信息产业为主要目的,用于对处于种子期和起步期创业企业的风险投资。

电子发展基金创业风险投资管理比照产业技术研究与开发资金创业风险投资管理相关规定执行。

第十三条 电子发展基金支付管理按照财政国库管理制度有关规定执行。

年度终了,信息产业部将电子发展基金决算纳入部门决算报送财政部批复。

第四章　监督检查

第十四条　财政部、信息产业部按照职责分工对电子发展基金使用管理实施监督检查、跟踪问效,并委托社会中介机构对项目实施及资金使用管理情况进行不定期检查。

项目承担单位应当将项目实施情况报请信息产业部考评,重点是项目执行、技术成果、经济效益、社会效益等方面。

第十五条　电子发展基金项目承担单位必须严格执行国家有关财务会计制度以及项目合同预算。对弄虚作假、截留挪用电子发展基金等违反财经纪律的行为,除按照有关法律法规对项目单位和相关责任人进行处罚外,还对项目承担单位给予以下处理:终止项目合同;停止拨款并收回已拨付资金;取消项目申报资格。

第五章　附　则

第十六条　本办法自印发之日起施行。《财政部　信息产业部关于印发〈电子信息产业发展基金管理暂行办法〉的通知》(财建[2001]425号)同时废止。

第十七条　本办法由财政部商信息产业部解释。

国务院办公厅转发发展改革委等部门关于促进自主创新成果产业化若干政策的通知

国办发[2008]128号

各省、自治区、直辖市人民政府,国务院各部委、各直属机构:

发展改革委、科技部、财政部、教育部、人民银行、税务总局、知识产权局、中科院、工程院《关于促进自主创新成果产业化的若干政策》已经国务院同意,现转发给你们,请认真贯彻执行。

国务院办公厅

二〇〇八年十二月十五日

关于促进自主创新成果产业化的若干政策

发展改革委　科技部　财政部　教育部

人民银行　税务总局　知识产权局　中科院　工程院

改革开放以来,我国自主创新成果产业化取得显著成绩,但也存在企业技术创新能力不强,自主创新成果转移机制不健全,工程化和系统集成能力薄弱,产业化资金难以筹措,配套政策措施不到位等突出问题。根据《国务院关于印发实施〈国家中长期科学和技术发展规划纲要(2006—2020年)〉若干配套政策的通知》(国发〔2006〕6号)要求,为加快推进自主创新成果产业化,提高产业核心竞争力,促进高新技术产业的发展,制定本政策。

一、培育企业自主创新成果产业化能力

(一)提高企业的技术开发和工程化集成能力。按照建立以企业为主体、市场为导向、产学研相结合的技术创新体系的总要求,支持企业与高等院校、科研机构以产学研结合等形式,共建国家工程(技术)研究中心、国家工程实验室、国家重点实验室等产业技术开发体系;支持国家认定的企业技术中心建设工程化试验设施。同时,积极发挥行业协会在自主创新成果产业化中的咨询、信息、桥梁等作用。

(二)启动实施自主创新成果产业化专项工程。国家在信息、生物、航空航天、新材料、先进能源、现代农业、先进制造、节能减排、海洋开发等重点领域,选择一批重大自主创新成果,实施自主创新成果产业化专项工程,给予适当的政策、资金等支持。发展改革委要会同有关部门抓紧制定具体办法,做好组织实施工作。各地区要结合当地实际,采取多种形式实施自主创新成果产业化项目。

(三)切实落实促进自主创新成果产业化的税收扶持政策。鼓励企业加大对自主创新成果产业化的研发投入,对新技术、新产品、新工艺等研发费用,按照有关税收法律和政策规定,在计算应纳税所得额时加计扣除。企业按照《当前优先发展的高技术产业化重点领域指南》实施的自主创新成果产业化项目,符合《产业结构调整指导目录》鼓励类条件的,按相关规定享受进口税收优惠。

二、大力推动自主创新成果的转移

(四)完善自主创新成果发布机制。高等院校、科研机构以及其他单位使用财

政资金开展研究开发的,要及时通过网络等形式,将有关自主创新项目以及知识产权、技术转移等情况向社会公开发布(国家法律法规规定不能公开的除外),有关公开发布的要求必须在项目合同中予以明确。要不断完善国防科技成果解密制度,适时发布具有民用产业化前景的自主创新成果。要充分利用各类知识产权交易市场发布知识产权信息。

(五)鼓励高等院校和科研机构向企业转移自主创新成果。发展改革、教育、科技、知识产权等部门要指导、支持高等院校、科研机构和企业,强化自主创新项目的筛选、评估和知识产权保护,完善技术转移机制,积极推动自主创新成果的转移和许可使用。鼓励企业间技术成果的转移。高等院校和科研机构技术转让所得,按照有关税收法律和政策规定享受企业所得税优惠。

(六)鼓励科研人员开展自主创新成果产业化活动。高等院校和科研机构在专业技术职务评聘中,要将科研人员开展自主创新成果产业化情况作为重要的评价内容,引导、支持科研人员积极投身于自主创新成果产业化活动。对在自主创新成果产业化工作中做出突出贡献的人员,应依据《中华人民共和国促进科技成果转化法》等法律法规给予奖励。

三、加大自主创新成果产业化投融资支持力度

(七)加大政府投入力度。各级人民政府要根据财力的增长情况,继续增加投入。主要通过无偿资助、贷款贴息、补助(引导)资金、保费补贴和创业风险投资等方式,加大对自主创新成果产业化的支持,加快自主创新成果的推广应用,提高自主创新成果产业化水平。

(八)加快发展创业风险投资。鼓励按照市场机制设立创业风险投资基金,引导社会资金流向创业风险投资领域,扶持承担自主创新成果产业化任务企业的设立与发展。发展改革和财政等部门要积极培育、发展创业风险投资,对高技术产业领域处于种子期、起步期的重点自主创新成果产业化项目予以支持。

(九)加大信贷支持力度。商业银行要根据国家产业政策和信贷政策,结合自身特点和业务需要,按照信贷原则,加大对自主创新成果产业化项目的信贷支持力度。加强担保机构等融资支撑平台建设,为自主创新成果产业化项目融资提供服务。

四、营造有利于自主创新成果产业化的良好环境

(十)积极推动自主创新成果转化为技术标准。国家标准化管理委员会要加

强指导协调,加大对重大自主创新成果形成国家标准或行业标准的支持力度,建立完善技术标准转化机制。对具备条件的,要及时推进自主创新成果形成技术标准。

（十一）加快自主创新成果产业化市场环境建设。知识产权部门要会同有关部门完善知识产权许可、技术转移等制度和政策,加大保护知识产权的执法力度,健全知识产权保护体系。切实做好自主创新成果产业化的知识产权风险评估工作,确保核心技术获得专利保护。财政部门要进一步落实政府采购自主创新产品的各项制度。商务部门要研究制定促进自主创新成果产业化的对外贸易政策,支持自主创新产品和技术参与国际市场竞争。加快研究建立自主创新产品的风险化解机制,推动自主创新产品开拓市场。

（十二）建立健全自主创新成果产业化中介服务体系。科技、知识产权等中介服务机构要客观、科学评估自主创新成果产业化价值和市场前景,努力提供优良的技术咨询、技术服务和知识产权服务。加强自主创新成果信息平台建设,不断提升服务能力。

（十三）积极培育自主创新成果产业化人才队伍。加快技术经纪、技术推广和知识产权评估等方面的人才培养。积极推动事业单位与企业社会保障制度的衔接,促进高等院校、科研机构与企业之间人才的合理流动。鼓励海外留学人员、华人华侨回国开展自主创新成果产业化活动。

五、切实做好组织协调工作

（十四）加强自主创新成果产业化的引导和协调。发展改革委等部门要加强对自主创新成果产业化的总体规划和协调,定期发布《当前优先发展的高技术产业化重点领域指南》,及时发布自主创新成果产业化专项工程内容及进展情况,指导社会中介机构尽快建立自主创新成果评价认证体系,做好自主创新成果及产业化信息统计和发布工作。有关部门、地方人民政府以及行业协会等要密切配合,形成工作合力。

（十五）抓紧制定完善具体落实措施。自主创新成果产业化事关经济发展方式转变和产业结构优化升级。各地区、各有关部门要高度重视,加强调查研究,结合实际抓紧制定和完善配套措施及具体办法,积极研究解决工作中遇到的问题。发展改革委要会同有关部门加强监督检查,确保各项政策措施落到实处。

财政部 工业和信息化部关于印发《中小企业发展专项资金管理办法》的通知

财企〔2008〕179号

各省、自治区、直辖市、计划单列市财政厅(局)、发展改革委、经委(经贸委)、中小企业局(厅、办),新疆生产建设兵团财务局、发展改革委:

  为了促进中小企业健康发展,进一步规范和完善中小企业发展专项资金管理,我们对《中小企业发展专项资金管理办法》进行了修改。现将修改后的《中小企业发展专项资金管理办法》印发给你们,请遵照执行。执行中有何问题,请及时向我们反映。

财政部 工业和信息化部
二〇〇八年九月三日

附件：

中小企业发展专项资金管理办法

第一章 总 则

第一条 为了促进中小企业健康发展,规范中小企业发展专项资金的管理,提高资金使用效率,根据《中华人民共和国预算法》和财政预算管理的有关规定,制定本办法。

第二条 中小企业发展专项资金(以下简称专项资金)是根据《中华人民共和国中小企业促进法》,由中央财政预算安排主要用于支持中小企业结构调整、产业升级、综合利用、专业化发展、与大企业协作配套、技术进步,品牌建设,以及中小企业信用担保体系、市场开拓等中小企业发展环境建设等方面的专项资金(不含科技型中小企业技术创新基金)。

第三条 中小企业的划分标准,按照原国家经贸委、原国家发展计划委员会、财政部、国家统计局联合下发的《中小企业标准暂行规定》(国经贸中小企[2003]143号)执行。

第四条 专项资金的管理和使用应当符合国家宏观经济政策、产业政策和区域发展政策,坚持公开、公正、公平的原则,确保专项资金的规范、安全和高效使用。

第五条 财政部负责专项资金的预算管理、项目资金分配和资金拨付,并对资金的使用情况进行监督检查。

工业和信息化部负责确定专项资金的年度支持方向和支持重点,会同财政部对申报的项目进行审核,并对项目实施情况进行监督检查。

第二章 支持方式及额度

第六条 专项资金的支持方式采用无偿资助、贷款贴息和资本金注入方式。项目单位可选择其中一种支持方式,不得同时以多种方式申请专项资金。

以自有资金为主投资的固定资产建设项目,一般采取无偿资助方式;以金融机构贷款为主投资的固定资产建设项目,一般采取贷款贴息方式。

中小企业信用担保体系建设项目,一般采取无偿资助方式,特殊情况可采取资本金注入方式。

市场开拓等项目,一般采取无偿资助方式。

第七条 专项资金无偿资助的额度,每个项目一般控制在300万元以内。

专项资金贷款贴息的额度,根据项目贷款额度及人民银行公布的同期贷款利率确定。每个项目的贴息期限一般不超过2年,贴息额度最多不超过300万元。

第八条 已通过其他渠道获取中央财政资金支持的项目,专项资金不再予以支持。

第三章 项目资金的申请

第九条 申请专项资金的企业或单位必须同时具备下列资格条件:

(一)具有独立的法人资格;

(二)财务管理制度健全;

(三)经济效益良好;

(四)会计信用、纳税信用和银行信用良好;

(五)申报项目符合专项资金年度支持方向和重点。

第十条 申请专项资金的企业或单位应同时提供下列资料:

(一)法人执照副本及章程(复印件);

(二)生产经营情况或业务开展情况;

(三)经会计师事务所审计的上一年度会计报表和审计报告(复印件);

(四)其他需提供的资料。

第四章 项目资金的申报、审核及审批

第十一条 各省、自治区、直辖市及计划单列市财政部门和同级中小企业管理部门(以下简称省级财政部门和省级中小企业管理部门)负责本地区项目资金的申请审核工作。

第十二条 省级中小企业管理部门应会同同级财政部门在本地区范围内公

开组织项目资金的申请工作,并对申请企业的资格条件及相关资料进行审核。

第十三条 省级中小企业管理部门应会同同级财政部门建立专家评审制度,组织相关技术、财务、市场等方面的专家,依据本办法第三章的规定和当年专项资金的支持方向和支持重点,对申请项目进行评审。

第十四条 省级财政部门应会同同级中小企业管理部门依据专家评审意见确定申报的项目,并在规定的时间内,将《中小企业发展专项资金申请书》、专家评审意见底稿和项目资金申请报告报送财政部、工业和信息化部。

申报专项资金的项目应按照项目的重要性排列顺序。

第十五条 工业和信息化部会同财政部对各地上报的申请报告及项目情况进行审核,并提出项目计划。

第十六条 财政部根据审核后的项目计划,确定项目资金支持方式,审定资金使用计划,将项目支出预算指标下达到省级财政部门,并根据预算规定及时拨付专项资金。

第十七条 企业收到专项资金后,应按照《企业财务通则》(财政部令第41号)第二十条的相关规定进行财务处理。

第五章 监督检查

第十八条 省级财政部门负责对专项资金的使用情况进行管理和监督;省级中小企业管理部门负责对项目实施情况进行管理和监督。财政部驻各地财政监察专员办事处,对专项资金的拨付使用情况及项目实施情况进行不定期的监督检查。

第十九条 承担固定资产投资项目的企业,应在项目建成后1个月内向省级财政部门和同级中小企业管理部门报送项目建设情况及专项资金的使用情况,不能按期完成的项目,需在原定项目建成期前书面说明不能按期完成的理由和预计完成日期。

承担中小企业信用担保体系和市场开拓等改善中小企业发展环境建设项目的企业或单位,应于年底前向省级财政部门和同级中小企业管理部门报送专项资金的使用情况。

第二十条 省级财政部门应会同同级中小企业管理部门每年对本地区中小企业使用专项资金的总体情况和项目建设情况进行总结,并于年度终了1个月内上报财政部、工业和信息化部。

第二十一条 财政部和地方财政部门对专项资金的管理和使用进行监督检查,也可委托审计部门或社会审计机构进行审计。

对于违反本办法规定截留、挤占、挪用专项资金的单位或个人,按照《财政违法行为处罚处分条例》(国务院令第 427 号)进行处罚,并追究有关责任人员的责任。

第六章 附 则

第二十二条 省级财政部门和中小企业管理部门可根据本地实际情况,比照本办法制定具体的实施办法。

第二十三条 本办法由财政部会同工业和信息化部负责解释。

第二十四条 本办法自发布之日起施行。《财政部、国家发展改革委关于印发〈中小企业发展专项资金管理暂行办法〉的通知》(财企[2006]226 号)同时停止执行。

科学技术部 财政部 教育部 国务院国资委 中华全国总工会 国家开发银行关于推动产业技术创新战略联盟构建的指导意见

国科发政[2008]770号

各省、自治区、直辖市、计划单列市及新疆生产建设兵团科技厅(委、局)、财政厅(局)、教育厅(委、局)、国资委、总工会,国家开发银行各分行、代表处,各有关行业协会,各有关单位:

为深入贯彻落实党的十七大和全国科技大会精神,实施《国家中长期科学和技术发展规划纲要(2006—2020年)》(以下简称《规划纲要》),建立以企业为主体、市场为导向、产学研相结合的技术创新体系,加快提升产业技术创新能力,现就推动产业技术创新战略联盟的构建提出如下意见:

一、充分认识推动产业技术创新战略联盟构建的重要意义。推动产业技术创新战略联盟的构建是加强产学研结合,促进技术创新体系建设的重要举措。党的十七大提出,要加快建立以企业为主体、市场为导向、产学研相结合的技术创新体系,引导和支持创新要素向企业集聚,促进科技成果向现实生产力转化。产业技术创新战略联盟是市场经济条件下产学研结合的新型技术创新组织,有利于提高产学研结合的组织化程度,在战略层面建立持续稳定、有法律保障的合作关系;有利于整合产业技术创新资源,引导创新要素向优势企业集聚;有利于保障科研与生产紧密衔接,实现创新成果的快速产业化;有利于促进技术集成创新,推动产业结构优化升级,提升产业核心竞争力。推进产学研结合工作协调指导小组积极推动和鼓励产业技术创新战略联盟的构建和发展。

二、本《意见》所称的产业技术创新战略联盟(以下简称联盟)是指由企业、大学、科研机构或其他组织机构,以企业的发展需求和各方的共同利益为基础,以提升产业技术创新能力为目标,以具有法律约束力的契约为保障,形成的联合开发、优势互补、利益共享、风险共担的技术创新合作组织。

三、推动联盟构建的指导思想是:以国家战略产业和区域支柱产业的技术创新需求为导向,以形成产业核心竞争力为目标,以企业为主体,围绕产业技术创新链,运用市场机制集聚创新资源,实现企业、大学和科研机构等在战略层面有效结合,共同突破产业发展的技术瓶颈。

四、推动联盟构建要坚持以下基本原则

(一)遵循市场经济规则。要立足于企业创新发展的内在要求和合作各方的共同利益,通过平等协商,建立有法律效力的联盟契约,对联盟成员形成有效的行为约束和利益保护。

(二)体现国家战略目标。要符合《规划纲要》确定的重点领域,符合国家产业政策和节能减排等政策导向,符合提升国家核心竞争力的迫切要求。

(三)满足产业发展需求。要有利于掌握核心技术和自主知识产权,有利于引导创新要素向企业集聚,有利于形成产业技术创新链,有利于促进区域支柱产业的发展。

(四)发挥政府引导作用。要创新政府管理方式,发挥协调引导作用,营造有利的政策和法制环境,围绕经济社会发展的迫切要求推动重点领域联盟的构建。

五、联盟的主要任务是组织企业、大学和科研机构等围绕产业技术创新的关键问题,开展技术合作,突破产业发展的核心技术,形成重要的产业技术标准;建立公共技术平台,实现创新资源的有效分工与合理衔接,实行知识产权共享;实施技术转移,加速科技成果的商业化运用,提升产业整体竞争力;联合培养人才,加强人员的交流互动,为产业持续创新提供人才支撑。

六、鼓励企业、大学和科研机构及其他组织机构按照本《意见》精神,从产业发展的实际需求出发,遵循市场经济规则,积极构建联盟,探索多种、长效、稳定的产学研结合机制。

七、开展产业技术创新战略联盟试点工作。开展试点工作,支持和鼓励一批重点领域联盟的发展和壮大,对于探索有效的机制和模式、引导联盟的发展具有重要的示范意义。符合本《意见》第八条所列基本条件的联盟可自愿申请参加试点。由推进产学研结合工作协调指导小组办公室负责选择并共同组织推动联盟试点工作。

八、构建联盟应具备以下基本条件

(一)要由企业、大学和科研机构等多个独立法人组成。企业处于行业骨干地位;大学或科研机构在合作的技术领域具有前沿水平;其他组织机构也可成为联盟成员。

（二）要有具有法律约束力的联盟协议，协议中有明确的技术创新目标，落实成员单位之间的任务分工。联盟协议必须由成员单位法定代表人共同签署生效。

（三）要设立决策、咨询和执行等组织机构，建立有效的决策与执行机制，明确联盟对外承担责任的主体。联盟执行机构应配备专职人员，负责有关日常事务。

（四）要健全经费管理制度。对联盟经费要制定相应的内部管理办法，并建立经费使用的内部监督机制。联盟可委托常设机构的依托单位管理联盟经费，政府资助经费的使用要按照相关规定接受有关部门的监督。

（五）要建立利益保障机制。联盟研发项目产生的成果和知识产权应事先通过协议明确权利归属、许可使用和转化收益分配的办法，要强化违约责任追究，保护联盟成员的合法权益。

（六）要建立开放发展机制。要根据发展需要及时吸收新成员，并积极开展与外部组织的交流与合作。联盟要建立成果扩散机制，对承担政府资助项目形成的成果有向联盟外扩散的义务。

九、鼓励和支持试点联盟在组织模式、运行机制、发挥行业作用、承担重大产业技术创新任务、落实国家自主创新政策等方面先试先行。充分调动和发挥联盟各方的优势和积极性，形成攻克产业技术难题的合力，使试点联盟为更多联盟的建立和发展创造经验。

十、积极探索支持联盟构建和发展的有效措施。创新国家科技计划管理方式，把体制机制和资源配置结合起来，引导形成产学研紧密结合的长效机制。国家科技计划按照有关规定支持符合条件的联盟开展重大产业技术创新活动。深化科技金融合作，创新金融产品，探索运用科技贷款、科技担保等金融工具，支持联盟开展技术攻关和成果产业化。

十一、鼓励各有关行业协会围绕本行业的重大技术创新问题，充分发挥组织协调、沟通联络、咨询服务等作用，推动本行业重点领域联盟的构建。

十二、各地方要把推动区域性联盟建设作为加强产学研结合，加快技术创新体系建设的紧迫任务。紧紧围绕本地经济发展规划确定的支柱产业，推动构建区域性联盟，促进区域创新体系建设和经济社会又好又快发展。

科学技术部　财政部　教育部
国务院国资委　中华全国总工会　国家开发银行
二〇〇八年十二月三十日

国务院关于进一步促进中小企业发展的若干意见

国发[2009]36号

各省、自治区、直辖市人民政府,国务院各部委、各直属机构:

中小企业是我国国民经济和社会发展的重要力量,促进中小企业发展,是保持国民经济平稳较快发展的重要基础,是关系民生和社会稳定的重大战略任务。受国际金融危机冲击,去年下半年以来,我国中小企业生产经营困难。中央及时出台相关政策措施,加大财税、信贷等扶持力度,改善中小企业经营环境,中小企业生产经营出现了积极变化,但发展形势依然严峻。主要表现在:融资难、担保难问题依然突出,部分扶持政策尚未落实到位,企业负担重,市场需求不足,产能过剩,经济效益大幅下降,亏损加大等。必须采取更加积极有效的政策措施,帮助中小企业克服困难,转变发展方式,实现又好又快发展。现就进一步促进中小企业发展提出以下意见:

一、进一步营造有利于中小企业发展的良好环境

(一)完善中小企业政策法律体系。落实扶持中小企业发展的政策措施,清理不利于中小企业发展的法律法规和规章制度。深化垄断行业改革,扩大市场准入范围,降低准入门槛,进一步营造公开、公平的市场环境。加快制定融资性担保管理办法,修订《贷款通则》,修订中小企业划型标准,明确对小型企业的扶持政策。

(二)完善政府采购支持中小企业的有关制度。制定政府采购扶持中小企业发展的具体办法,提高采购中小企业货物、工程和服务的比例。进一步提高政府采购信息发布透明度,完善政府公共服务外包制度,为中小企业创造更多的参与机会。

(三)加强对中小企业的权益保护。组织开展对中小企业相关法律和政策特别是金融、财税政策贯彻落实情况的监督检查,发挥新闻舆论和社会监督的作用,加强政策效果评价。坚持依法行政,保护中小企业及其职工的合法权益。

（四）构建和谐劳动关系。采取切实有效措施，加大对劳动密集型中小企业的支持，鼓励中小企业不裁员、少裁员，稳定和增加就业岗位。对中小企业吸纳困难人员就业、签订劳动合同并缴纳社会保险费的，在相应期限内给予基本养老保险补贴、基本医疗保险补贴、失业保险补贴。对受金融危机影响较大的困难中小企业，将阶段性缓缴社会保险费或降低费率政策执行期延长至2010年底，并按规定给予一定期限的社会保险补贴或岗位补贴、在岗培训补贴等。中小企业可与职工就工资、工时、劳动定额进行协商，符合条件的，可向当地人力资源社会保障部门申请实行综合计算工时和不定时工作制。

二、切实缓解中小企业融资困难

（五）全面落实支持小企业发展的金融政策。完善小企业信贷考核体系，提高小企业贷款呆账核销效率，建立完善信贷人员尽职免责机制。鼓励建立小企业贷款风险补偿基金，对金融机构发放小企业贷款按增量给予适度补助，对小企业不良贷款损失给予适度风险补偿。

（六）加强和改善对中小企业的金融服务。国有商业银行和股份制银行都要建立小企业金融服务专营机构，完善中小企业授信业务制度，逐步提高中小企业中长期贷款的规模和比重。提高贷款审批效率，创新金融产品和服务方式。完善财产抵押制度和贷款抵押物认定办法，采取动产、应收账款、仓单、股权和知识产权质押等方式，缓解中小企业贷款抵质押不足的矛盾。对商业银行开展中小企业信贷业务实行差异化的监管政策。建立和完善中小企业金融服务体系。加快研究鼓励民间资本参与发起设立村镇银行、贷款公司等股份制金融机构的办法；积极支持民间资本以投资入股的方式，参与农村信用社改制为农村商业（合作）银行、城市信用社改制为城市商业银行以及城市商业银行的增资扩股。支持、规范发展小额贷款公司，鼓励有条件的小额贷款公司转为村镇银行。

（七）进一步拓宽中小企业融资渠道。加快创业板市场建设，完善中小企业上市育成机制，扩大中小企业上市规模，增加直接融资。完善创业投资和融资租赁政策，大力发展创业投资和融资租赁企业。鼓励有关部门和地方政府设立创业投资引导基金，引导社会资金设立主要支持中小企业的创业投资企业，积极发展股权投资基金。发挥融资租赁、典当、信托等融资方式在中小企业融资中的作用。稳步扩大中小企业集合债券和短期融资券的发行规模，积极培育和规范发展产权交易市场，为中小企业产权和股权交易提供服务。

(八)完善中小企业信用担保体系。设立包括中央、地方财政出资和企业联合组建的多层次中小企业融资担保基金和担保机构。各级财政要加大支持力度,综合运用资本注入、风险补偿和奖励补助等多种方式,提高担保机构对中小企业的融资担保能力。落实好对符合条件的中小企业信用担保机构免征营业税、准备金提取和代偿损失税前扣除的政策。国土资源、住房城乡建设、金融、工商等部门要为中小企业和担保机构开展抵押物和出质的登记、确权、转让等提供优质服务。加强对融资性担保机构的监管,引导其规范发展。鼓励保险机构积极开发为中小企业服务的保险产品。

(九)发挥信用信息服务在中小企业融资中的作用。推进中小企业信用制度建设,建立和完善中小企业信用信息征集机制和评价体系,提高中小企业的融资信用等级。完善个人和企业征信系统,为中小企业融资提供方便快速的查询服务。构建守信受益、失信惩戒的信用约束机制,增强中小企业信用意识。

三、加大对中小企业的财税扶持力度

(十)加大财政资金支持力度。逐步扩大中央财政预算扶持中小企业发展的专项资金规模,重点支持中小企业技术创新、结构调整、节能减排、开拓市场、扩大就业,以及改善对中小企业的公共服务。加快设立国家中小企业发展基金,发挥财政资金的引导作用,带动社会资金支持中小企业发展。地方财政也要加大对中小企业的支持力度。

(十一)落实和完善税收优惠政策。国家运用税收政策促进中小企业发展,具体政策由财政部、税务总局会同有关部门研究制定。为有效应对国际金融危机,扶持中小企业发展,自2010年1月1日至2010年12月31日,对年应纳税所得额低于3万元(含3万元)的小型微利企业,其所得减按50%计入应纳税所得额,按20%的税率缴纳企业所得税。中小企业投资国家鼓励类项目,除《国内投资项目不予免税的进口商品目录》所列商品外,所需的进口自用设备以及按照合同随设备进口的技术及配套件、备件,免征进口关税。中小企业缴纳城镇土地使用税确有困难的,可按有关规定向省级财税部门或省级人民政府提出减免税申请。中小企业因有特殊困难不能按期纳税的,可依法申请在三个月内延期缴纳。

(十二)进一步减轻中小企业社会负担。凡未按规定权限和程序批准的行政事业性收费项目和政府性基金项目,均一律取消。全面清理整顿涉及中小企业的收费,重点是行政许可和强制准入的中介服务收费、具有垄断性的经营服务收费,

能免则免,能减则减,能缓则缓。严格执行收费项目公示制度,公开前置性审批项目、程序和收费标准,严禁地方和部门越权设立行政事业性收费项目,不得擅自将行政事业性收费转为经营服务性收费。进一步规范执收行为,全面实行中小企业缴费登记卡制度,设立各级政府中小企业负担举报电话。健全各级政府中小企业负担监督制度,严肃查处乱收费、乱罚款及各种摊派行为。任何部门和单位不得通过强制中小企业购买产品、接受指定服务等手段牟利。严格执行税收征收管理法律法规,不得违规向中小企业提前征税或者摊派税款。

四、加快中小企业技术进步和结构调整

(十三)支持中小企业提高技术创新能力和产品质量。支持中小企业加大研发投入,开发先进适用的技术、工艺和设备,研制适销对路的新产品,提高产品质量。加强产学研联合和资源整合,加强知识产权保护,重点在轻工、纺织、电子等行业推进品牌建设,引导和支持中小企业创建自主品牌。支持中华老字号等传统优势中小企业申请商标注册,保护商标专用权,鼓励挖掘、保护、改造民间特色传统工艺,提升特色产业。

(十四)支持中小企业加快技术改造。按照重点产业调整和振兴规划要求,支持中小企业采用新技术、新工艺、新设备、新材料进行技术改造。中央预算内技术改造专项投资中,要安排中小企业技术改造资金,地方政府也要安排中小企业技术改造专项资金。中小企业的固定资产由于技术进步原因需加速折旧的,可按规定缩短折旧年限或者采取加速折旧的方法。

(十五)推进中小企业节能减排和清洁生产。促进重点节能减排技术和高效节能环保产品、设备在中小企业的推广应用。按照发展循环经济的要求,鼓励中小企业间资源循环利用。鼓励专业服务机构为中小企业提供合同能源管理、节能设备租赁等服务。充分发挥市场机制作用,综合运用金融、环保、土地、产业政策等手段,依法淘汰中小企业中的落后技术、工艺、设备和产品,防止落后产能异地转移。严格控制过剩产能和"两高一资"行业盲目发展。对纳入环境保护、节能节水企业所得税优惠目录的投资项目,按规定给予企业所得税优惠。

(十六)提高企业协作配套水平。鼓励中小企业与大型企业开展多种形式的经济技术合作,建立稳定的供应、生产、销售等协作关系。鼓励大型企业通过专业分工、服务外包、订单生产等方式,加强与中小企业的协作配套,积极向中小企业提供技术、人才、设备、资金支持,及时支付货款和服务费用。

(十七)引导中小企业集聚发展。按照布局合理、特色鲜明、用地集约、生态环保的原则,支持培育一批重点示范产业集群。加强产业集群环境建设,改善产业集聚条件,完善服务功能,壮大龙头骨干企业,延长产业链,提高专业化协作水平。鼓励东部地区先进的中小企业通过收购、兼并、重组、联营等多种形式,加强与中西部地区中小企业的合作,实现产业有序转移。

(十八)加快发展生产性服务业。鼓励支持中小企业在科技研发、工业设计、技术咨询、信息服务、现代物流等生产性服务业领域发展。积极促进中小企业在软件开发、服务外包、网络动漫、广告创意、电子商务等新兴领域拓展,扩大就业渠道,培育新的经济增长点。

五、支持中小企业开拓市场

(十九)支持引导中小企业积极开拓国内市场。支持符合条件的中小企业参与家电、农机、汽车摩托车下乡和家电、汽车"以旧换新"等业务。中小企业专项资金、技术改造资金等要重点支持销售渠道稳定、市场占有率高的中小企业。采取财政补助、降低展费标准等方式,支持中小企业参加各类展览展销活动。支持建立各类中小企业产品技术展示中心,办好中国国际中小企业博览会等展览展销活动。鼓励电信、网络运营企业以及新闻媒体积极发布市场信息,帮助中小企业宣传产品,开拓市场。

(二十)支持中小企业开拓国际市场。进一步落实出口退税等支持政策,研究完善稳定外需、促进外贸发展的相关政策措施,稳定和开拓国际市场。充分发挥中小企业国际市场开拓资金和出口信用保险的作用,加大优惠出口信贷对中小企业的支持力度。鼓励支持有条件的中小企业到境外开展并购等投资业务,收购技术和品牌,带动产品和服务出口。

(二十一)支持中小企业提高自身市场开拓能力。引导中小企业加强市场分析预测,把握市场机遇,增强质量、品牌和营销意识,改善售后服务,提高市场竞争力。提升和改造商贸流通业,推广连锁经营、特许经营等现代经营方式和新型业态,帮助和鼓励中小企业采用电子商务,降低市场开拓成本。支持餐饮、旅游、休闲、家政、物业、社区服务等行业拓展服务领域,创新服务方式,促进扩大消费。

六、努力改进对中小企业的服务

(二十二)加快推进中小企业服务体系建设。加强统筹规划,完善服务网络和服务设施,积极培育各级中小企业综合服务机构。通过资格认定、业务委托、奖励等方式,发挥工商联以及行业协会(商会)和综合服务机构的作用,引导和带动专业服务机构的发展。建立和完善财政补助机制,支持服务机构开展信息、培训、技术、创业、质量检验、企业管理等服务。

(二十三)加快中小企业公共服务基础设施建设。通过引导社会投资、财政资金支持等多种方式,重点支持在轻工、纺织、电子信息等领域建设一批产品研发、检验检测、技术推广等公共服务平台。支持小企业创业基地建设,改善创业和发展环境。鼓励高等院校、科研院所、企业技术中心开放科技资源,开展共性关键技术研究,提高服务中小企业的水平。完善中小企业信息服务网络,加快发展政策解读、技术推广、人才交流、业务培训和市场营销等重点信息服务。

(二十四)完善政府对中小企业的服务。深化行政审批制度改革,全面清理并进一步减少、合并行政审批事项,实现审批内容、标准和程序的公开化、规范化。投资、工商、税务、质检、环保等部门要简化程序、缩短时限、提高效率,为中小企业设立、生产经营等提供便捷服务。地方各级政府在制定和实施土地利用总体规划和年度计划时,要统筹考虑中小企业投资项目用地需求,合理安排用地指标。

七、提高中小企业经营管理水平

(二十五)引导和支持中小企业加强管理。支持培育中小企业管理咨询机构,开展管理咨询活动。引导中小企业加强基础管理,强化营销和风险管理,完善治理结构,推进管理创新,提高经营管理水平。督促中小企业苦练内功、降本增效,严格遵守安全、环保、质量、卫生、劳动保障等法律法规,诚实守信经营,履行社会责任。

(二十六)大力开展对中小企业各类人员的培训。实施中小企业银河培训工程,加大财政支持力度,充分发挥行业协会(商会)、中小企业培训机构的作用,广泛采用网络技术等手段,开展政策法规、企业管理、市场营销、专业技能、客户服务等各类培训。高度重视对企业经营管理者的培训,在3年内选择100万家成长型中小企业,对其经营管理者实施全面培训。

(二十七)加快推进中小企业信息化。继续实施中小企业信息化推进工程,加快推进重点区域中小企业信息化试点,引导中小企业利用信息技术提高研发、管理、制造和服务水平,提高市场营销和售后服务能力。鼓励信息技术企业开发和搭建行业应用平台,为中小企业信息化提供软硬件工具、项目外包、工业设计等社会化服务。

八、加强对中小企业工作的领导

（二十八）加强指导协调。成立国务院促进中小企业发展工作领导小组，加强对中小企业工作的统筹规划、组织领导和政策协调，领导小组办公室设在工业和信息化部。各地可根据工作需要，建立相应的组织机构和工作机制。

（二十九）建立中小企业统计监测制度。统计部门要建立和完善对中小企业的分类统计、监测、分析和发布制度，加强对规模以下企业的统计分析工作。有关部门要及时向社会公开发布发展规划、产业政策、行业动态等信息，逐步建立中小企业市场监测、风险防范和预警机制。

促进中小企业健康发展既是一项长期战略任务，也是当前保增长、扩内需、调结构、促发展、惠民生的紧迫任务。各地区、各有关部门要进一步提高认识，统一思想，结合实际，尽快制定贯彻本意见的具体办法，并切实抓好落实。

国务院

二〇〇九年九月十九日

科学技术部 财政部 教育部 国务院国资委 中华全国总工会 国家开发银行关于印发《国家技术创新工程总体实施方案》的通知

国科发政〔2009〕269号

各省、自治区、直辖市及计划单列市、新疆生产建设兵团科技厅（科委、局）、财政厅（局）、教育厅（教委、局）、国资委、总工会，国家开发银行各分行、代表处，各有关行业协会，各有关单位：

为全面贯彻党的十七大和全国科技大会精神，根据国务院《关于发挥科技支撑作用促进经济平稳较快发展的意见》（国发〔2009〕9号）的要求，科技部、财政部、教育部、国务院国资委、全国总工会、国家开发银行决定共同组织实施技术创新工程，加快以企业为主体、市场为导向、产学研相结合的技术创新体系建设，大力支持企业提高自主创新能力，增强产业核心竞争力。

现将《国家技术创新工程总体实施方案》印发给你们，请结合实际制订具体方案认真组织实施，扎实推动这项工作深入开展，工作中遇到的重要情况和问题请及时报告。

附件：国家技术创新工程总体实施方案

科学技术部 财政部 教育部
国务院国资委 中华全国总工会 国家开发银行
二○○九年六月二日

附件：

国家技术创新工程总体实施方案

为全面贯彻党的十七大和全国科技大会精神，落实国务院《关于发挥科技支撑作用促进经济平稳较快发展的意见》（国发［2009］9号），大力支持企业提高自主创新能力，组织实施技术创新工程，特制定本方案。

一、指导思想、原则和目标

国家技术创新工程是在现有工作基础上，进一步创新管理，集成相关科技计划（专项）资源，引导和支持创新要素向企业集聚，加快以企业为主体、市场为导向、产学研相结合的技术创新体系建设的系统工程。实施技术创新工程是促进经济平稳较快发展的迫切要求，是加快建设国家创新体系的重大举措，是建设创新型国家的重要任务。

长期以来，党中央、国务院高度重视企业技术创新工作。特别是全国科技大会以来，支持企业技术创新的氛围日益浓厚，确立企业技术创新主体地位的战略思想深入人心，企业的创新动力和活力显著增强。各地方、各部门认真落实《国家中长期科学和技术发展规划纲要（2006—2020年）》（以下简称《规划纲要》），采取有力措施积极支持企业技术创新，取得了重要进展，积累了宝贵经验。但是在技术创新体系建设中还存在许多亟待解决的突出问题，企业尚未成为技术创新的主体，产学研结合松散、围绕产业技术创新链持续稳定的合作不够，创新资源分散重复、布局失衡，企业特别是中小企业技术创新缺乏全面有效的支撑服务等，导致科技与经济结合不够紧密，迫切需要采取系统措施集中加以解决。

实施技术创新工程的指导思想是：深入贯彻落实党的十七大精神，以科学发展观为指导，围绕提高自主创新能力、建设创新型国家的战略目标，促进科学技术更加主动地为经济社会发展服务，经济社会发展紧紧依靠科学技术和自主创新，以确立企业技术创新主体地位为主线，充分运用市场机制，引导和支持创新要素向企业集聚，增强企业自主创新能力和产业核心竞争力，为推进经济结构战略性调整，加快发展方式转变，建设创新型国家提供有力支撑。

实施技术创新工程要坚持"企业主体、政府引导；深化改革、创新机制；立足当前、着眼长远;部门联合、上下联动"的原则。

实施技术创新工程的总体目标是:形成和完善以企业为主体、市场为导向、产学研相结合的技术创新体系,大幅度提升企业自主创新能力,大幅度降低关键领域和重点行业的技术对外依存度,推动企业成为技术创新主体,实现科技与经济更加紧密结合。

二、主要任务

针对技术创新体系建设中存在的薄弱环节和突出问题,从以下方面入手,着力推进产学研紧密结合,为企业技术创新提供有效的支撑服务,促进企业成为技术创新主体:

(一)推动产业技术创新战略联盟构建和发展。

统筹推进产业技术创新战略联盟的构建和发展。以增强产业核心竞争力为目标,重点围绕十大产业振兴和战略性产业发展,形成工作布局。

引导产业技术创新战略联盟的构建。促进产学研各方围绕产业技术创新链在战略层面建立持续稳定的合作关系,立足产业技术创新需求,开展联合攻关,制定技术标准,共享知识产权,整合资源建立技术平台,联合培养人才,实现创新成果产业化;指导和鼓励地方结合当地实际,构建支撑本地经济发展的技术创新战略联盟;鼓励行业协会发挥组织协调、沟通联络、咨询服务等作用,推动本行业联盟的构建。

引导产业技术创新战略联盟健康发展。通过科技计划委托联盟组织实施国家和地方的重大技术创新项目;积极探索支持联盟发展的各种有效措施和方式;推动联盟建立和完善技术成果扩散机制,向中小企业辐射和转移先进技术,带动中小企业产品和技术创新;依托联盟探索国家支持企业技术创新的相关政策。

(二)建设和完善技术创新服务平台。

明确技术创新服务平台的建设要求,突出资源整合和服务功能;按照"面向产业、需求导向;创新机制、盘活存量;政府引导、多方参与;明确权益、协同发展"的原则,构建面向重点产业振兴和战略性产业发展的技术创新服务平台。

依托高等学校、科研院所、产业技术创新战略联盟、大型骨干企业以及科技中介机构等,采取部门和地方联动的方式,通过整合资源提升能力,形成一批技术创新服务平台。

充分发挥转制院所在技术创新服务平台建设中的作用。加快先进适用技术和产品的推广应用,加速技术成果的工程化,加强产业共性关键技术研发攻关,加强研发能力建设和行业基础性工作。

提高平台服务队伍的专业化水平。建立健全人员保障与激励政策措施,明确岗位职责,完善绩效评价,加强专业技能培训,不断提高服务能力和水平。

(三)推进创新型企业建设。

根据国民经济发展和《规划纲要》实施的要求,推进创新型企业建设工作;加强分工协作,针对不同类型的企业进行分类指导,突出对中小企业创新发展的引导。

引导企业加强创新能力建设。引导企业加强创新发展的系统谋划;引导和鼓励创新型企业承担国家和地方科技计划项目;引导和鼓励有条件的创新型企业建设国家和地方的重点实验室、企业技术中心、工程中心等;支持创新型企业引进海内外高层次技术创新人才;支持企业开发拥有自主知识产权和市场竞争力的新产品、新技术和新工艺。

引导企业建立健全技术创新内在机制。完善创新型企业评价指标体系,开展创新型企业评价命名,发挥评价对全社会企业创新的导向作用;加强创新型企业动态管理,形成激励企业持续创新的长效机制;通过科技奖励引导企业技术创新;发挥创新型企业的示范作用。

引导企业加强技术创新管理。通过培训、示范等多种方式在企业中推广应用创新方法;推动企业实施自主品牌战略、知识产权战略,塑造国际知名品牌;通过建立创新型企业信息网,促进企业之间的交流与合作。

发挥广大职工在技术创新中的重要作用。强化企业技术创新群众基础,组织职工开展合理化建议、技术革新、技术攻关、发明创造等群众性技术创新活动,加强职工技术交流与协作,促进职工技术成果转化。

(四)面向企业开放高等学校和科研院所科技资源。

引导高等学校和科研院所的科研基础设施和大型科学仪器设备、自然科技资源、科学数据、科技文献等公共科技资源进一步面向企业开放。

推动高等学校、应用开发类科研院所向企业转移技术成果,促进人才向企业流动。鼓励社会公益类科研院所为企业提供检测、测试、标准等服务。

加大国家重点实验室、国家工程技术研究中心、大型科学仪器中心、分析检测中心等向企业开放的力度。将开放工作纳入单位年度工作计划,开放情况作为其运行绩效考核的重要指标。

（五）促进企业技术创新人才队伍建设。

加强企业技术创新人才培养。推动高等学校和有条件的科研院所根据企业对技术创新人才的需求调整教学计划和人才培养模式。加强职业技术教育，培养适应企业发展的各类高级技能人才。鼓励企业与高等学校、科研院所联合培养人才。鼓励企业选派技术人才到高等学校、科研院所接受继续教育、参加研究工作，或兼职教学。

引导高等学校学生参与企业创新实践。发挥企业博士后工作站的作用，吸引博士毕业生到企业从事技术创新工作。鼓励高等学校和企业联合建立研究生工作站，吸引研究生到企业进行技术创新实践。引导博士后和研究生工作站在产学研合作中发挥积极作用。鼓励企业和高等学校联合建立大学生实训基地。

协助企业引进海外高层次人才。以实施"千人计划"为重点，采取特殊措施，引导和支持企业吸引海外高层次技术创新人才回国（来华）创新创业。

提高职工科技素质和创新能力。广泛开展岗位练兵、技能比赛、师徒帮教、技术培训等活动。把增强职工创新意识和创新能力与提高职工技能水平结合起来，建设一支知识型、技术型、创新型高素质职工队伍。

（六）引导企业充分利用国际科技资源。

发挥国际科技合作计划的作用，引导和支持大企业与国外企业开展联合研发，引进关键技术、知识产权和关键零部件，开展消化吸收再创新和集成创新。鼓励企业与国外科研机构、企业联合建立研发机构，形成一批国际科技合作示范基地。

发挥驻外科技、教育等机构的作用，引导企业"走出去"，开展合作研发，建立海外研发基地和产业化基地，及时掌握前沿技术发展的态势，把握国际市场动向，通过科技援外等方式向发展中国家输出技术，扩大高新技术及产品的出口。

鼓励和引导企业通过多种方式，充分利用国外企业和研发机构的技术、人才、品牌等资源，加强自主品牌建设。

三、保障措施

（一）创新科技计划组织方式。

国家科技计划调整和优化立项机制。建立和完善以企业技术创新需求为导向的立项机制；建立和完善企业技术创新需求的征集渠道，应用开发类项目的指南编制、课题遴选、立项论证充分发挥企业作用。加强各类计划之间的联动和有效衔接。

改进科技计划项目的组织实施方式。应用开发类项目应有企业参加、产学研联合实施,围绕产业技术创新链加强项目的系统集成;对符合条件的创新基地、人才团队、产业技术创新战略联盟等持续安排项目支持。

建立支持科技计划成果转化应用的资金渠道和机制,发挥已有科技计划成果支撑企业技术创新的作用。

支持产业技术创新战略联盟组织实施科技计划项目,开展重大产业技术创新活动。支持技术创新服务平台强化面向企业特别是中小企业的服务功能。发挥科技计划对创新型企业加强创新能力建设和掌握自主知识产权核心技术的引导作用。

(二)发挥财政科技投入的引导作用。

调整科技支撑计划、863计划、科技基础条件平台等相关计划(专项)的投入结构,形成持续稳定的经费支持渠道,保障技术创新工程重点任务的实施。

创新财政科技投入支持方式。综合运用无偿资助(含后补助)、贷款贴息、风险投资、偿还性资助、政府购买服务等方式,引导全社会资源支持企业技术创新。

(三)建立健全有利于技术创新的评价、考核与激励机制。

完善高等学校和科研院所内部分类考核。对从事教学、基础研究、应用技术研究和成果转化的不同工作进行分类评价,使上述各类人员具有同等地位。科技人员承担企业委托的研究项目与承担政府科技计划项目,在业绩考核中同等对待。

支持高等学校和科研院所建立技术转移的激励机制。应用开发类研究以成果的转化应用作为评价标准。有条件的高等学校、科研院所建立专门技术转移机构;对技术转移获得的收益,明确对科技成果完成人和为成果转化做出贡献人员的奖励措施。

完善国有企业考核体系和分配激励机制。发挥业绩考核引导作用,在对企业负责人经营业绩考核中,进一步完善对技术创新能力的考核指标体系,引导企业加大科技投入。推动企业集团将技术创新能力指标纳入内部各层级企业的考核评价体系。进一步研究企业骨干技术人员中长期分配激励机制与政策,调动发挥骨干技术人员积极性。

(四)落实激励企业技术创新政策。

抓好政策落实。加快开展国家自主创新产品认定工作,加强有关部门的协调配合,加大宣传培训力度,落实企业研究开发费用所得税前加计扣除、高新技术企业认定、政府采购自主创新产品、创业投资企业和科技企业孵化器税收优惠等重点政策。

不断完善政策。开展政策落实情况评估,及时掌握新的政策需求,促进政策研究制定,完善促进产学研结合、技术转移等政策措施。

(五)加大对企业技术创新的金融支持。

建立科技金融合作机制。加强技术创新与金融创新的结合,发挥财政科技投入的杠杆和增信作用,引导和鼓励金融产品创新,支持企业技术创新。

加大对企业技术创新的信贷支持。通过贷款贴息等手段鼓励和引导政策性银行、商业银行支持企业特别是中小企业技术创新。

支持企业进入多层次资本市场融资。鼓励和支持企业改制上市,扩大未上市高新技术企业进入代办股份转让系统试点范围,鼓励科技型中小企业在创业板上市。

开展知识产权质押贷款和科技保险试点,推动担保机构开展科技担保业务,拓宽企业技术创新融资渠道。

大力发展科技创业投资。加大科技型中小企业创业投资引导力度,引导和鼓励金融机构、地方政府以及其他民间资金参与科技创业投资。

四、组织实施

(一)加强组织领导,统筹推进工程实施。科技部、财政部、教育部、国务院国资委、全国总工会、国家开发银行等部门组成的推进产学研结合工作协调指导小组,负责组织实施技术创新工程,定期召开会议,研究决定技术创新工程实施的重大事项,统筹协调相关部门和地方创新资源,督促检查技术创新工程的实施情况。

协调指导小组办公室负责落实协调指导小组的议定事项,做好推动技术创新工程实施的具体工作,加强联络协调,组织调查研究,促进信息沟通,指导地方工作。

(二)加强部门协同,完善分工负责机制。各相关部门根据总体方案,结合部门职能,分解工作任务,发挥各自优势,制定具体方案,落实相应责任;部门间加强协调配合,针对实施中出现的新情况、新问题,及时研究采取有效措施。充分发挥行业协会在推进企业技术创新中的重要作用。

(三)发挥地方作用,结合实际开拓创新。各地方要结合当地实际,突出地域特色,在总体方案的指导下,加强组织领导,制定方案,集成相关资源,加大投入,完善保障措施;各级科技、财政、教育、国资监管、工会、开发银行等部门要加强分工协作,与有关部门协调合作,积极探索,大胆创新,落实各项重点任务,扎实推进技术创新工程的实施。

科学技术部关于印发《关于推动产业技术创新战略联盟构建与发展的实施办法（试行）》的通知

国科发政[2009]648号

各省、自治区、直辖市、计划单列市及新疆生产建设兵团科技厅（委、局），各有关单位：

为深入实施国家技术创新工程，推动产业技术创新战略联盟的构建与发展，加快建立以企业为主体、市场为导向、产学研相结合的技术创新体系，提升企业自主创新能力和产业核心竞争力，促进经济结构调整和产业优化升级，科技部研究制定了《关于推动产业技术创新战略联盟构建与发展的实施办法（试行）》。现印发给你们，请结合实际遵照执行。

附件：关于推动产业技术创新战略联盟构建与发展的实施办法（试行）

科学技术部
二〇〇九年十二月一日

附件：

关于推动产业技术创新战略联盟构建与发展的实施办法（试行）

为贯彻落实《国家中长期科学和技术发展规划纲要（2006—2020年）》，以及国务院《关于充分发挥科技支撑作用，促进经济平稳较快发展的意见》（国发[2009]9号），加快建立以企业为主体、市场为导向、产学研相结合的技术创新体系，促进经济结构调整和产业优化升级，提升产业核心竞争力，实现创新驱动发展，根据科技部等六部门《关于推动产业技术创新战略联盟构建的指导意见》（国科发政[2008]770号）、《国家技术创新工程总体实施方案》（国科发政[2009]269号），以及《国家科技计划支持产业技术创新战略联盟暂行规定》（国科发计[2008]338号）等文件的规定，现就推动产业技术创新战略联盟的构建与发展制定如下实施办法。

一、总则

第一条 产业技术创新战略联盟（以下简称联盟）是指由企业、大学、科研机构或其他组织机构，以企业的发展需求和各方的共同利益为基础，以提升产业技术创新能力为目标，以具有法律约束力的契约为保障，形成的联合开发、优势互补、利益共享、风险共担的技术创新合作组织。

第二条 产业技术创新战略联盟是实施国家技术创新工程的重要载体。推动产业技术创新战略联盟构建和发展，是整合产业技术创新资源，引导创新要素向企业集聚的迫切要求，是促进产业技术集成创新，提高产业技术创新能力，提升产业核心竞争力的有效途径。

第三条 联盟的主要任务是组织企业、大学和科研机构等围绕产业技术创新的关键问题，开展技术合作，突破产业发展的核心技术，形成产业技术标准；建立公共技术平台，实现创新资源的有效分工与合理衔接，实行知识产权共享；实施技术转移，加速科技成果的商业化运用，提升产业整体竞争力；联合培养人才，加强人员的交流互动，支撑国家核心竞争力的有效提升。

第四条 鼓励企业、大学和科研机构及其他组织机构根据六部门推动产业技术创新战略联盟构建意见的精神,从产业发展实际需求出发,遵循市场经济规则,积极构建联盟,探索多种长效稳定的产学研合作机制。

第五条 推动联盟构建要有序开展。防止脱离产业发展及产业技术创新内在需求的"拉郎配";防止不切实际的一哄而上;防止地区分割、封闭发展;防止缺乏联盟成员单位自主投入的形式主义;防止造成各种形式的垄断和对市场竞争的压制。

二、联盟的构建

第六条 联盟的构建,要以国家重点产业和区域支柱产业的技术创新需求为导向,以形成产业核心竞争力为目标,以企业为主体,围绕产业技术创新链,运用市场机制集聚创新资源,实现企业、大学和科研机构等在战略层面有效结合,共同突破产业发展的技术瓶颈。

第七条 推动联盟构建要坚持以下基本原则。

(一)遵循市场经济规则。要立足于企业创新发展的内在要求和合作各方的共同利益,通过平等协商,在一定时期内,建立有法律效力的联盟契约,对联盟成员形成有效的行为约束和利益保护。

(二)体现国家战略目标。要符合《规划纲要》确定的重点领域,符合国家产业政策和节能减排等政策导向,符合提升国家核心竞争力的迫切要求。

(三)满足产业发展需求。要有利于掌握核心技术和自主知识产权,有利于引导创新要素向企业集聚,有利于形成产业技术创新链,有利于促进区域支柱产业的发展。

(四)发挥政府引导作用。要创新政府管理方式,发挥协调引导作用,营造有利的政策和法制环境,围绕经济社会发展的迫切要求推动重点领域联盟的构建。

第八条 联盟成立应当符合以下基本条件。

(一)要由企业、大学和科研机构等多个独立法人组成。企业处于行业骨干地位;大学、科研机构在合作的技术领域具有前沿水平;相关中介机构等可根据联盟技术创新的需要作为成员发挥积极的作用。

(二)要有具有法律约束力的联盟协议,协议中有明确的技术创新目标,落实成员单位之间的任务分工。联盟协议必须由成员单位法定代表人共同签署生效。

(三)要设立决策、咨询和执行等组织机构,建立有效的决策与执行机制,明确联盟对外承担责任的主体。联盟执行机构应配备专职人员,负责有关日常事务。

(四)要健全经费管理制度。对联盟经费要制定相应的内部管理办法,并建立经费使用的内部监督机制。联盟可委托常设机构的依托单位管理联盟经费,政府资助经费的使用要按照相关规定执行,并接受有关部门的监督。

(五)要建立利益保障机制。联盟研发项目产生的成果和知识产权应事先通过协议明确权利归属、许可使用和转化收益分配的办法,要强化违约责任追究,保护联盟成员的合法权益。

(六)要建立开放发展机制。要根据发展需要及时吸收新成员,并积极开展与外部组织的交流与合作。联盟要建立成果扩散机制,对承担政府资助项目形成的成果有向联盟外扩散的义务。

三、联盟试点工作

第九条 根据《关于推进产业技术创新战略联盟构建工作的指导意见》,选择一批产业技术创新战略联盟开展试点工作,积极探索联盟运行及产学研合作的新机制和新模式。

第十条 通过试点工作,支持试点联盟探索建立产学研合作的信用机制、责任机制和利益机制;探索承担国家重大技术创新任务的组织模式和运行机制;探索发挥行业技术创新的引领和带动作用;探索整合资源构建产业技术创新平台,服务广大中小企业;探索率先落实国家自主创新政策等。充分调动和发挥联盟各成员的优势和积极性,使试点联盟为更多联盟的建立和发展积累经验。

第十一条 联盟成立后可自愿申请参加试点。申请试点的联盟,可按其所属领域分工,向科技部相关司局提出审核申请。提出审核申请的联盟须提交材料的有关要求见材料一至材料四。

第十二条 在科技部技术创新工程协调领导小组的指导下,综合司局与专业司局分工合作,专业司局负责对联盟组建的必要性和技术性进行审核;综合司局负责对联盟的组织形式进行审核;并形成审核意见(见材料五)。联盟审核采取成熟一个审核一个的方式进行。

第十三条 专业司局进行必要性与技术审核的内容主要包括:

(一)联盟技术创新目标和任务应体现国家战略目标,符合《国家中长期科学和技术发展规划纲要(2006—2020年)》确定的重点领域,以及国家产业、环保和能源政策等。

(二)联盟开展的技术创新活动应体现所在产业领域的重大技术创新需求,有利于推动相关产业实现重大技术突破,形成产业核心技术标准,支撑和引领产业技术创新。

(三)联盟开展的技术创新活动应具有较强的产业带动作用,有利于集聚创新资源,形成产业技术创新链。

(四)联盟的技术创新任务应有利于解决产业发展的关键和共性技术问题,提升产业核心竞争力,促进产业结构优化升级。

第十四条 在专业司局进行必要性与技术审核后,综合司局组织专家组,对通过必要性与技术审核的联盟进行组织形式审核。主要内容包括:

(一)符合第八条六项条件的规定。

(二)联盟协议应由成员单位法定代表人共同签署,建立的合作关系可受法律保护。联盟协议中应明确技术创新目标和成员单位的任务分工。

第十五条 科技部技术创新工程协调领导小组办公室组织会商,确认符合条件的联盟。确认的联盟名单向六部门推进产学研结合工作协调指导小组办公室通报。

第十六条 加强对试点工作的指导,建立试点联盟的跟踪调研和评价考核机制。研究建立试点联盟的评价考核体系,及时了解试点工作中出现的情况和问题,开展对试点联盟的定期评估考核工作,建立试点联盟的动态调整机制。总结试点形成的好的机制和做法,充分发挥试点联盟的示范带动作用。

四、对联盟的支持

第十七条 营造有利于联盟发展的政策环境,探索支持联盟构建和发展的有效措施。研究制定支持和规范联盟发展的政策措施,探索总结联盟运行的体制机制和模式。把体制机制创新和资源配置结合起来,加大对联盟的支持力度,引导形成产学研紧密结合的长效机制。

第十八条 在联盟先行投入的基础上,国家科技计划积极探索无偿资助、贷款贴息、后补助等方式支持联盟的发展。经科技部审核并开展试点的联盟,可作为项目组织单位参与国家科技计划项目的组织实施。鼓励联盟向国家科技计划专家咨询库推荐评审专家。国家科技计划根据各自的管理程序反映和征集联盟的科技需求。

第十九条 依托联盟制定产业发展技术路线图,为国家制定科技计划指南提供依据。充分发挥联盟在产业技术创新政策研究和制定中的重要作用。

第二十条　支持有条件的联盟整合相关成员单位优势,围绕产业发展的战略需求,集成产学研各方力量组建国家重点实验室,针对学科发展前沿和国民经济、社会发展及国家安全的重大科技问题,开展科技创新研究。

第二十一条　支持联盟开展国际科技合作,组织联盟成员单位承担国际科技合作计划项目,带动相关企业及高校、科研院所充分利用国际科技资源,在更高起点上提升技术创新能力。

第二十二条　鼓励银行、创业投资机构参与联盟,向联盟企业提供多样化的融资支持和金融服务。创业投资机构对联盟企业的投资符合条件的可在科技型中小企业创业投资引导基金中优先支持。

第二十三条　联盟协议约定的对外承担责任主体单位是联盟承担国家科技计划项目组织管理的责任主体,对项目实施负总责,承担项目组织实施的法律责任。联盟内部应建立相应的责任分担机制,联盟对外承担责任主体单位据此向课题承担单位追究相应责任。

第二十四条　联盟理事会审议联盟的重大事项,联盟根据联盟协议确定的技术创新方向,以及各有关科技计划的定位和支持重点,由理事长单位代表联盟向科技部提出项目建议,获得批准后,依据各有关科技计划和经费的管理办法组织科技项目(课题)。

第二十五条　对联盟组织实施国家科技计划项目建立决策、执行、监督评估三位一体的监管机制。科技部组织或委托第三方科技监督评估机构加强对联盟执行项目的监督检查,联盟内部也要成立相应的监督管理机构,建立自我监督与评估机制。

第二十六条　根据国家科技计划和相关经费管理办法的规定,联盟组织实施的项目或课题在无法按计划正常实施时应及时调整或撤销。如果作为联盟成员的课题承担单位中途退出联盟,应由联盟理事会提出调整或撤销课题的书面意见,报科技部核准后执行。如果作为项目组织单位的联盟解散,科技部可根据实施情况、评估意见等直接进行调整。

第二十七条　联盟承担国家科技计划项目形成的知识产权管理,按照《科学技术进步法》、《关于国家科研计划项目成果知识产权管理的若干规定》(国办发[2002]30号)以及各计划管理办法的有关规定执行,并需遵守以下规定。

(一)联盟承担国家科技计划项目形成的知识产权,由项目(课题)承担单位依法取得。

（二）联盟组织申报国家科技计划项目，应依据联盟协议在项目申请书和任务书中约定成果和知识产权的权利归属、许可实施以及利益分配，以及联盟解散或成员退出的知识产权处理方案。对于知识产权约定不明确的项目不予立项。违反成果和知识产权权益分配约定的项目参与单位，5年内不得参与国家科技计划组织实施。

（三）联盟对承担国家科技计划项目形成的知识产权，有向国内其他单位有偿或无偿许可实施的义务。

（四）联盟承担国家科技计划项目形成的知识产权，向境外转让或许可独占实施的，须报科技部批准。

第二十八条　联盟根据本规定及国家科技计划和相关经费管理办法制定联盟承担国家科技计划项目配套管理办法，报科技部备案。办法应包括项目的组织管理体系、经费的匹配及使用、监督及责任追究、知识产权共享及分割等内容。

五、充分发挥地方和协会在联盟构建中的重要作用

第二十九条　地方可参照本实施办法的规定，研究制定本地区的实施办法，紧紧围绕本地经济发展规划确定的支柱产业，突出区域经济发展和产业特色，运用市场机制推动本地区重点领域联盟的构建。

第三十条　各地方应将联盟的构建和发展作为实施技术创新工程的重要载体，在产业和区域上做出总体布局，加强工作指导，在政策、计划项目、创新平台建设等方面予以重点支持。推动联盟构建和发展可作为省部会商的重要内容。

第三十一条　地方开展试点的联盟，对国家相关产业发展具有重大影响的，可根据自愿的原则，报科技部政策法规司备案，并抄报相关专业司局。

第三十二条　各有关行业协会围绕本行业的重大技术创新需求，充分发挥组织协调、沟通联络、咨询服务等作用，推动本行业重点领域联盟的构建。

第三十三条　本办法由科技部负责解释，自发布之日起实施。

科学技术部关于印发发挥国家高新技术产业开发区作用促进经济平稳较快发展若干意见的通知

国科发高[2009]379号

各省、自治区、直辖市及计划单列市科技厅(委、局),各国家高新技术产业开发区管委会:

为贯彻落实《国务院关于发挥科技支撑作用促进经济平稳较快发展的意见》(国发[2009]9号),进一步发挥国家高新区在引领高新技术产业发展、支撑地方经济增长中的集聚、辐射和带动作用,我部制定了《关于发挥国家高新技术产业开发区作用促进经济平稳较快发展的若干意见》。现印发给你们,请结合本地区实际情况,做好落实工作。

专此通知。

(联系人:蔡文沁、薛强,电话:010—58881565)

附件:关于发挥国家高新技术产业开发区作用促进经济平稳较快发展的若干意见

科学技术部

二〇〇九年七月七日

附件：

关于发挥国家高新技术产业开发区作用促进经济平稳较快发展的若干意见

为贯彻落实《国务院关于发挥科技支撑作用促进经济平稳较快发展的意见》（国发[2009]9号），充分发挥国家高新技术产业开发区（以下简称"国家高新区"）的支撑作用，制定本意见。

一、充分认识发挥国家高新区作用促进经济平稳较快发展的重要意义，明确总体要求

（一）重要意义。建设国家高新区是党中央、国务院作出的重大战略部署，经过近20年发展，国家高新区已经成为我国高新技术产业发展的一面旗帜。在当前应对国际金融危机过程中，国家高新区迎难而上，保持了较好的发展势头，为经济平稳较快发展提供了重要支撑。充分发挥国家高新区的作用，对战胜金融危机、转变发展方式、坚持中国特色自主创新道路、实现国民经济依靠创新驱动发展具有重要意义。

（二）指导思想。全面贯彻党的十七大和十七届三中全会精神，以邓小平理论和"三个代表"重要思想为指导，全面贯彻落实科学发展观，深入贯彻《国务院关于发挥科技支撑作用促进经济平稳较快发展的意见》，以增强自主创新能力为核心，以改革创新为动力，始终坚持"四位一体"的发展目标，承担起战胜金融危机、促进经济率先复苏崛起的责任，承担起依靠科技创新、促进经济又好又快发展的责任，承担起深化改革、探索新形势下加快发展高新技术产业新路的责任。

（三）基本原则。一是坚持科技与经济社会发展紧密结合。与实施扩大内需、重点产业调整和改善民生的部署相结合，推动产业结构优化升级。二是坚持改革创新。探索建立适合高新区发展的管理体制和运行机制，完善法制保障和政策措施。三是坚持标本兼治，增强经济发展的后劲。把科技措施同提高经济发展质量和效益相结合，把帮助企业解决现实困难同增强企业自主创新能力相结合。四是坚持技术攻关和产业化相结合。解决制约产业发展的关键技术，营造产业化环境，加速自主创新成果的转化和产业化。五是坚持长远与近期结合。应对金融危

机的近期措施,同转变发展方式的要求相结合,培育经济增长新动力。

(四)战略任务。国家高新区要充分发挥在引领高新技术产业发展、支撑地方经济增长中的集聚、辐射和带动作用,加快实施科技重大专项,培育战略性高新技术产业;加快科技成果推广应用,支撑重点产业振兴;大力支持企业提高自主创新能力,完善产业技术创新链;加快发展高新技术产业集群,提升高新技术产业在区域经济中的比重;支持科技人员服务基层,加强高层次人才引进和培育;着力体制机制创新,整合资源,形成发展合力。

二、加快高新技术产业集聚,提升产业整体竞争力

(五)抓紧实施重大专项,培育战略性产业,形成产业集群。围绕新能源、生物、新材料、信息、航空航天等战略性高新技术产业,组织企业和产业技术创新战略联盟参加国家重大专项等科技计划,促进战略性产业布局和发展。大力发展创意、动漫、游戏、应用软件以及软件服务外包等新兴产业,形成产业集群。深入做好世界一流园区、创新型园区和特色产业园区的创建工作。

(六)加速重大技术和成果推广应用,支撑重点产业振兴。结合自身实际,针对产业振兴的共性技术和关键技术,推广一批能有效促进产业升级、技术改造和节能减排的自主创新技术和产品,推动发展方式转变。大力推进节能与新能源汽车、半导体照明等一批重大产业技术的应用,培育新的经济增长点。结合主导产业需求,开展国家高新区产业升级路线图行动试点。

(七)加快省级高新区的升级工作。按照"坚持原则、积极审慎,以升促建、加强指导,择优选择、区域平衡,完善指标、科学评估"的工作原则,对有优势、有特色、符合条件的省级高新区,按照国家有关规定,加快审批,升级为国家高新区。加强对省级高新区建设的指导和培育,提高对区域结构调整、促进经济平稳较快发展的支撑能力,为升级工作打好基础。

三、增强自主创新能力,完善公共创新平台和人才队伍建设

(八)深入实施技术创新工程,激发企业创新活力。推进创新型企业建设,带动企业提高竞争力。依托工程技术研究中心、重点实验室等公共科技资源,提高为企业技术创新服务的能力,帮助企业特别是中小企业开发新产品、调整产品结构和开拓市场。建立以企业为主体、产学研相结合的产业技术创新战略联盟。

(九)鼓励科技人员服务企业,加强人力资源建设,促进高校毕业生就业。高

新区要动员科研院所和高校的科技力量,深入基层为企业发展和技术进步服务。以实施"千人计划"为重点,加强高层次创新创业人才、特别是产业领军人才的引进和培育,开展项目推介和人员引进活动。鼓励高新区与高等学校共建毕业生实训基地,开展就业实习、模拟创业和技能培训、创业培训。

(十)支持公共创新平台建设。优先支持国家高新区建设国家工程技术研究中心、国家重点实验室,增强为企业技术创新的服务能力。优先支持园区内符合条件的科技中介机构申报国家级孵化器、国家级示范生产力促进中心、国家技术转移示范机构,加快先进技术的辐射转移。优先支持国家高新区建立创意等新兴产业的国家级产业化基地。加大对国家高新区大型仪器设备共享等平台建设的支持强度,促进开放共享。

(十一)促进创新创业和科技中介体系建设。国家高新区要支持生产力促进中心开展面向中小企业的工业分包、工业设计、节能减排、咨询诊断等专业化服务。支持孵化器引入创业导师模式,提升服务质量,帮助企业开拓市场。实施国家大学科技园支撑高新区产业发展专项行动,依托高校科研资源和成果转化提升发展质量。强化技术转移机构的增值服务能力,建设专利数据库。

四、创新体制机制,鼓励政策"先行先试"

(十二)加大体制机制创新力度。国家高新区要坚持精简高效的管理理念,在管理体制、运行机制、政策环境等方面深化改革,不断完善"小机构、大服务"的管理和服务体系,积极争取各方面力量和资源支持科技创新和高新区发展。各级科技部门和高新区所在地的城市人民政府,要把鼓励科技创新的政策在高新区先行先试,充分发挥高新区的试点示范作用。

(十三)加强金融政策创新。完善中关村科技园区非上市股份公司代办转让系统的相关制度,加快扩大在国家高新区进行试点。鼓励和引导银行在国家高新区的分支机构设立科技专家顾问委员会。建立适合科技型中小企业特点的风险评估、授信尽职和奖惩制度。推动银行贷款模式创新,开展股权质押、知识产权等无形资产质押贷款试点。深化科技保险试点,推广发行中小企业集合债,支持企业通过债券融资。鼓励国家高新区设立创业投资引导基金,为初创期企业提供服务。

(十四)加强财税扶持。落实促进自主创新的政府采购政策,鼓励地方政府支持高新区内的自主创新产品在政府投资项目等方面的推广应用。建立使用首台

(套)装备的风险补偿机制。进一步落实企业研发费用加计扣除、孵化器税收减免、创业投资税收优惠、高新技术企业税收优惠等政策。扩大国家高新区基本建设贷款贴息规模。

(十五)探索科技资源配置新模式。支持国家高新区内企业和机构参与承担国家重大专项、863计划、支撑计划等国家科技计划项目,同等条件下优先支持。鼓励国家高新区组织各方面力量承担对当前产业发展和扩大内需具有直接作用的攻关任务。加大科技型中小企业创新基金、火炬计划、科技型中小企业公共技术服务补助资金等支持力度,提升高新区内科技型中小企业的技术创新能力。加大科技型中小企业创业投资引导资金扶持力度。

五、加强组织领导,落实各项任务

(十六)科技部将加强对国家高新区和省级高新区的业务指导。把高新区建设的重大问题纳入部省会商,加强与地方人民政府的沟通,共同推进高新区的建设发展。定期组织国家高新区的评估,提高业务指导的针对性和实际效果。逐步完善省级高新区的统计和评价体系。

(十七)省级科技部门应加强对国家高新区和省级高新区的规范管理和指导。制定本省范围内的高新区发展规划,集成科技和创新资源,支持高新区建设和发展。要探索与高新区所在地的城市人民政府建立共商机制,共同解决高新区发展的关键问题。

(十八)国家高新区所在地的城市人民政府应发挥高新区促进经济平稳较快发展的作用,制订必要措施,支持高新区深化改革,创新体制机制,促进国家高新区在集聚高新技术产业、完善公共服务平台、加强人才队伍建设、建立金融支撑体系等方面取得新的成效。鼓励有条件的地方设立高新区发展专项资金。

(十九)国家高新区要根据本意见制订具体落实方案,并组织实施,坚持把增强自主创新能力作为战胜金融挑战、实现结构调整、提高竞争力的中心环节,努力成为依靠自主创新、实现科学发展的先行区和示范区。省级高新区可在省级科技部门的指导下,制定具体落实方案并组织实施。

国家发展改革委关于加快国家高技术产业基地发展的指导意见

发改高技[2009]3211号

各省、自治区、直辖市及计划单列市、副省级省会城市、新疆生产建设兵团发展改革委：

为深入贯彻落实科学发展观，充分发挥高新技术在产业结构优化升级中的带动促进作用，加快培育形成一批创新能力突出、产业链完善、产业特色鲜明的高技术产业基地，推进创新型国家建设，特制定如下指导意见：

一、国家高技术产业基地的内涵

（一）国家高技术产业基地是指在信息、生物、航空航天、新材料、新能源、海洋等高技术产业领域，经国家发展改革委认定的，对高技术产业发展和区域经济发展具有支撑、示范和带动功能的特色高技术产业集聚区。

（二）国家高技术产业基地包括专业性国家高技术产业基地和综合性国家高技术产业基地。专业性国家高技术产业基地是指基地内多数企业的生产和服务集中于高技术产业的某一特定领域，具有专业化的特征；综合性国家高技术产业基地是指基地同时在高技术产业的多个领域具有国内领先的技术优势并已形成了产业集聚。

二、充分认识加快国家高技术产业基地发展的重要意义

（一）加快国家高技术产业基地发展是在新的历史条件下提升高技术产业国际竞争力、壮大产业规模的迫切需要。随着世界经济进入调整期，各国竞相加快发展生物、新能源、新材料、信息、航空航天等战略性新兴产业，各国之间围绕技术、资金、人才等的争夺更加激烈。同时，我国国内经济发展正处于调整经济结构和转变发展方式的关键时期。面对新形势，我国必须加快发展国家高技术产业基地，进一步营造良好的局部优化环境，努力向上下游延伸，更大范围、更深层次地

参与国际分工与合作,提升我国高技术产业国际竞争力,抢占国际竞争制高点。

(二)加快国家高技术产业基地发展是辐射带动区域经济发展的客观要求。近年来,我国区域经济快速发展,但存在区域间发展不协调、产业结构层次较低等问题。加快发展国家高技术产业基地,能够进一步发挥东部地区人才、技术优势,整合区域科技资源,完善区域创新体系,着力推进科技进步和自主创新,促进东部地区产业结构升级和转型;能够发挥中西部地区的资源优势和东北等老工业基地技术、人才相对集中的特点,培育具有鲜明地域特色和比较优势的特色产业,积极承接国内外产业转移,促进西部大开发、中部崛起战略的实施和东北等老工业基地振兴。

(三)加快国家高技术产业基地发展是面向未来产业发展方向,培育战略性新兴产业的重要举措。加快培育新兴产业,形成新的经济增长引擎,是世界经济从根本上走出金融危机影响的必然要求,是我国应对未来竞争、实现长远可持续发展的必然选择。当前,我国生物、新能源、新材料、信息、航空航天等新兴产业发展迅速,已经形成了一批集聚区,但与发达国家相比还存在很大差距,特别是在创新条件、投融资等发展环境方面还不完善。迫切需要加大力度,进一步促进知识、技术、人才等在区域内集中,加快科技成果转化为现实生产力,积极培育一批新兴高技术企业,努力抢占未来竞争的制高点,使我国经济发展上水平、有后劲、可持续。

三、加快国家高技术产业基地发展的指导思想、主要原则和发展目标

(一)加快国家高技术产业基地发展的指导思想是以科学发展观为指导,以发展特色高技术产业为目标,以提升自主创新能力、推动科技成果转化、促进高技术产业集群化发展为重点,在发挥市场配置资源的基础性作用的同时,通过宏观引导,实施政策倾斜,创新体制机制,将发展高技术产业基地与发挥区域比较优势相结合,与产业结构调整、培育战略性新兴产业相结合,促进高技术企业、资金、技术、人才等资源向高技术产业基地集中,努力形成一批创新能力强、产业配套完备、各具特色的高技术产业集群。

(二)加快国家高技术产业基地发展的主要原则是突出特色、科学规划,促进集聚、创新发展,优化环境、加强引导。

突出特色、科学规划。围绕国家高技术产业发展规划,根据区域的技术优势、产业基础、人力资源等条件,明确高技术产业基地布局,建设具有鲜明特色的高技

术产业基地。

促进集聚、创新发展。以特色优势资源、现有龙头企业等为依托,坚持以点带线、以线带面,加强产业链条的培育和建设,促进产业集聚。把提高自主创新能力作为高技术产业基地发展的主线,推进产学研合作,引导企业加强原始创新、集成创新和引进技术消化吸收再创新。

优化环境、加强引导。充分发挥市场配置资源的基础性作用,加强政府扶持引导,着力营造有利于激励企业自主创新、有利于产业链构建、有利于产业集聚发展的体制政策法制环境,促进高技术产业基地的形成和发展。

(三)加快国家高技术产业基地发展的目标,是力争经过10年左右的发展,在信息、生物、航空航天、新材料、新能源、海洋等高技术产业领域,形成百个左右产业特色鲜明、创新能力强、产业链完善、产值规模超过千亿元的专业性国家高技术产业基地,在此基础上形成若干具有国际先进水平的综合性国家高技术产业基地,使国家高技术产业基地产值占全国高技术产业总产值的比重大幅度提高,形成我国高技术产业发展的重要载体,成为产业结构升级和区域经济发展的重要引擎。

四、加快国家高技术产业基地发展的主要任务

(一)建立产学研结合的技术创新体系,增强自主创新能力。大幅度增加基地研究开发投入,使研究开发投入占基地生产总值的比例、高新技术产品产值占全部产品产值的比例、研究开发和工程技术人员占全部就业人员的比例等显著高于其他区域。整合和优化配置资源,建设开放式公共服务平台,建立健全知识产权保护体系,建立以企业为主体、市场为导向、产学研结合的技术创新体系。

(二)加强特色产业链条建设,提高产业配套能力。促进高技术企业、资金、技术、人才等资源向基地集中,有效提高资源利用率和降低创新创业成本。结合区域比较优势和资源优势,延伸产业链条,提高产业配套能力,积极促进优势特色高技术产业发展,壮大高技术产业基地规模。

(三)提升产业层次,促进产业结构优化升级。支持基地吸引高端创新领军人才,大力发展高端产业。加快培育一批具有自主知识产权和国际竞争力的跨国经营龙头企业,积极推动创新型中小企业发展。引导高技术制造业向中西部地区基地转移。

(四)促进国际合作,提高国际化发展水平。支持基地在新一轮国际产业转移

中大力吸引跨国公司投资,提高利用外资的质量和水平。抓住全球服务外包发展机遇,加快基地信息技术外包服务、生物医药外包服务发展。

(五)建立符合高技术产业发展规律的运行机制。积极推进体制创新,建立精简高效的管理体制。大力推动中介机构发展和行业协会建设,积极发展技术专利代理和鉴定机构、创业投资机构、信息与咨询公司、会计事务所、法律事务所等专业性服务机构。

(六)增强对高技术产业发展的辐射带动作用。充分发挥基地的技术创新优势和集聚作用,加强重大技术的研发和产业化,积极推广基地成功经验,加强基地辐射区建设,带动全国高技术产业迈上新台阶。

五、加大力度支持国家高技术产业基地发展

(一)加大政府引导力度。国家高技术产业基地所在地人民政府要根据地方财力和实际情况,研究设立专项资金对基地建设给予支持,协调办理基地及基地内建设项目的土地、环保等相关手续。国家发展改革委对国家高技术产业基地创新能力基础设施、公共服务条件、产业化等项目建设择优给予一定资金补助。

(二)加快发展创业投资。国家发展改革委和财政部产业技术研发资金创业投资试点将重点扶持符合条件的国家高技术产业基地企业,特别是通过政府引导、社会参与的方式,支持国家高技术产业基地设立行业性创业投资基金,引导并带动民间资金支持高技术企业发展。

(三)支持企业利用资本市场融资。优先支持国家高技术产业基地符合条件的企业在国内主板、中小企业板和创业板上市融资。支持国家高技术产业基地内符合条件的企业发行企业债券。开展国家高技术产业基地内具备条件的企业进入证券公司代办系统进行股份转让试点工作。支持金融机构在国家高技术产业基地实施金融创新试点,建立和健全中小高技术企业投融资担保体系,发挥金融机构对国家高技术产业基地建设的支持作用。

(四)鼓励产学研结合。充分利用产学研联盟等各种有效机制,推动国家高技术产业基地与高等院校和科研院所建立紧密的合作关系。鼓励高校、科研机构在国家高技术产业基地建立分支机构。

(五)加强公共服务平台和创新基础能力建设。支持依托基地服务商、骨干企业或产业联盟等形式,建设公共技术研发平台、检测试验平台、技术转移机构等公共服务平台。支持基地建设工程研究中心、工程实验室、企业技术中心等创新基

础能力。

（六）加强人才培养和引进。加强高素质技术和管理人才培养。鼓励本地区、国内乃至世界的优秀人才进入国家高技术产业基地投资兴办企业。完善人才使用激励机制，创造优良的工作环境、创业环境和生活环境。

（七）加强国际交流与合作。推动国家高技术产业基地参与国家发展改革委与有关国家政府及大型跨国公司间的合作计划。鼓励跨国公司在高技术产业基地设立地区总部、研发中心、采购中心、培训中心。鼓励外资企业技术创新，增强配套能力，延伸产业链。鼓励基地企业到境外投资建设生产基地和设立研发中心。

（八）支持省级高技术产业基地发展。鼓励有条件的地区建设省级专业性高技术产业基地。对满足国家高技术产业基地条件的，经评估认定可以升级为国家高技术产业基地。

六、加强国家高技术产业基地管理

（一）完善管理体制。国家高技术产业基地的认定、考核和宏观指导工作，由国家发展改革委负责。基地所在省、自治区、直辖市、计划单列市发展改革委依据基地发展规划，负责对基地建设和发展的具体指导和协调工作。基地所在城市应因地制宜地设立相应机构，负责日常管理和服务工作。

（二）国家高技术产业基地的申报与认定。申报国家高技术产业基地，由申报城市所在省级发展改革委组织编制规划并经省级人民政府同意后向国家发展改革委提出申请。国家发展改革委组织经济、技术等方面的专家对申报的国家高技术产业基地的功能定位、产业总规模、集聚程度、增长速度、创新能力、国际化程度、发展环境、发展目标、发展潜力、地方政府扶持措施等进行评估。评估通过后，国家发展改革委批准认定为国家高技术产业基地。

（三）国家高技术产业基地的考核。省市发改委要定期（每一年度）将基地发展状况（包括生产总产值、增加值、进出口、研究与开发投入、申请和授权的专利数量等指标）报国家发展改革委。国家发展改革委组织专家对国家高技术产业基地进行定期考核，考核结果将和国家对基地的扶持力度挂钩并向社会公布，具体办法另行制订。

国家发展改革委

二〇〇九年十二月十六日

国务院关于鼓励和引导民间投资健康发展的若干意见

国发[2010]13号

各省、自治区、直辖市人民政府,国务院各部委、各直属机构:

改革开放以来,我国民间投资不断发展壮大,已经成为促进经济发展、调整产业结构、繁荣城乡市场、扩大社会就业的重要力量。在毫不动摇地巩固和发展公有制经济的同时,毫不动摇地鼓励、支持和引导非公有制经济发展,进一步鼓励和引导民间投资,有利于坚持和完善我国社会主义初级阶段基本经济制度,以现代产权制度为基础发展混合所有制经济,推动各种所有制经济平等竞争、共同发展;有利于完善社会主义市场经济体制,充分发挥市场配置资源的基础性作用,建立公平竞争的市场环境;有利于激发经济增长的内生动力,稳固可持续发展的基础,促进经济长期平稳较快发展;有利于扩大社会就业,增加居民收入,拉动国内消费,促进社会和谐稳定。为此,提出以下意见:

一、进一步拓宽民间投资的领域和范围

(一)深入贯彻落实《国务院关于鼓励支持和引导个体私营等非公有制经济发展的若干意见》(国发〔2005〕3号)等一系列政策措施,鼓励和引导民间资本进入法律法规未明确禁止准入的行业和领域。规范设置投资准入门槛,创造公平竞争、平等准入的市场环境。市场准入标准和优惠扶持政策要公开透明,对各类投资主体同等对待,不得单对民间资本设置附加条件。

(二)明确界定政府投资范围。政府投资主要用于关系国家安全、市场不能有效配置资源的经济和社会领域。对于可以实行市场化运作的基础设施、市政工程和其他公共服务领域,应鼓励和支持民间资本进入。

(三)进一步调整国有经济布局和结构。国有资本要把投资重点放在不断加强和巩固关系国民经济命脉的重要行业和关键领域,在一般竞争性领域,要为民间资本营造更广阔的市场空间。

一、综合篇

（四）积极推进医疗、教育等社会事业领域改革。将民办社会事业作为社会公共事业发展的重要补充，统筹规划，合理布局，加快培育形成政府投入为主、民间投资为辅的公共服务体系。

二、鼓励和引导民间资本进入基础产业和基础设施领域

（五）鼓励民间资本参与交通运输建设。鼓励民间资本以独资、控股、参股等方式投资建设公路、水运、港口码头、民用机场、通用航空设施等项目。抓紧研究制定铁路体制改革方案，引入市场竞争，推进投资主体多元化，鼓励民间资本参与铁路干线、铁路支线、铁路轮渡以及站场设施的建设，允许民间资本参股建设煤运通道、客运专线、城际轨道交通等项目。探索建立铁路产业投资基金，积极支持铁路企业加快股改上市，拓宽民间资本进入铁路建设领域的渠道和途径。

（六）鼓励民间资本参与水利工程建设。建立收费补偿机制，实行政府补贴，通过业主招标、承包租赁等方式，吸引民间资本投资建设农田水利、跨流域调水、水资源综合利用、水土保持等水利项目。

（七）鼓励民间资本参与电力建设。鼓励民间资本参与风能、太阳能、地热能、生物质能等新能源产业建设。支持民间资本以独资、控股或参股形式参与水电站、火电站建设，参股建设核电站。进一步放开电力市场，积极推进电价改革，加快推行竞价上网，推行项目业主招标，完善电力监管制度，为民营发电企业平等参与竞争创造良好环境。

（八）鼓励民间资本参与石油天然气建设。支持民间资本进入油气勘探开发领域，与国有石油企业合作开展油气勘探开发。支持民间资本参股建设原油、天然气、成品油的储运和管道输送设施及网络。

（九）鼓励民间资本参与电信建设。鼓励民间资本以参股方式进入基础电信运营市场。支持民间资本开展增值电信业务。加强对电信领域垄断和不正当竞争行为的监管，促进公平竞争，推动资源共享。

（十）鼓励民间资本参与土地整治和矿产资源勘探开发。积极引导民间资本通过招标投标形式参与土地整理、复垦等工程建设，鼓励和引导民间资本投资矿山地质环境恢复治理，坚持矿业权市场全面向民间资本开放。

三、鼓励和引导民间资本进入市政公用事业和政策性住房建设领域

（十一）鼓励民间资本参与市政公用事业建设。支持民间资本进入城市供水、

供气、供热、污水和垃圾处理、公共交通、城市园林绿化等领域。鼓励民间资本积极参与市政公用企事业单位的改组改制，具备条件的市政公用事业项目可以采取市场化的经营方式，向民间资本转让产权或经营权。

（十二）进一步深化市政公用事业体制改革。积极引入市场竞争机制，大力推行市政公用事业的投资主体、运营主体招标制度，建立健全市政公用事业特许经营制度。改进和完善政府采购制度，建立规范的政府监管和财政补贴机制，加快推进市政公用产品价格和收费制度改革，为鼓励和引导民间资本进入市政公用事业领域创造良好的制度环境。

（十三）鼓励民间资本参与政策性住房建设。支持和引导民间资本投资建设经济适用住房、公共租赁住房等政策性住房，参与棚户区改造，享受相应的政策性住房建设政策。

四、鼓励和引导民间资本进入社会事业领域

（十四）鼓励民间资本参与发展医疗事业。支持民间资本兴办各类医院、社区卫生服务机构、疗养院、门诊部、诊所、卫生所（室）等医疗机构，参与公立医院转制改组。支持民营医疗机构承担公共卫生服务、基本医疗服务和医疗保险定点服务。切实落实非营利性医疗机构的税收政策。鼓励医疗人才资源向民营医疗机构合理流动，确保民营医疗机构在人才引进、职称评定、科研课题等方面与公立医院享受平等待遇。从医疗质量、医疗行为、收费标准等方面对各类医疗机构加强监管，促进民营医疗机构健康发展。

（十五）鼓励民间资本参与发展教育和社会培训事业。支持民间资本兴办高等学校、中小学校、幼儿园、职业教育等各类教育和社会培训机构。修改完善《中华人民共和国民办教育促进法实施条例》，落实对民办学校的人才鼓励政策和公共财政资助政策，加快制定和完善促进民办教育发展的金融、产权和社保等政策，研究建立民办学校的退出机制。

（十六）鼓励民间资本参与发展社会福利事业。通过用地保障、信贷支持和政府采购等多种形式，鼓励民间资本投资建设专业化的服务设施，兴办养（托）老服务和残疾人康复、托养服务等各类社会福利机构。

（十七）鼓励民间资本参与发展文化、旅游和体育产业。鼓励民间资本从事广告、印刷、演艺、娱乐、文化创意、文化会展、影视制作、网络文化、动漫游戏、出版物发行、文化产品数字制作与相关服务等活动，建设博物馆、图书馆、文化馆、电影院

等文化设施。鼓励民间资本合理开发旅游资源,建设旅游设施,从事各种旅游休闲活动。鼓励民间资本投资生产体育用品,建设各类体育场馆及健身设施,从事体育健身、竞赛表演等活动。

五、鼓励和引导民间资本进入金融服务领域

(十八)允许民间资本兴办金融机构。在加强有效监管、促进规范经营、防范金融风险的前提下,放宽对金融机构的股比限制。支持民间资本以入股方式参与商业银行的增资扩股,参与农村信用社、城市信用社的改制工作。鼓励民间资本发起或参与设立村镇银行、贷款公司、农村资金互助社等金融机构,放宽村镇银行或社区银行中法人银行最低出资比例的限制。落实中小企业贷款税前全额拨备损失准备金政策,简化中小金融机构呆账核销审核程序。适当放宽小额贷款公司单一投资者持股比例限制,对小额贷款公司的涉农业务实行与村镇银行同等的财政补贴政策。支持民间资本发起设立信用担保公司,完善信用担保公司的风险补偿机制和风险分担机制。鼓励民间资本发起设立金融中介服务机构,参与证券、保险等金融机构的改组改制。

六、鼓励和引导民间资本进入商贸流通领域

(十九)鼓励民间资本进入商品批发零售、现代物流领域。支持民营批发、零售企业发展,鼓励民间资本投资连锁经营、电子商务等新型流通业态。引导民间资本投资第三方物流服务领域,为民营物流企业承接传统制造业、商贸业的物流业务外包创造条件,支持中小型民营商贸流通企业协作发展共同配送。加快物流业管理体制改革,鼓励物流基础设施的资源整合和充分利用,促进物流企业网络化经营,搭建便捷高效的融资平台,创造公平、规范的市场竞争环境,推进物流服务的社会化和资源利用的市场化。

七、鼓励和引导民间资本进入国防科技工业领域

(二十)鼓励民间资本进入国防科技工业投资建设领域。引导和支持民营企业有序参与军工企业的改组改制,鼓励民营企业参与军民两用高技术开发和产业化,允许民营企业按有关规定参与承担军工生产和科研任务。

八、鼓励和引导民间资本重组联合和参与国有企业改革

(二十一)引导和鼓励民营企业利用产权市场组合民间资本,促进产权合理流

动,开展跨地区、跨行业兼并重组。鼓励和支持民间资本在国内合理流动,实现产业有序梯度转移,参与西部大开发、东北地区等老工业基地振兴、中部地区崛起以及新农村建设和扶贫开发。支持有条件的民营企业通过联合重组等方式做大做强,发展成为特色突出、市场竞争力强的集团化公司。

(二十二)鼓励和引导民营企业通过参股、控股、资产收购等多种形式,参与国有企业的改制重组。合理降低国有控股企业中的国有资本比例。民营企业在参与国有企业改制重组过程中,要认真执行国家有关资产处置、债务处理和社会保障等方面的政策要求,依法妥善安置职工,保证企业职工的正当权益。

九、推动民营企业加强自主创新和转型升级

(二十三)贯彻落实鼓励企业增加研发投入的税收优惠政策,鼓励民营企业增加研发投入,提高自主创新能力,掌握拥有自主知识产权的核心技术。帮助民营企业建立工程技术研究中心、技术开发中心,增加技术储备,搞好技术人才培训。支持民营企业参与国家重大科技计划项目和技术攻关,不断提高企业技术水平和研发能力。

(二十四)加快实施促进科技成果转化的鼓励政策,积极发展技术市场,完善科技成果登记制度,方便民营企业转让和购买先进技术。加快分析测试、检验检测、创业孵化、科技评估、科技咨询等科技服务机构的建设和机制创新,为民营企业的自主创新提供服务平台。积极推动信息服务外包、知识产权、技术转移和成果转化等高技术服务领域的市场竞争,支持民营企业开展技术服务活动。

(二十五)鼓励民营企业加大新产品开发力度,实现产品更新换代。开发新产品发生的研究开发费用可按规定享受加计扣除优惠政策。鼓励民营企业实施品牌发展战略,争创名牌产品,提高产品质量和服务水平。通过加速固定资产折旧等方式鼓励民营企业进行技术改造,淘汰落后产能,加快技术升级。

(二十六)鼓励和引导民营企业发展战略性新兴产业。广泛应用信息技术等高新技术改造提升传统产业,大力发展循环经济、绿色经济,投资建设节能减排、节水降耗、生物医药、信息网络、新能源、新材料、环境保护、资源综合利用等具有发展潜力的新兴产业。

十、鼓励和引导民营企业积极参与国际竞争

(二十七)鼓励民营企业"走出去",积极参与国际竞争。支持民营企业在研

发、生产、营销等方面开展国际化经营,开发战略资源,建立国际销售网络。支持民营企业利用自有品牌、自主知识产权和自主营销,开拓国际市场,加快培育跨国企业和国际知名品牌。支持民营企业之间、民营企业与国有企业之间组成联合体,发挥各自优势,共同开展多种形式的境外投资。

(二十八)完善境外投资促进和保障体系。与有关国家建立鼓励和促进民间资本国际流动的政策磋商机制,开展多种形式的对话交流,发展长期稳定、互惠互利的合作关系。通过签订双边民间投资合作协定、利用多边协定体系等,为民营企业"走出去"争取有利的投资、贸易环境和更多优惠政策。健全和完善境外投资鼓励政策,在资金支持、金融保险、外汇管理、质检通关等方面,民营企业与其他企业享受同等待遇。

十一、为民间投资创造良好环境

(二十九)清理和修改不利于民间投资发展的法规政策规定,切实保护民间投资的合法权益,培育和维护平等竞争的投资环境。在制订涉及民间投资的法律、法规和政策时,要听取有关商会和民营企业的意见和建议,充分反映民营企业的合理要求。

(三十)各级人民政府有关部门安排的政府性资金,包括财政预算内投资、专项建设资金、创业投资引导资金,以及国际金融组织贷款和外国政府贷款等,要明确规则、统一标准,对包括民间投资在内的各类投资主体同等对待。支持民营企业的产品和服务进入政府采购目录。

(三十一)各类金融机构要在防范风险的基础上,创新和灵活运用多种金融工具,加大对民间投资的融资支持,加强对民间投资的金融服务。各级人民政府及有关监管部门要不断完善民间投资的融资担保制度,健全创业投资机制,发展股权投资基金,继续支持民营企业通过股票、债券市场进行融资。

(三十二)全面清理整合涉及民间投资管理的行政审批事项,简化环节、缩短时限,进一步推动管理内容、标准和程序的公开化、规范化,提高行政服务效率。进一步清理和规范涉企收费,切实减轻民营企业负担。

十二、加强对民间投资的服务、指导和规范管理

(三十三)统计部门要加强对民间投资的统计工作,准确反映民间投资的进展和分布情况。投资主管部门、行业管理部门及行业协会要切实做好民间投资的监

测和分析工作,及时把握民间投资动态,合理引导民间投资。要加强投资信息平台建设,及时向社会公开发布国家产业政策、发展建设规划、市场准入标准、国内外行业动态等信息,引导民间投资者正确判断形势,减少盲目投资。

(三十四)建立健全民间投资服务体系。充分发挥商会、行业协会等自律性组织的作用,积极培育和发展为民间投资提供法律、政策、咨询、财务、金融、技术、管理和市场信息等服务的中介组织。

(三十五)在放宽市场准入的同时,切实加强监管。各级人民政府有关部门要依照有关法律法规要求,切实督促民间投资主体履行投资建设手续,严格遵守国家产业政策和环保、用地、节能以及质量、安全等规定。要建立完善企业信用体系,指导民营企业建立规范的产权、财务、用工等制度,依法经营。民间投资主体要不断提高自身素质和能力,树立诚信意识和责任意识,积极创造条件满足市场准入要求,并主动承担相应的社会责任。

(三十六)营造有利于民间投资健康发展的良好舆论氛围。大力宣传党中央、国务院关于鼓励、支持和引导非公有制经济发展的方针、政策和措施。客观、公正宣传报道民间投资在促进经济发展、调整产业结构、繁荣城乡市场和扩大社会就业等方面的积极作用。积极宣传依法经营、诚实守信、认真履行社会责任、积极参与社会公益事业的民营企业家的先进事迹。

各地区、各部门要把鼓励和引导民间投资健康发展工作摆在更加重要的位置,进一步解放思想,转变观念,深化改革,创新求实,根据本意见要求,抓紧研究制定具体实施办法,尽快将有关政策措施落到实处,努力营造有利于民间投资健康发展的政策环境和舆论氛围,切实促进民间投资持续健康发展,促进投资合理增长、结构优化、效益提高和经济社会又好又快发展。

国务院
二〇一〇年五月七日

国务院关于加快培育和发展战略性新兴产业的决定

国发[2010]32号

各省、自治区、直辖市人民政府,国务院各部委、各直属机构:

战略性新兴产业是引导未来经济社会发展的重要力量。发展战略性新兴产业已成为世界主要国家抢占新一轮经济和科技发展制高点的重大战略。我国正处在全面建设小康社会的关键时期,必须按照科学发展观的要求,抓住机遇,明确方向,突出重点,加快培育和发展战略性新兴产业。现作出如下决定:

一、抓住机遇,加快培育和发展战略性新兴产业

战略性新兴产业是以重大技术突破和重大发展需求为基础,对经济社会全局和长远发展具有重大引领带动作用,知识技术密集、物质资源消耗少、成长潜力大、综合效益好的产业。加快培育和发展战略性新兴产业对推进我国现代化建设具有重要战略意义。

(一)加快培育和发展战略性新兴产业是全面建设小康社会、实现可持续发展的必然选择。我国人口众多、人均资源少、生态环境脆弱,又处在工业化、城镇化快速发展时期,面临改善民生的艰巨任务和资源环境的巨大压力。要全面建设小康社会、实现可持续发展,必须大力发展战略性新兴产业,加快形成新的经济增长点,创造更多的就业岗位,更好地满足人民群众日益增长的物质文化需求,促进资源节约型和环境友好型社会建设。

(二)加快培育和发展战略性新兴产业是推进产业结构升级、加快经济发展方式转变的重大举措。战略性新兴产业以创新为主要驱动力,辐射带动力强,加快培育和发展战略性新兴产业,有利于加快经济发展方式转变,有利于提升产业层次、推动传统产业升级、高起点建设现代产业体系,体现了调整优化产业结构的根本要求。

(三)加快培育和发展战略性新兴产业是构建国际竞争新优势、掌握发展主动

权的迫切需要。当前,全球经济竞争格局正在发生深刻变革,科技发展正孕育着新的革命性突破,世界主要国家纷纷加快部署,推动节能环保、新能源、信息、生物等新兴产业快速发展。我国要在未来国际竞争中占据有利地位,必须加快培育和发展战略性新兴产业,掌握关键核心技术及相关知识产权,增强自主发展能力。

加快培育和发展战略性新兴产业具备诸多有利条件,也面临严峻挑战。经过改革开放30多年的快速发展,我国综合国力明显增强,科技水平不断提高,建立了较为完备的产业体系,特别是高技术产业快速发展,规模跻身世界前列,为战略性新兴产业加快发展奠定了较好的基础。同时,也面临着企业技术创新能力不强,掌握的关键核心技术少,有利于新技术新产品进入市场的政策法规体系不健全,支持创新创业的投融资和财税政策、体制机制不完善等突出问题。必须充分认识加快培育和发展战略性新兴产业的重大意义,进一步增强紧迫感和责任感,抓住历史机遇,加大工作力度,加快培育和发展战略性新兴产业。

二、坚持创新发展,将战略性新兴产业加快培育成为先导产业和支柱产业

根据战略性新兴产业的特征,立足我国国情和科技、产业基础,现阶段重点培育和发展节能环保、新一代信息技术、生物、高端装备制造、新能源、新材料、新能源汽车等产业。

(一)指导思想。

以邓小平理论和"三个代表"重要思想为指导,深入贯彻落实科学发展观,把握世界新科技革命和产业革命的历史机遇,面向经济社会发展的重大需求,把加快培育和发展战略性新兴产业放在推进产业结构升级和经济发展方式转变的突出位置。积极探索战略性新兴产业发展规律,发挥企业主体作用,加大政策扶持力度,深化体制机制改革,着力营造良好环境,强化科技创新成果产业化,抢占经济和科技竞争制高点,推动战略性新兴产业快速健康发展,为促进经济社会可持续发展作出贡献。

(二)基本原则。

坚持充分发挥市场的基础性作用与政府引导推动相结合。要充分发挥我国市场需求巨大的优势,创新和转变消费模式,营造良好的市场环境,调动企业主体的积极性,推进产学研用结合。同时,对关系经济社会发展全局的重要领域和关

键环节,要发挥政府的规划引导、政策激励和组织协调作用。

坚持科技创新与实现产业化相结合。要切实完善体制机制,大幅度提升自主创新能力,着力推进原始创新,大力增强集成创新和联合攻关,积极参与国际分工合作,加强引进消化吸收再创新,充分利用全球创新资源,突破一批关键核心技术,掌握相关知识产权。同时,要加大政策支持和协调指导力度,造就并充分发挥高素质人才队伍的作用,加速创新成果转化,促进产业化进程。

坚持整体推进与重点领域跨越发展相结合。要对发展战略性新兴产业进行统筹规划、系统布局,明确发展时序,促进协调发展。同时,要选择最有基础和条件的领域作为突破口,重点推进。大力培育产业集群,促进优势区域率先发展。

坚持提升国民经济长远竞争力与支撑当前发展相结合。要着眼长远,把握科技和产业发展新方向,对重大前沿性领域及早部署,积极培育先导产业。同时,要立足当前,推进对缓解经济社会发展瓶颈制约具有重大作用的相关产业较快发展,推动高技术产业健康发展,带动传统产业转型升级,加快形成支柱产业。

(三)发展目标。

到2015年,战略性新兴产业形成健康发展、协调推进的基本格局,对产业结构升级的推动作用显著增强,增加值占国内生产总值的比重力争达到8%左右。

到2020年,战略性新兴产业增加值占国内生产总值的比重力争达到15%左右,吸纳、带动就业能力显著提高。节能环保、新一代信息技术、生物、高端装备制造产业成为国民经济的支柱产业,新能源、新材料、新能源汽车产业成为国民经济的先导产业;创新能力大幅提升,掌握一批关键核心技术,在局部领域达到世界领先水平;形成一批具有国际影响力的大企业和一批创新活力旺盛的中小企业;建成一批产业链完善、创新能力强、特色鲜明的战略性新兴产业集聚区。

再经过十年左右的努力,战略性新兴产业的整体创新能力和产业发展水平达到世界先进水平,为经济社会可持续发展提供强有力的支撑。

三、立足国情,努力实现重点领域快速健康发展

根据战略性新兴产业的发展阶段和特点,要进一步明确发展的重点方向和主要任务,统筹部署,集中力量,加快推进。

(一)节能环保产业。重点开发推广高效节能技术装备及产品,实现重点领域

关键技术突破,带动能效整体水平的提高。加快资源循环利用关键共性技术研发和产业化示范,提高资源综合利用水平和再制造产业化水平。示范推广先进环保技术装备及产品,提升污染防治水平。推进市场化节能环保服务体系建设。加快建立以先进技术为支撑的废旧商品回收利用体系,积极推进煤炭清洁利用、海水综合利用。

(二)新一代信息技术产业。加快建设宽带、泛在、融合、安全的信息网络基础设施,推动新一代移动通信、下一代互联网核心设备和智能终端的研发及产业化,加快推进三网融合,促进物联网、云计算的研发和示范应用。着力发展集成电路、新型显示、高端软件、高端服务器等核心基础产业。提升软件服务、网络增值服务等信息服务能力,加快重要基础设施智能化改造。大力发展数字虚拟等技术,促进文化创意产业发展。

(三)生物产业。大力发展用于重大疾病防治的生物技术药物、新型疫苗和诊断试剂、化学药物、现代中药等创新药物大品种,提升生物医药产业水平。加快先进医疗设备、医用材料等生物医学工程产品的研发和产业化,促进规模化发展。着力培育生物育种产业,积极推广绿色农用生物产品,促进生物农业加快发展。推进生物制造关键技术开发、示范与应用。加快海洋生物技术及产品的研发和产业化。

(四)高端装备制造产业。重点发展以干支线飞机和通用飞机为主的航空装备,做大做强航空产业。积极推进空间基础设施建设,促进卫星及其应用产业发展。依托客运专线和城市轨道交通等重点工程建设,大力发展轨道交通装备。面向海洋资源开发,大力发展海洋工程装备。强化基础配套能力,积极发展以数字化、柔性化及系统集成技术为核心的智能制造装备。

(五)新能源产业。积极研发新一代核能技术和先进反应堆,发展核能产业。加快太阳能热利用技术推广应用,开拓多元化的太阳能光伏光热发电市场。提高风电技术装备水平,有序推进风电规模化发展,加快适应新能源发展的智能电网及运行体系建设。因地制宜开发利用生物质能。

(六)新材料产业。大力发展稀土功能材料、高性能膜材料、特种玻璃、功能陶瓷、半导体照明材料等新型功能材料。积极发展高品质特殊钢、新型合金材料、工程塑料等先进结构材料。提升碳纤维、芳纶、超高分子量聚乙烯纤维等高性能纤维及其复合材料发展水平。开展纳米、超导、智能等共性基础材料研究。

(七)新能源汽车产业。着力突破动力电池、驱动电机和电子控制领域关键核心技术,推进插电式混合动力汽车、纯电动汽车推广应用和产业化。同时,开展燃料电池汽车相关前沿技术研发,大力推进高能效、低排放节能汽车发展。

四、强化科技创新,提升产业核心竞争力

增强自主创新能力是培育和发展战略性新兴产业的中心环节,必须完善以企业为主体、市场为导向、产学研相结合的技术创新体系,发挥国家科技重大专项的核心引领作用,结合实施产业发展规划,突破关键核心技术,加强创新成果产业化,提升产业核心竞争力。

(一)加强产业关键核心技术和前沿技术研究。围绕经济社会发展重大需求,结合国家科技计划、知识创新工程和自然科学基金项目等的实施,集中力量突破一批支撑战略性新兴产业发展的关键共性技术。在生物、信息、空天、海洋、地球深部等基础性、前沿性技术领域超前部署,加强交叉领域的技术和产品研发,提高基础技术研究水平。

(二)强化企业技术创新能力建设。加大企业研究开发的投入力度,对面向应用、具有明确市场前景的政府科技计划项目,建立由骨干企业牵头组织、科研机构和高校共同参与实施的有效机制。依托骨干企业,围绕关键核心技术的研发和系统集成,支持建设若干具有世界先进水平的工程化平台,结合技术创新工程的实施,发展一批由企业主导,科研机构、高校积极参与的产业技术创新联盟。加强财税政策引导,激励企业增加研发投入。加强产业集聚区公共技术服务平台建设,促进中小企业创新发展。

(三)加快落实人才强国战略和知识产权战略。建立科研机构、高校创新人才向企业流动的机制,加大高技能人才队伍建设力度。加快完善期权、技术入股、股权、分红权等多种形式的激励机制,鼓励科研机构和高校科技人员积极从事职务发明创造。加大工作力度,吸引全球优秀人才来华创新创业。发挥研究型大学的支撑和引领作用,加强战略性新兴产业相关专业学科建设,增加急需的专业学位类别。改革人才培养模式,制定鼓励企业参与人才培养的政策,建立企校联合培养人才的新机制,促进创新型、应用型、复合型和技能型人才的培养。支持知识产权的创造和运用,强化知识产权的保护和管理,鼓励企业建立专利联盟。完善高校和科研机构知识产权转移转化的利益保障和实现机制,建立高效的知识产权评估交易机制。加大对具有重大社会效益创新成果的奖励力度。

(四)实施重大产业创新发展工程。以加速产业规模化发展为目标,选择具有

引领带动作用,并能够实现突破的重点方向,依托优势企业,统筹技术开发、工程化、标准制定、市场应用等环节,组织实施若干重大产业创新发展工程,推动要素整合和技术集成,努力实现重大突破。

(五)建设产业创新支撑体系。发挥知识密集型服务业支撑作用,大力发展研发服务、信息服务、创业服务、技术交易、知识产权和科技成果转化等高技术服务业,着力培育新业态。积极发展人力资源服务、投资和管理咨询等商务服务业,加快发展现代物流和环境服务业。

(六)推进重大科技成果产业化和产业集聚发展。完善科技成果产业化机制,加大实施产业化示范工程力度,积极推进重大装备应用,建立健全科研机构、高校的创新成果发布制度和技术转移机构,促进技术转移和扩散,加速科技成果转化为现实生产力。依托具有优势的产业集聚区,培育一批创新能力强、创业环境好、特色突出、集聚发展的战略性新兴产业示范基地,形成增长极,辐射带动区域经济发展。

五、积极培育市场,营造良好市场环境

要充分发挥市场的基础性作用,充分调动企业积极性,加强基础设施建设,积极培育市场,规范市场秩序,为各类企业健康发展创造公平、良好的环境。

(一)组织实施重大应用示范工程。坚持以应用促发展,围绕提高人民群众健康水平、缓解环境资源制约等紧迫需求,选择处于产业化初期、社会效益显著、市场机制难以有效发挥作用的重大技术和产品,统筹衔接现有试验示范工程,组织实施全民健康、绿色发展、智能制造、材料换代、信息惠民等重大应用示范工程,引导消费模式转变,培育市场,拉动产业发展。

(二)支持市场拓展和商业模式创新。鼓励绿色消费、循环消费、信息消费,创新消费模式,促进消费结构升级。扩大终端用能产品能效标识实施范围。加强新能源并网及储能、支线航空与通用航空、新能源汽车等领域的市场配套基础设施建设。在物联网、节能环保服务、新能源应用、信息服务、新能源汽车推广等领域,支持企业大力发展有利于扩大市场需求的专业服务、增值服务等新业态。积极推行合同能源管理、现代废旧商品回收利用等新型商业模式。

(三)完善标准体系和市场准入制度。加快建立有利于战略性新兴产业发展的行业标准和重要产品技术标准体系,优化市场准入的审批管理程序。进一步健全药品注册管理的体制机制,完善药品集中采购制度,支持临床必需、疗效确

切、安全性高、价格合理的创新药物优先进入医保目录。完善新能源汽车的项目和产品准入标准。改善转基因农产品的管理。完善并严格执行节能环保法规标准。

六、深化国际合作，提高国际化发展水平

要通过深化国际合作，尽快掌握关键核心技术，提升我国自主发展能力与核心竞争力。把握经济全球化的新特点，深度开展国际合作与交流，积极探索合作新模式，在更高层次上参与国际合作。

（一）大力推进国际科技合作与交流。发挥各种合作机制的作用，多层次、多渠道、多方式推进国际科技合作与交流。鼓励境外企业和科研机构在我国设立研发机构，支持符合条件的外商投资企业与内资企业、研究机构合作申请国家科研项目。支持我国企业和研发机构积极开展全球研发服务外包，在境外开展联合研发和设立研发机构，在国外申请专利。鼓励我国企业和研发机构参与国际标准的制定，鼓励外商投资企业参与我国技术示范应用项目，共同形成国际标准。

（二）切实提高国际投融资合作的质量和水平。完善外商投资产业指导目录，鼓励外商设立创业投资企业，引导外资投向战略性新兴产业。支持有条件的企业开展境外投资，在境外以发行股票和债券等多种方式融资。扩大企业境外投资自主权，改进审批程序，进一步加大对企业境外投资的外汇支持。积极探索在海外建设科技和产业园区。制定国别产业导向目录，为企业开展跨国投资提供指导。

（三）大力支持企业跨国经营。完善出口信贷、保险等政策，结合对外援助等积极支持战略性新兴产业领域的重点产品、技术和服务开拓国际市场，以及自主知识产权技术标准在海外推广应用。支持企业通过境外注册商标、境外收购等方式，培育国际化品牌。加强企业和产品国际认证合作。

七、加大财税金融政策扶持力度，引导和鼓励社会投入

加快培育和发展战略性新兴产业，必须健全财税金融政策支持体系，加大扶持力度，引导和鼓励社会资金投入。

（一）加大财政支持力度。在整合现有政策资源和资金渠道的基础上，设立战略性新兴产业发展专项资金，建立稳定的财政投入增长机制，增加中央财政投入，创新支持方式，着力支持重大关键技术研发、重大产业创新发展工程、重大创新成

果产业化、重大应用示范工程、创新能力建设等。加大政府引导和支持力度,加快高效节能产品、环境标志产品和资源循环利用产品等推广应用。加强财政政策绩效考评,创新财政资金管理机制,提高资金使用效率。

(二)完善税收激励政策。在全面落实现行各项促进科技投入和科技成果转化、支持高技术产业发展等方面的税收政策的基础上,结合税制改革方向和税种特征,针对战略性新兴产业的特点,研究完善鼓励创新、引导投资和消费的税收支持政策。

(三)鼓励金融机构加大信贷支持。引导金融机构建立适应战略性新兴产业特点的信贷管理和贷款评审制度。积极推进知识产权质押融资、产业链融资等金融产品创新。加快建立包括财政出资和社会资金投入在内的多层次担保体系。积极发展中小金融机构和新型金融服务。综合运用风险补偿等财政优惠政策,促进金融机构加大支持战略性新兴产业发展的力度。

(四)积极发挥多层次资本市场的融资功能。进一步完善创业板市场制度,支持符合条件的企业上市融资。推进场外证券交易市场的建设,满足处于不同发展阶段创业企业的需求。完善不同层次市场之间的转板机制,逐步实现各层次市场间有机衔接。大力发展债券市场,扩大中小企业集合债券和集合票据发行规模,积极探索开发低信用等级高收益债券和私募可转债等金融产品,稳步推进企业债券、公司债券、短期融资券和中期票据发展,拓宽企业债务融资渠道。

(五)大力发展创业投资和股权投资基金。建立和完善促进创业投资和股权投资行业健康发展的配套政策体系与监管体系。在风险可控的范围内为保险公司、社保基金、企业年金管理机构和其他机构投资者参与新兴产业创业投资和股权投资基金创造条件。发挥政府新兴产业创业投资资金的引导作用,扩大政府新兴产业创业投资规模,充分运用市场机制,带动社会资金投向战略性新兴产业中处于创业早中期阶段的创新型企业。鼓励民间资本投资战略性新兴产业。

八、推进体制机制创新,加强组织领导

加快培育和发展战略性新兴产业是我国新时期经济社会发展的重大战略任务,必须大力推进改革创新,加强组织领导和统筹协调,为战略性新兴产业发展提供动力和条件。

(一)深化重点领域改革。建立健全创新药物、新能源、资源性产品价格形成机制和税费调节机制。实施新能源配额制,落实新能源发电全额保障性收购制

度。加快建立生产者责任延伸制度,建立和完善主要污染物和碳排放交易制度。建立促进三网融合高效有序开展的政策和机制,深化电力体制改革,加快推进空域管理体制改革。

(二)加强宏观规划引导。组织编制国家战略性新兴产业发展规划和相关专项规划,制定战略性新兴产业发展指导目录,开展战略性新兴产业统计监测调查,加强与相关规划和政策的衔接。加强对各地发展战略性新兴产业的引导,优化区域布局、发挥比较优势,形成各具特色、优势互补、结构合理的战略性新兴产业协调发展格局。各地区要根据国家总体部署,从当地实际出发,突出发展重点,避免盲目发展和重复建设。

(三)加强组织协调。成立由发展改革委牵头的战略性新兴产业发展部际协调机制,形成合力,统筹推进。

国务院各有关部门、各省(区、市)人民政府要根据本决定的要求,抓紧制定实施方案和具体落实措施,加大支持力度,加快将战略性新兴产业培育成为先导产业和支柱产业,为我国现代化建设作出新的贡献。

国务院
二〇一〇年十月十日

科学技术部等部门关于印发促进科技和金融结合试点实施方案的通知

国科发财[2010]720号

各省、自治区、直辖市、计划单列市科技厅（委、局），新疆生产建设兵团科技局，中国人民银行上海总部、各分行、营业管理部、省会（首府）城市中心支行、副省级城市中心支行，各省、自治区、直辖市银监局、证监局、保监局：

为全面贯彻党的十七大和十七届五中全会精神，加快实施《国家中长期科学和技术发展规划纲要（2006—2020年）》及其配套政策，促进科技和金融结合，加快科技成果转化，培育发展战略性新兴产业，支撑和引领经济发展方式转变，科技部、中国人民银行、中国银监会、中国证监会、中国保监会决定联合开展"促进科技和金融结合试点"。

现将《促进科技和金融结合试点实施方案》（见附件）印发你们，请结合实际制定具体方案，积极申报试点，并认真组织实施。

附件：促进科技和金融结合试点实施方案

科学技术部　中国人民银行
中国银监会　中国证监会　中国保监会
二〇一〇年十二月十六日

附件：

促进科技和金融结合试点实施方案

为全面贯彻党的十七大和十七届五中全会精神,加快实施《国家中长期科学和技术发展规划纲要(2006—2020年)》及其金融配套政策,促进科技和金融结合,加快科技成果转化,增强自主创新能力,培育发展战略性新兴产业,支撑和引领经济发展方式转变,全面建设创新型国家,科技部会同中国人民银行、中国银监会、中国证监会、中国保监会联合开展"促进科技和金融结合试点"工作,试点实施方案如下。

一、指导思想和基本原则

组织开展"促进科技和金融结合试点",要深刻把握科技创新和金融创新的客观规律,创新体制机制,突破瓶颈障碍,选择国家高新区、国家自主创新示范区、国家技术创新工程试点省(市)、创新型试点城市等科技金融资源密集的地区先行先试。

(一)指导思想。

深入贯彻落实科学发展观,围绕提高企业自主创新能力、培育发展战略性新兴产业、支撑引领经济发展方式转变的目标,创新财政科技投入方式,探索科技资源与金融资源对接的新机制,引导社会资本积极参与自主创新,提高财政资金使用效益,加快科技成果转化,促进科技型中小企业成长。

(二)基本原则。

1. 坚持统筹协调。加强多部门沟通与协调,统筹规划科技与金融资源,突出体制机制创新,优化政策环境,形成合力,实现科技资源与金融资源有效对接。

2. 加强协同支持。加强工作指导和政策引导,实现上下联动,充分调动和发挥地方的积极性与创造性,加大资源条件保障和政策扶持力度,以地方为主开展试点工作。

3. 实现多方共赢。发挥政府的引导和带动作用,运用市场机制,引导金融机构积极参与科技创新,突破科技型中小企业融资瓶颈,实现多方共赢和长远发展。

4. 突出特色优势。根据各地科技发展水平、金融资源聚集程度、产业特征和发展趋势等实际情况,明确地方发展目标和任务,充分发挥自身特色和优势,坚持整体推进与专项突破相结合,开展创新实践。

5. 发挥试点效应。试点由地方自愿申报,鼓励、支持和指导地方先行先试,及时总结和推广成功经验,发挥试点的示范效应。

(三)总体目标。

通过开展试点,为全面推进科技金融工作提供实践基础,为地方实施科技金融创新营造政策空间,以试点带动示范,不断完善体制,创新机制模式,加快形成多元化、多层次、多渠道的科技投融资体系。

二、试点内容

针对科技支撑引领经济发展中面临的新形势、新任务,通过创新财政科技投入方式,引导和促进银行业、证券业、保险业金融机构及创业投资等各类资本创新金融产品、改进服务模式、搭建服务平台,实现科技创新链条与金融资本链条的有机结合,为从初创期到成熟期各发展阶段的科技企业提供差异化的金融服务。试点地区可以结合实际,选择具有基础和优势的试点内容,突出特色,大胆探索,先行先试。

(一)优化科技资源配置,创新财政科技投入方式。

综合运用无偿资助、偿还性资助、风险补偿、贷款贴息以及后补助等方式引导金融资本参与实施国家科技重大专项、科技支撑计划、火炬计划等科技计划;进一步发挥科技型中小企业技术创新基金投融资平台的作用,运用贴息、后补助和股权投资等方式,增强中小企业商业融资能力;建立科技成果转化项目库,运用创业投资机制,吸引社会资本投资科技成果转化项目;扩大创业投资引导基金规模,鼓励和支持地方科技部门、国家高新区建立以支持初创期科技型中小企业为主的创业投资机构;建立贷款风险补偿基金,完善科技型中小企业贷款风险补偿机制,引导和支持银行业金融机构加大科技信贷投入;建立和完善科技保险保费补助机制,重点支持自主创新首台(套)产品的推广应用和科技企业融资类保险;发挥税收政策的引导作用,进一步落实企业研发费用加计扣除政策和创业投资税收优惠政策,研究对金融机构支持自主创新的税收政策。

(二)引导银行业金融机构加大对科技型中小企业的信贷支持。

建立和完善科技专家库,组织开展科技专家参与科技型中小企业贷款项目评审工作,为银行信贷提供专业咨询意见,建立科技专家网上咨询工作平台。

在有效控制风险的基础上,地方科技部门(国家高新区)与银行合作建设一批主要为科技型中小企业提供信贷等金融服务的科技金融合作试点支行;组建为科技型中小企业提供小额、快速信贷服务的科技小额贷款公司,加强与银行、担保机构的合作,创新金融业务和金融产品,为科技型中小企业提供多种金融服务。加强与农村金融系统的合作,创新适应农村科技创新创业特点的科技金融服务方式。推动建立专业化的科技融资租赁公司,支持专业化的科技担保公司发展。

在有条件的地区开展高新技术企业信用贷款试点,推动开展知识产权质押贷款和高新技术企业股权质押贷款业务。

(三)引导和支持企业进入多层次资本市场。

支持和推动科技型中小企业开展股份制改造,完善非上市公司股份公开转让的制度设计,支持具备条件的国家高新区内非上市股份公司进入代办系统进行股份公开转让。

进一步发挥技术产权交易机构的作用,统一交易标准和程序,建立技术产权交易所联盟和报价系统,为科技成果流通和科技型中小企业通过非公开方式进行股权融资提供服务。

培育和支持符合条件的高新技术企业在中小板、创业板及其他板块上市融资。组织符合条件的高新技术企业发行中小企业集合债券和集合票据;探索发行符合战略性新兴产业领域的高新技术企业高收益债券。

(四)进一步加强和完善科技保险服务。

进一步深化科技保险工作,不断丰富科技保险产品,完善保险综合服务,鼓励各地区开展科技保险工作。鼓励保险公司开展科技保险业务,支持保险公司创新科技保险产品,完善出口信用保险功能,提高保险中介服务质量,加大对科技人员保险服务力度,完善科技保险财政支持政策,进一步拓宽保险服务领域。

建立自主创新首台(套)产品风险分散机制,实施科技保险保费补贴政策,支持开展自主创新首台(套)产品的推广应用、科技企业融资以及科技人员保障类保险。探索保险资金参与国家高新技术产业开发区基础设施建设、战略性新兴产业培育和国家重大科技项目投资等支持科技发展的方式方法。

(五)建设科技金融合作平台,培育中介机构发展。

建立和完善科技成果评价和评估体系,培育一批专业化科技成果评估人员和机构。加快发展科技担保机构、创业投资机构和生产力促进中心、科技企业孵化器等机构,为科技型中小企业融资提供服务。推动地方科技部门和国家高新区建立科技金融服务平台,打造市场化运作的科技金融重点企业,集成科技金融资源为企业提供综合服务。

(六)建立和完善科技企业信用体系。

推广中关村科技园区信用体系建设的经验和模式,开展科技企业信用征信和评级,依托试点地区建立科技企业信用体系建设示范区。引入专业信用评级机构,试点开展重点高新技术企业信用评级工作,推动建立高新技术企业信用报告制度。

(七)组织开展多种科技金融专项活动。

组织开展农业科技创新、科技创业计划、大学生科技创新创业大赛等主题活动;实施科技金融专项行动,组织创业投资机构、银行、券商、保险、各类科技金融中介服务机构等的专业人员为科技企业提供全方位投融资和金融服务;举办各种科技金融论坛和对接活动;开展科技金融培训。

三、组织实施

(一)加强试点工作的组织领导。

科技部会同中国人民银行、中国银监会、中国证监会、中国保监会等部门共同推进试点工作,建立与财政部、国家税务总局的沟通协调机制,定期召开部门协调会议,研究决定试点的重大事项,统筹规划科技与金融资源,督促检查试点进展,组织开展调查研究,总结推广试点经验,共同指导地方开展创新实践。

(二)建立部门协同、分工负责机制。

根据实施方案,结合相关部门职能,发挥各自优势,落实相应责任;各部门及其地方分支机构加强对试点地区的对口工作指导和支持。各部门制定的有利于自主创新的政策,可在试点地区先行先试。加强部门间的协调配合,针对试点中出现的新情况、新问题,及时研究采取有效措施。

(三)形成上下联动的试点工作推进机制。

试点地方要成立以主要领导同志为组长,科技、财政、税务、金融部门和机构参加的试点工作领导小组,加强组织保障,创造政策环境,结合试点地方经济社会发展水平,合理确定目标任务,研究制定试点工作实施方案,落实保障措施,充分调动地方有关部门的积极性和创造性,扎实推进试点工作,形成上下联动、协同推进的工作格局。试点实施方案报批后,要积极组织力量加快实施。科技部会同地方政府安排必要的经费,保障试点工作推动和开展。

（四）加强试点工作的研究、交流和经验推广。

加强对试点重大问题的调查研究，为深化试点提供理论指导和政策支持。建立试点工作定期交流研讨制度，及时交流试点进展，研讨重点问题，总结工作经验。加大对试点地方典型经验的宣传和推广，发挥试点地方的示范作用，带动更多地方促进科技和金融结合，加快推进自主创新。

建立实施试点的监督检查机制，对在试点实施过程中表现突出的个人和机构给予表彰及奖励，对工作落实不到位、试点进展缓慢的地区加强督导，直至取消试点资格。

财政部 科技部关于印发《中关村国家自主创新示范区企业股权和分红激励实施办法》的通知

财企[2010]8号

党中央有关部门,国务院有关部委、直属机构,各省、自治区、直辖市、计划单列市财政厅(局)、科技厅(委、局),新疆生产建设兵团财务局、科技局,各中央管理企业:

在中关村国家自主创新示范区实施企业股权和分红激励政策,对于探索企业分配制度改革,建立有利于自主创新和科技成果转化的中长期激励分配机制,充分发挥技术、管理等要素的作用,推动高新技术产业化,具有重要意义。根据《国务院关于同意支持中关村科技园区建设国家自主创新示范区的批复》(国函[2009]28号),我们制定了《中关村国家自主创新示范区企业股权和分红激励实施办法》,现印发给你们,请遵照执行。执行中有何问题,请及时向财政部、科技部反映。

在中关村国家自主创新示范区实施企业股权和分红激励政策,有关部门应当根据"统筹兼顾、因企制宜、稳步推进、规范实施"的原则,按照国家统一办法执行,既要营造科技创新的政策环境,激发技术人员和经营管理人员开展自主创新和实施科技成果转化的积极性,又要依法维护国有资产权益,保障企业职工的合法权益,促进企业可持续健康发展。在实施步骤、方式、范围上,不搞"一刀切",不能急于求成,不能形成新的"大锅饭"分配体制。各级财政、科技部门要加强对企业股权和分红激励政策实施的监督,注意总结经验。

各省、自治区、直辖市及计划单列市建设的国家级自主创新示范区,报经国务院批准实行企业股权和分红激励政策的,按照《中关村国家自主创新示范区企业股权和分红激励实施办法》执行。

财政部　科技部

二〇一〇年二月一日

中关村国家自主创新示范区企业股权和分红激励实施办法

第一章 总 则

第一条 为建立有利于企业自主创新和科技成果转化的激励分配机制,调动技术和管理人员的积极性和创造性,推动高新技术产业化和科技成果转化,依据《促进科技成果转化法》、《公司法》、《企业国有资产法》及国务院有关规定,制定本办法。

第二条 本办法适用于中关村国家自主创新示范区内的以下企业:

(一)国有及国有控股的院所转制企业、高新技术企业。

(二)示范区内的高等院校和科研院所以科技成果作价入股的企业。

(三)其他科技创新企业。

第三条 股权激励,是指企业以本企业股权为标的,采取以下方式对激励对象实施激励的行为:

(一)股权奖励,即企业无偿授予激励对象一定份额的股权或一定数量的股份。

(二)股权出售,即企业按不低于股权评估价值的价格,以协议方式将企业股权(包括股份,下同)有偿出售给激励对象。

(三)股票期权,即企业授予激励对象在未来一定期限内以预先确定的行权价格购买本企业一定数量股份的权利。

分红激励,是指企业以科技成果实施产业化、对外转让、合作转化、作价入股形成的净收益为标的,采取项目收益分成方式对激励对象实施激励的行为。

第四条 激励对象应当是重要的技术人员和企业经营管理人员,包括以下人员:

(一)对企业科技成果研发和产业化做出突出贡献的技术人员,包括企业内关键职务科技成果的主要完成人、重大开发项目的负责人、对主导产品或者核心技术、工艺流程做出重大创新或者改进的主要技术人员,高等院校和科研院所研究开发和向企业转移转化科技成果的主要技术人员。

（二）对企业发展做出突出贡献的经营管理人员，包括主持企业全面生产经营工作的高级管理人员，负责企业主要产品（服务）生产经营合计占主营业务收入（或者主营业务利润）50％以上的中、高级经营管理人员。

企业不得面向全体员工实施股权或者分红激励。

企业监事、独立董事、企业控股股东单位的经营管理人员不得参与企业股权或者分红激励。

第五条　实施股权和分红激励的企业，应当符合以下要求：

（一）企业发展战略明确，专业特色明显，市场定位清晰。

（二）产权明晰，内部治理结构健全并有效运转。

（三）具有企业发展所需的关键技术、自主知识产权和持续创新能力。

（四）近3年研发费用占企业销售收入2％以上，且研发人员占职工总数10％以上。

（五）建立了规范的内部财务管理制度和员工绩效考核评价制度。

（六）企业财务会计报告经过中介机构依法审计，且近3年没有因财务、税收违法违规行为受到行政、刑事处罚。

第六条　企业实施股权和分红激励，应当符合法律、行政法规和本办法的规定，有利于企业的持续发展，不得损害国家和企业股东的利益，并接受本级财政、科技部门的监督。

激励对象应当诚实守信，勤勉尽责，维护企业和全体股东的利益。

激励对象违反有关法律法规及本办法规定，损害企业合法权益的，应当对企业损失予以一定的赔偿，并追究相应法律责任。

第七条　企业实施股权或者分红激励，应当按照《企业财务通则》和国家统一会计制度的规定，规范财务管理和会计核算。

第二章　股权奖励和股权出售

第八条　企业以股权奖励和股权出售方式实施激励的，除满足本办法第五条规定外，企业近3年税后利润形成的净资产增值额应当占企业近3年年初净资产总额的20％以上，且实施激励当年年初未分配利润没有赤字。

近3年税后利润形成的净资产增值额，是指激励方案获批日上年末账面净资产相对于近3年年初账面净资产的增加值，不包括财政补助直接形成的净资产和已经向股东分配的利润。

第九条 股权奖励和股权出售的激励对象,除满足本办法第四条规定条件外,应当在本企业连续工作3年以上。

股权奖励的激励对象,仅限于技术人员。

企业引进的"千人计划"、"中科院百人计划"、"北京海外高层次人才聚集工程"、"中关村高端领军人才聚集工程"人才,教育部授聘的长江学者,以及高等院校和科研院所研究开发和向企业转移转化科技成果的主要技术人员,其参与企业股权激励不受本条第一款规定的工作年限限制。

第十条 企业用于股权奖励和股权出售的激励总额,不得超过近3年税后利润形成的净资产增值额的35%。其中,激励总额用于股权奖励的部分不得超过50%。

企业用于股权奖励和股权出售的激励总额,应当依据资产评估结果折合股权,并确定向每个激励对象奖励或者出售的股权。其中涉及国有资产的,评估结果应当经代表本级人民政府履行出资人职责的机构、部门(以下统称"履行出资人职责的机构")核准或者备案。

第十一条 企业用于股权奖励和股权出售的激励总额一般在3到5年内统筹安排使用,并应当在激励方案中与激励对象约定分期实施的业绩考核目标等条件。

第三章 股票期权

第十二条 企业以股票期权方式实施激励的,应当在激励方案中明确规定激励对象的行权价格。

确定行权价格时,应当综合考虑科技成果成熟程度及其转化情况、企业未来至少5年的盈利能力、企业拟授予全部股权数量等因素,且不得低于经履行出资人职责的机构核准或者备案的每股评估价。

第十三条 企业应当与激励对象约定股票期权授予和行权的业绩考核目标等条件。

业绩考核指标可以选取净资产收益率、主营业务收入增长率、现金营运指数等财务指标,但应当不低于企业近3年平均业绩水平及同行业平均业绩水平。

第十四条 企业应当在激励方案中明确股票期权的授权日、可行权日和行权的有效期。

股票期权授权日与获授股票期权首次可行权日之间的间隔不得少于1年。股票期权行权的有效期不得超过5年。

第十五条 企业应当规定激励对象在股票期权行权的有效期内分期行权。

股票期权行权的有效期过后,激励对象已获授但尚未行权的股票期权自动失效。

第四章 股权管理

第十六条 企业可以通过以下方式解决标的股权来源:

(一)向激励对象增发股份。

(二)向现有股东回购股份。

(三)现有股东依法向激励对象转让其持有的股权。

第十七条 企业不得为激励对象购买股权提供贷款以及其他形式的财务资助,包括为激励对象向其他单位或者个人贷款提供担保。

第十八条 激励对象自取得股权之日起5年内不得转让、捐赠其股权。

激励对象获得股权激励后5年内本人提出离职,或者因个人原因被解聘、解除劳动合同,取得的股权全部退回企业,其个人出资部分由企业按审计后净资产计算退还本人;以股票期权方式实施股权激励的,未行权部分自动失效。

第十九条 企业实施股权激励的标的股权,一般应当由激励对象直接持股。

激励对象通过其他方式间接持股的,直接持股单位不得与企业存在同业竞争关系或者发生关联交易。

第二十条 企业以股权出售或者股票期权方式授予的股权,激励对象在按期足额缴纳相应出资额(股款)前,不得参与企业利润分配。

第二十一条 大型企业用于股权激励的股权总额,不得超过企业实收资本(股本)的10%。

大型企业的划分标准,按照国家统计局印发的《统计上大中小型企业划分办法(暂行)》(国统字[2003]17号)等有关规定执行。

第五章 分红激励

第二十二条 企业可以根据以下不同情形,选择不同方式实施分红激励:

(一)由本企业自行投资实施科技成果产业化的,自产业化项目开始盈利的年度起,在3至5年内,每年从当年投资项目净收益中,提取不低于5%但不高于30%用于激励。

投资项目净收益为该项目营业收入扣除相应的营业成本和项目应合理分摊的管理费用、销售费用、财务费用及税费后的金额。

(二)向本企业以外的单位或者个人转让科技成果所有权、使用权(含许可使用)的,从转让净收益中,提取不低于20%但不高于50%用于一次性激励。

转让净收益为企业取得的科技成果转让收入扣除相关税费和企业为该项科技成果投入的全部研发费用及维护、维权费用后的金额。企业将同一项科技成果使用权向多个单位或者个人转让的,转让收入应当合并计算。

(三)以科技成果作为合作条件与其他单位或者个人共同实施转化的,自合作项目开始盈利的年度起,在3至5年内,每年从当年合作净收益中,提取不低于5%但不高于30%用于激励。

合作净收益为企业取得的合作收入扣除相关税费和无形资产摊销费用后的金额。

(四)以科技成果作价入股其他企业的,自入股企业开始分配利润的年度起,在3至5年内,每年从当年投资收益中,提取不低于5%但不高于30%用于激励。

投资收益为企业以科技成果作价入股后,从被投资企业分配的利润扣除相关税费后的金额。

第二十三条 企业实施分红激励,应当按照科技成果投资、对外转让、合作、作价入股的具体项目实施财务管理,进行专户核算。

第二十四条 大中型企业实施重大科技成果产业化,可以探索实施岗位分红激励制度,按照岗位在科技成果产业化中的重要性和贡献,分别确定不同岗位的分红标准。

企业实施岗位分红激励的,除满足本办法第五条规定外,企业近3年税后利润形成的净资产增值额应当占企业近3年年初净资产总额的10%以上,实施当年年初未分配利润没有赤字,且激励对象应当在该岗位上连续工作1年以上。

企业年度岗位分红激励总额不得高于当年税后利润的15%,激励对象个人岗位分红所得不得高于其薪酬总水平(含岗位分红)的40%。

第二十五条 企业实施分红激励所需支出计入工资总额,但不纳入工资总额基数,不作为企业职工教育经费、工会经费、社会保险费、补充养老及补充医疗保险费、住房公积金等的计提依据。

第二十六条　企业对分红激励设定实施条件的,应当在激励方案中与激励对象约定相应条件以及业绩考核办法,并约定分红收益的扣减或者暂缓、停止分红激励的情形及具体办法。

实施岗位分红激励制度的大中型企业,对离开激励岗位的激励对象,即予停止分红激励。

第六章　激励方案的拟订和审批

第二十七条　企业实施股权和分红激励,应当拟订激励方案。激励方案由企业总经理办公会或者董事会(以下统称企业内部管理机构)负责拟订。

第二十八条　激励方案包括但不限于以下内容:

(一)企业发展战略、近3年业务发展和财务状况、股权结构等基本情况。

(二)激励方案拟订和实施的管理机构及其成员。

(三)企业符合本办法规定实施激励条件的情况说明。

(四)激励对象的确定依据、具体名单及其职位和主要贡献。

(五)激励方式的选择及考虑因素。

(六)实施股权激励的,说明所需股权来源、数量及其占企业实收资本(股本)总额的比例,与激励对象约定的业绩条件,拟分次实施的,说明每次拟授予股权的来源、数量及其占比。

(七)实施股权激励的,说明股权出售价格或者股票期权行权价格的确定依据。

(八)实施分红激励的,说明具体激励水平及考虑因素。

(九)每个激励对象预计可获得的股权数量、激励金额。

(十)企业与激励对象各自的权利、义务。

(十一)企业未来三年技术创新规划,包括企业技术创新目标,以及为实现技术创新目标在体制机制、创新人才、创新投入、创新能力、创新管理等方面将采取的措施。

(十二)激励对象通过其他方式间接持股的,说明必要性、直接持股单位的基本情况,必要时应当出具直接持股单位与企业不存在同业竞争关系或者不发生关联交易的书面承诺。

（十三）发生企业控制权变更、合并、分立，激励对象职务变更、离职、被解聘、被解除劳动合同、死亡等特殊情形时的调整性规定。

（十四）激励方案的审批、变更、终止程序。

（十五）其他重要事项。

第二十九条 激励方案涉及的财务数据和资产评估价值，应当分别经国有产权主要持有单位同意的具有资质的会计师事务所审计和资产评估机构评估，并按有关规定办理备案手续。

第三十条 企业内部管理机构拟订激励方案时，应当以职工代表大会或者其他形式充分听取职工的意见和建议。

第三十一条 企业内部管理机构应当将激励方案及听取职工意见情况先行报经履行出资人职责的机构批准。

由国有资产监督管理委员会代表本级人民政府履行出资人职责的企业，相关材料报本级国有资产监督管理委员会批准。

由其他部门、机构代表本级人民政府履行出资人职责的企业，相关材料暂报其主管的部门、机构批准。

第三十二条 履行出资人职责的机构应当严格审核企业申报的激励方案。对于损害国有股东权益或者不利于企业可持续发展的激励方案，应当要求企业进行修改。

第三十三条 履行出资人职责的机构可以要求企业法律事务机构或者外聘律师对激励方案出具法律意见书，对以下事项发表专业意见。

（一）激励方案是否符合有关法律、行政法规和本办法的规定。

（二）激励方案是否存在明显损害企业及现有股东利益。

（三）激励方案对影响激励结果的重大信息，是否充分披露。

（四）激励可能引发的法律纠纷等风险，以及应对风险的法律建议。

（五）其他重要事项。

第三十四条 履行出资人职责的机构批准企业实施股权激励后，企业内部管理机构应当将批准的激励方案提请股东（大）会审议。

在股东（大）会审议激励方案时，国有股东代表应当按照批准文件发表意见。

第三十五条 企业可以在本办法规定范围内选择一种或者多种激励方式，但是对同一激励对象不得就同一职务科技成果或者产业化项目进行重复激励。

对已按照本办法实施股权激励的激励对象，企业在 5 年内不得再对其实施股权激励。

第七章 激励方案管理

第三十六条 除国家另有规定外,企业应当在激励方案股东(大)会审议通过后5个工作日内,将以下材料报送本级财政、科技部门:

(一)经股东(大)会审议通过的激励方案。

(二)相关批准文件、股东(大)会决议。

(三)审计报告、资产评估报告、法律意见书。

第三十七条 企业股东应当依法行使股东权利,督促企业内部管理机构严格按照激励方案实施激励。

第三十八条 企业应当在经审计的年度财务会计报告中披露以下情况:

(一)实施激励涉及的业绩条件、净收益等财务信息。

(二)激励对象在报告期内各自获得的激励情况。

(三)报告期内的股权激励数量及金额,引起的股本变动情况,以及截至报告期末的累计额。

(四)报告期内的分红激励金额,以及截至报告期末的累计额。

(五)激励支出的列支渠道和会计核算方法。

(六)股东要求披露的其他情况。

第三十九条 企业实施激励导致注册资本规模、股权结构或者组织形式变动的,应当按照有关规定,根据相关批准文件、股东(大)会决议等,及时办理国有资产产权登记和工商变更登记手续。

第四十条 因出现特殊情形需要调整激励方案的,企业内部管理机构应当重新履行内部审议和外部审批的程序。

因出现特殊情形需要终止实施激励的,企业内部管理机构应当向股东(大)会说明情况。

第八章 附 则

第四十一条 对职工个人合法拥有、企业发展需要的知识产权,企业可以按照财政部、国家发展改革委、科技部、原劳动保障部《关于企业实行自主创新激励分配制度的若干意见》(财企〔2006〕383号)第三条的规定实施技术折股。

第四十二条 高等院校和科研院所经批准以科技成果向企业作价入股,可以按科技成果评估作价金额的20%以上但不高于30%的比例折算为股权奖励给有关技术人员,企业应当从高等院校和科研院所作价入股的股权中划出相应份额予以兑现。

第四十三条 企业以科技成果作价入股,没有按照本办法第二十二条规定实施分红激励的,作价入股经过3个会计年度以后,被投资企业符合本办法规定条件的,可以按照本办法的规定,以被投资企业股权为标的,对重要的技术人员实施股权激励。但是企业应当与被投资企业保持人、财、物方面的独立性,不得以关联交易等手段向被投资企业转移利益。

第四十四条 企业不符合本办法规定激励条件而向管理者转让国有产权的,应当通过产权交易市场公开进行,并按照《企业国有产权转让管理暂行办法》(国资委、财政部令第3号)和国资委、财政部印发的《企业国有产权向管理层转让暂行规定》(国资发产权〔2005〕78号)执行。

第四十五条 财政、科技部门对企业股权或者分红激励方案及其实施情况进行监督,发现违反法律、行政法规和本办法规定的,应当责令改正。

第四十六条 本办法中"以上"均含本数。

第四十七条 上市公司股权激励另有规定的,从其规定。

第四十八条 本办法自印发之日起施行。

中国人民银行 银监会 证监会 保监会关于进一步做好中小企业金融服务工作的若干意见

银发〔2010〕193号

中国人民银行上海总部、各分行、营业管理部、各省会(首府)城市中心支行、副省级城市中心支行;各省(自治区、直辖市)银监局、证监局、保监局;国家开发银行、各政策性银行、国有商业银行、股份制商业银行,中国邮政储蓄银行:

为深入贯彻落实《国务院关于进一步促进中小企业发展的若干意见》(国发〔2009〕36号),进一步改进和完善中小企业金融服务,拓宽融资渠道,着力缓解中小企业(尤其是小企业)的融资困难,支持和促进中小企业发展,现提出如下意见:

一、进一步推动中小企业信贷管理制度的改革创新

(一)深化认识、转变观念,切实提高对中小企业的金融服务水平。金融系统要深入学习贯彻《中华人民共和国中小企业促进法》、《国务院关于进一步促进中小企业发展的若干意见》、《国务院关于鼓励和引导民间投资健康发展的若干意见》(国发〔2010〕13号)等国家法律法规和政策的要求,进一步增强做好中小企业金融服务的责任感和大局意识,切实改变经营和服务理念。要把改进中小企业金融服务、扩大中小企业信贷投放作为各银行业金融机构开展信贷经营业务的重要战略,确保小企业信贷投放的增速要高于全部贷款增速,增量要高于上年。

(二)改造审批流程、提高审批效率,确保符合贷款条件的中小企业获得方便、快捷的信贷服务。各金融机构要对中小企业设立独立的审批和信贷准入标准,压缩中小企业贷款审批流程,切实提升贷款审批效率。鼓励有条件的银行为中小企业开办一站式金融服务。积极推广灵活高效的贷款审批模式。研究推动小企业贷款网络在线审批,建立审批信息网络共享平台。

(三)坚持有保有压、明确支持重点,积极推动符合国家产业政策要求的中小企业健康发展。优先满足中小企业符合国家重点产业调整和振兴规划要求的新技术、新工艺、新设备、新材料、新兴业态项目资金需求,加大对具有自主知识产品、自主品牌和高附加值拳头产品中小企业的支持,提升中小企业自主创新能力和国际竞争力。严格控制过剩产能和"两高一资"行业贷款,鼓励对纳入环境保护、节能节水企业所得税优惠目录投资项目的支持,促进中小企业节能减排和清洁生产。鼓励金融机构支持东部地区先进中小企业通过收购、兼并、重组、联营等多种形式,加强与中西部地区中小企业的合作,有序实现产业转移。加快推动发展文化创意、服务外包以及其他就业吸纳能力强、市场需求大的服务业中小企业发展。

(四)实施小企业金融服务差异化监管。银监会派出机构要因地制宜制定科学、审慎的小金融机构市场准入细则,实行分类监管、差异化监管,不断提高监管技术和监管有效性。小企业金融服务专营机构要进一步落实小企业金融服务"四单"原则,即单列信贷计划、单独配置人力资源和财务资源、单独客户认定与信贷评审、单独会计核算,构建专业化的经营与考核体系。各金融机构要增强风险管理意识,针对小企业客户风险状况,制定风险管理业务规则,培养熟悉小企业业务的风险管理经理,逐步建立与小企业业务性质、规模和复杂程度相适应、完善、可靠的市场风险管理体系。认真贯彻落实对小企业授信工作的相关规定,制定小企业信贷人员尽职免责机制,切实做到尽职者免责,失职者问责。

(五)推动适合中小企业需求特点的金融产品和信贷模式创新。鼓励银行业金融机构在有效防范风险的基础上,推动动产、知识产权、股权、林权、保函、出口退税池等质押贷款业务,发展保理、福费廷、票据贴现、供应链融资等金融产品。探索开展依托行业协会、农村专业经济组织、社会中介等适合中小企业需求特点的信贷模式创新。加大电子银行业务宣传,引导和督促银行业金融机构提高电子商业汇票在中小企业客户中的使用率。鼓励金融机构依法合规开展同业合作,稳步发展贷款转让业务,合理调剂信贷资源,增加对中小企业的贷款支持。

二、建立健全中小企业金融服务的多层次金融组织体系

(六)提高大型银行对中小企业的服务意识和能力。国有商业银行和股份制商业银行要继续推进中小企业金融服务专营机构建设。大型银行在已建立中小企业金融服务专营机构基础上,要进一步向下延伸服务网点,切实做到单独统计和调控,完善评审机制,使专营机构充分发挥作用,实现中小企业尤其是小企业金融业务的针对性服务。中国邮政储蓄银行要加快改造机构网点,完善小额贷款功

能,创新信贷产品,提升对微小企业、个体工商户等重点客户的金融服务。

(七)积极发挥中小商业银行支持中小企业发展的重要作用。中小商业银行要准确把握"立足地方、服务中小"的市场定位,把支持地方经济发展,支持中小企业、私人企业以及个体工商户作为工作重点,努力打造自身"服务中小企业"品牌。充分发挥中小商业银行的地缘优势,挖掘企业信用信息,为降低中小企业融资门槛创造良好环境。建立稳定的信贷员队伍,以适应中小企业特点为标准,探索提供延伸服务,较好满足中小企业的特殊金融服务需求。取消符合条件的中小商业银行分支机构准入数量限制,鼓励其优先到西部和东北地区等金融机构较少、金融服务相对薄弱地区设立分支机构。

(八)推动服务县域中小企业的新型农村金融机构和小额贷款公司稳步发展。鼓励各银行业金融机构到金融服务空白乡镇开设村镇银行和贷款公司。坚持小额贷款公司风险防范和规范发展并重,支持符合条件的小额贷款公司转为村镇银行。大中型商业银行在防范风险的前提下,为小额贷款公司提供批发资金业务,但小额贷款公司从银行业金融机构可获得融资资金的余额,不得超过资本净额的50%。

三、拓宽符合中小企业资金需求特点的多元化融资渠道

(九)完善中小企业股权融资机制,发挥资本市场支持中小企业融资发展的积极作用。鼓励风险投资和私募股权基金等设立创业投资企业,逐步建立以政府资金为引导、民间资本为主体的创业资本筹集机制和市场化的创业资本运作机制,完善创业投资退出机制,促进风险投资健康发展。加大中小企业上市前期辅导培育力度,支持自主创新和有发展前景的中小企业发行上市。积极发展中小板市场,加快发展创业板市场,努力扩大中小企业上市规模。建立和完善中小板和创业板上市公司再融资及并购制度,完善中小企业上市育成机制。积极推进证券公司代办股份转让系统非上市股份有限公司股份报价转让试点,适时将试点扩大到其他具备条件的国家级高新技术园区,完善监管和交易制度,改善科技型中小企业融资环境。

(十)逐步扩大中小企业债务融资工具发行规模。积极推进完善短期融资券、中小企业集合债券和集合票据的试点工作,适当简化审批手续,对中小企业发行债务融资工具实行绿色通道。对符合国家政策规定的中小企业发行直接债务融资工具的,鼓励中介机构适当降低收费,减轻中小企业的融资成本负担。培育银

行间债券市场合格投资者,为中小企业直接融资市场创造条件。进一步完善风险控制、信用增进等相关配套机制,为优质中小企业在债务融资工具发行阶段提供信用增进服务。

(十一)大力发展融资租赁业务。扎实推进扩大商业银行设立金融租赁公司试点工作。支持金融租赁公司按照"商业持续"原则,开展中小企业融资租赁业务创新。完善融资租赁公示登记系统,加强融资租赁公示系统宣传,提高租赁物登记公信力和取回效率,为中小企业融资租赁业务创造良好的外部环境。加强对融资租赁业务的指导监督,促进融资租赁行业规范化,管理统一化,合同统一化,在规避风险的同时保证融资租赁有序、规范发展。

四、大力发展中小企业信用增强体系

(十二)加强对融资性担保公司的日常监管。督促融资性担保公司依法合规审慎经营,严格控制风险集中度和关联方担保。指导融资性担保公司加强资本金管理和内控机制建设,不断提高风险管理水平。将担保机构经营情况纳入人民银行企业征信系统实施统一管理。推动地方政府建立各类小企业贷款风险补偿基金、融资担保基金、非营利性小企业再担保公司、贷款奖励基金,合理分担小企业贷款风险。贯彻落实担保行业各项法规,完善规章制度建设,尽快形成以出资人自我约束为监管基础,以地方政府部门为监管主体,全国统一规范运营的担保体系,提高融资性担保公司资金使用效率。

(十三)完善创新适合中小企业需求特点的保险产品。继续推动科技保险发展,为高新技术型中小企业提供创新创业风险保障。积极发展信用保险和短期抵押贷款保证保险等新型保险产品,鼓励保险机构积极开发为中小企业服务的保险产品。科学合理地厘定针对中小企业的保险费率,提高保险机构为中小企业提供保险服务的积极性。继续落实对中小商贸企业投保国内贸易信用险给予保费补助政策。

(十四)推进中小企业信用体系建设。加强中小企业信用宣传,增强中小企业信用意识。多渠道采集中小企业信息,扩大、丰富中小企业信用档案信息,结合企业和个人信用信息基础数据库,提高对中小企业的信用信息服务水平。推进中小企业信用制度建设,建立多层次的中小企业信用评估体系,发挥信用担保、信用评级和信用调查等信用中介的作用,增进中小企业信用。开展信用培植、延伸金融服务,提高中小企业融资机会。在有条件的地区开展中小企业信用体系试验区建设,探索建立中小企业征信系统。

(十五)建立健全信息沟通机制,创造良好生态环境。鼓励举办多种银企对接活动,为银行业金融机构和中小企业提供交流合作的机会。向中小企业提供融资辅导和咨询服务,帮助和支持中小企业健全企业制度,强化内部管理,提高生产经营信息的透明度,有效减少借贷双方信息不对称,增强中小企业市场融资能力。建立合作平台,发挥行业协会、民间商会、工商联等在银企对接中的桥梁作用,争取在信息搜集、客户筛选、风险防范等方面取得成效。

五、多举措支持中小企业"走出去"开拓国际市场

(十六)充分发挥中小企业出口信用保险的作用,加大优惠出口信贷对中小企业的支持力度,支持中小企业开拓国际市场。鼓励和支持中小企业在跨境贸易试点地区使用人民币进行计价结算。鼓励金融机构提高服务质量,帮助中小企业降低成本,拓展业务。

(十七)改进中小企业外汇管理,为中小企业提供便利。减少中资企业和外资企业在借用外债政策方面的差别,允许有借款能力和资金需求的各类中资企业对外借款以满足其境外资金需求。支持中小企业购汇对外投资。

六、加强部门协作和监测评估机制建设

(十八)各级金融管理部门要密切配合,加强协作,督促和指导政策的贯彻落实工作,在政策规划、机构建设、人员培训、宣传服务等方面加强合作交流,建立信息共享和工作协调机制,建立定期通报制度。要建立健全中小企业信贷政策导向效果评估制度,将中小企业贷款纳入信贷政策导向效果评估内容,对中小企业信贷业务设立单独的考核指标,定期公布考核结果并上报人民银行总行,督促金融机构提高对中小企业的信贷支持力度。要加强中小企业信贷统计监测与分析,督促各银行业金融机构认真贯彻落实大中小型企业贷款专项统计制度和国家中小企业划分标准,切实提高数据报送质量,进一步完善中小企业贷款统计制度。

请人民银行上海总部,各分行、营业管理部、省会(首府)城市中心支行会同所在省(区、市)银监局、证监局、保监局将本意见联合转发至辖区内金融机构,并协调做好本意见的贯彻实施工作。

中国人民银行　银监会
证监会　保监会
二○一○年六月二十一日

科学技术部办公厅关于印发地方促进科技和金融结合试点方案提纲的通知

国科办财[2011]22号

各省、自治区、直辖市、计划单列市科技厅(委、局):

根据科技部、中国人民银行、中国银监会、中国证监会、中国保监会《关于印发促进科技和金融结合试点实施方案的通知》(国科发财〔2010〕720号),经商中国人民银行、中国银监会、中国证监会、中国保监会同意,制定了《地方促进科技和金融结合试点方案提纲》,现印发你们,并将有关事项通知如下:

1. 申报试点的地方应充分依托本地区已有的科技资源、金融资源禀赋和产业特色,紧密围绕国家高新区、国家自主创新示范区、国家技术创新工程试点省(市)、创新型试点城市的发展需求,研究提出试点方案。试点方案的内容应简洁明了,兼顾科技、银行、证券、保险四个领域。

2. 申报试点的地方应是科技资源、科技成果和科技型中小企业相对密集,创业风险投资活跃,金融生态良好,各类金融机构和金融服务网点齐全的地区。

3. 试点方案应经省级科技管理部门征求人民银行、银监会、证监会、保监会的分支机构意见后,报省(自治区、直辖市、计划单列市)政府批准。

4. 申请试点所在地,应于2011年4月30日前将试点方案一式六份报科技部。

联系人:沈文京,010-58881686
　　　　贾建平,010-58881691,jiajp@most.cn

附件:地方促进科技和金融结合试点方案提纲

科学技术部办公厅
二〇一一年四月六日

附件：

地方促进科技和金融结合试点方案提纲

申报试点地区应根据科技部、中国人民银行、中国银监会、中国证监会、中国保监会《关于印发促进科技和金融结合试点实施方案的通知》(国科发财〔2010〕720号)要求,结合本地区科技资源和金融资源现状及特点,加强组织领导,集成相关资源,研究制定地方促进科技和金融结合试点方案。试点方案提纲如下:

一、指导思想和原则

申报试点地区研究提出开展促进科技和金融结合试点的指导思想和原则。

二、试点目标

紧密结合当地经济和科技发展实际情况,研究提出本地区通过开展试点预期达到的主要目标。试点目标要切实可行,兼顾科技、银行、证券、保险四个领域。

三、试点内容

根据地方试点目标和当地经济发展实际情况,突出地域特色,研究提出地方试点工作的主要内容。

(一)科技基础。

说明截至2010年底,申报试点地区的高新技术企业数量及占规模以上企业数比例、科技型中小企业数量,2010年度申报试点地区的R&D经费支出额及占GDP比例、高新技术企业工业增加值及占GDP的比例、地方财政收入及地方财政科技投入额、技术市场成交合同金额、科技担保公司数量及担保额、科技中介机构数量及其他等当地科技基础情况。

(二)金融基础。

说明截至2010年底,申报试点地区的存贷款余额及人均数、金融服务网点数(银行)、各类金融机构数及资产总额、资产证券化率、产权交易所与技术交易所数量及其交易情况,2010年度申报试点地区的创业风险投资及私募股权对高新技术企业投资额、小企业贷款当年新增额、小企业贷款余额占所有贷款余额比例、小企业贷款不良率、在中小企业板、创业板上市数量、当年保险费收入(不含总公司)、当年保险密度、当年保险深度,2009—2010年各类债券发行额等当地金融基础情况。

(三)试点内容。

说明在试点期间,申报试点地区拟开展的促进科技和金融结合的内容、措施及预期目标等。试点内容要有重点、有优势、有特色,采取的措施要有针对性和可操作性,预期目标要具体、量化。

可选择的试点内容主要有:创新财政科技投入方式和科技管理体制机制,发展创业风险投资,科技担保,知识产权质押贷款、股权质押贷款,科技专家参与科技型中小企业贷款项目评审,科技金融合作试点支行及科技小额贷款公司,科技融资租赁,支持科技企业在中小企业板、创业板上市融资及在股权代办转让系统挂牌交易,以集合信托的方式支持科技型中小企业、科技型中小企业集合债券和集合票据,科技保险产品和业务创新,保险资金支持科技发展的创新实践,投证结合、银保结合等多种金融工具结合的创新实践,科技金融对接专项活动及其他等。

(四)服务体系。

说明申报试点地区促进科技和金融结合的中介机构、科技金融服务平台、科技企业信用体系等的建设情况,以及在建立和完善科技金融服务体系过程中制定的政策、采取的措施等。

(五)保障措施。

说明为完成试点工作所采取的保障措施,包括组织保障、人员部署、机构设置、部门间沟通协调机制、促进科技和金融结合的财政投入政策等情况。

(六)计划进度和阶段目标。

试点周期三年。请根据申报试点地区发展规划,研究提出试点期间的工作进度安排和各阶段预期达到的目标。

关于进一步促进科技型中小企业创新发展的若干意见

国科发政[2011]178号

为深入贯彻党的十七届五中全会精神,落实《国民经济和社会发展第十二个五年规划纲要》和《国务院关于进一步促进中小企业发展的若干意见》(国发[2009]36号),进一步支持科技型中小企业增强创新能力,促进创新发展,发挥其在推进经济结构战略性调整、加快转变经济发展方式和建设创新型国家中的重要作用。现提出以下意见:

一、充分认识促进科技型中小企业创新发展的重要意义

科技型中小企业是一支主要从事高新技术产品研发、生产和服务的企业群体,是我国技术创新的主要载体和经济增长的重要推动力量,在促进科技成果转化和产业化、以创新带动就业、建设创新型国家中发挥着重要作用。长期以来,党中央国务院十分重视科技型中小企业发展,各部门、各地方采取多种措施支持科技型中小企业发展。国民经济各个行业的科技型中小企业,为促进先进适用技术应用、高新技术产业化和战略性新兴产业发展,推动科技与经济紧密结合做出了积极贡献。但是,我国科技型中小企业的创新发展仍然面临着融资渠道不畅,创新人才缺乏,支撑创新的公共服务不足,政策环境有待完善以及自身管理水平不高等问题。因此,需要进一步集中各方力量,汇聚创新资源,优化创新环境,激发创新活力,拓展发展空间,培育壮大科技型中小企业群体,带动广大中小企业走创新发展道路,为经济结构的战略性调整提供重要支撑。

二、支持科技型中小企业加强产学研合作,应用高新技术及先进适用技术

(一)推动科技型中小企业开展产学研合作。支持高等学校、科研院所与科技型中小企业共建研发机构、联合开发项目、共同培养人才。在产业技术创新战略

联盟构建中根据产业链需要,大力吸纳科技型中小企业参与。继续开展科技人员服务企业行动。通过科技特派员、创业导师等方式组织科技人员帮助科技型中小企业解决技术难题。

(二)推进科技中介机构服务科技型中小企业。继续实施生产力促进中心服务产业集群、服务基层科技专项行动。加快建设技术转移示范机构、科技企业孵化器、创新驿站和技术产权交易市场。继续推进技术转移等专业化联盟建设。支持高等学校、科研院所建立专门的成果转化机构。推进各类技术转移机构专业化、社会化和网络化发展,鼓励科技中介机构开展面向科技型中小企业的服务。

(三)支持科技型中小企业应用高新技术和先进适用技术。鼓励高等学校、科研院所以及各类财政性资金支持形成的科技成果向科技型中小企业转移。结合创新人才推进计划,鼓励拥有科技成果的科技人员自主创业,领办创办科技型中小企业。围绕节能减排、低碳发展等重大任务,通过固定资产加速折旧等方式,鼓励科技型中小企业吸纳和应用高新技术和先进适用技术,实现技术升级。在十城万盏、十城千辆、金太阳等试点示范工程中充分发挥科技型中小企业的作用,鼓励科技型中小企业利用高新技术和先进适用技术生产节能减排和绿色产品。

三、引导科技型中小企业集群发展

(四)发挥科技园区和基地的集聚作用,促进科技型中小企业集群发展。以高新区、农业科技园及大学科技园、高新技术产业化基地、火炬计划特色产业基地、火炬计划软件产业基地等为载体促进科技型中小企业集群发展。在国家高新区开展创新型产业集群建设试点工作,通过火炬计划、科技型中小企业技术创新基金和农业科技成果转化资金等项目实施,吸引科技型中小企业按专业特色、产业链关系向国家高新区集聚。培育集群品牌,形成龙头企业。充分发挥科技企业孵化器的培育功能,引导科技企业孵化器专业化、网络化建设。

(五)围绕培育发展战略性新兴产业,引导科技型中小企业集群发展。根据国家战略性新兴产业发展规划布局,引导各级政府的专项资金向科技型中小企业集群倾斜。构建支撑战略性新兴产业的技术创新服务平台,为科技型中小企业集群发展提供服务。鼓励科技型中小企业结合区域优势、产业基础等条件形成支撑与服务战略性新兴产业发展的企业集群。

四、加强对科技型中小企业技术创新的公共服务

(六)加强技术创新服务平台建设。通过政策引导和试点带动,整合资源,以

用为本,推进技术创新服务平台为科技型中小企业服务。开展面向科技型中小企业的专题服务行动,为科技型中小企业技术创新提供设计、信息、研发、试验、检测、新技术推广、技术培训等服务。

(七)鼓励高等学校、科研院所、大型企业开放科技资源。引导高等学校、科研院所的科研基础设施和设备、自然科技资源、科学数据、科技文献等科技资源进一步向科技型中小企业开放。支持社会公益类科研院所为企业提供检测、标准等服务。引导和支持各类基础条件平台为科技型中小企业提供服务。推动国家重点实验室、国家工程(技术)研究中心、大型科学仪器中心、分析测试中心等进一步向科技型中小企业开放。鼓励有条件的大型企业向科技型中小企业开放研究实验条件。

(八)加强知识产权与标准服务。强化对科技型中小企业知识产权的专题培训,提高科技型中小企业的知识产权意识和管理能力,帮助科技型中小企业完善知识产权管理制度,培养专业人才。在知识产权信息查询与分析、专利申请、知识产权保护及纠纷处理等方面为科技型中小企业提供专业化咨询服务。吸纳科技型中小企业参与有关技术标准的制订工作,鼓励科技型中小企业根据产业发展需要联合制订技术标准。

(九)充分发挥各类社会化专业机构的作用。促进从事管理咨询、注册咨询、会计事务、审计事务、法律援助、人才培训、国际技术转移等专业服务的社会化机构为科技型中小企业提供服务。支持建立汇集各类专业机构的信息服务平台,为科技型中小企业的各类服务需求提供网络支撑。鼓励专业化机构通过培训、示范等多种方式在科技型中小企业中推广应用创新方法。探索通过政府购买服务等方式,促进各类专业机构为科技型中小企业提供优质服务。

(十)支持科技型中小企业国际化发展。充分发挥驻外使领馆科技处组、各类国际科技合作基地的信息与中介服务作用,在项目推荐、人才引进、信息收集等方面为科技型中小企业开展多种形式服务。鼓励支持有条件的科技型中小企业到境外拓展业务,开发市场,开展国际合作与交流。

五、拓展科技型中小企业的融资渠道

(十一)深入开展促进科技和金融结合试点。会同有关金融监管部门和金融机构共同组织开展促进科技和金融结合试点工作。通过创新投入方式和金融产品,改进服务模式,搭建科技金融服务平台,加强科技资源与金融资源的有效对接。依托国家自主创新示范区、国家高新区、创新型试点城市和部分省市开展的国家技术创新工程试点,开展促进科技和金融结合试点工作,为科技型中小企业创造良好的投融资环境。

(十二)引导银行业金融机构积极支持科技型中小企业技术创新。对纳入国家及省、自治区、直辖市的各类科技计划的科技型中小企业技术创新项目,按照国家产业政策导向和信贷原则,鼓励商业银行积极提供信贷支持。积极探索支持科技创新的政策性融资方式。利用知识产权和股权质押贷款、科技小额贷款公司和银行科技支行等方式扶持科技型中小企业创新发展。推进科技专家参与科技型中小企业贷款项目评审。组织开展对科技型中小企业的信用评价,加快科技型中小企业信用体系建设。

(十三)建立和完善科技型中小企业融资担保体系。鼓励各级政府科技管理部门、国家高新区设立多层次、专业化的科技担保公司和再担保机构,逐步建立和完善科技型中小企业融资担保体系。通过风险补偿和奖励等政策,积极引导和鼓励各类担保机构为科技型中小企业技术创新项目或自主知识产权产业化项目贷款提供担保服务。进一步深化科技保险试点,鼓励保险机构开发为科技型中小企业服务的保险产品。

(十四)加快科技型中小企业股权投资体系建设。鼓励地方科技管理部门、国家高新区大力发展创业风险投资,为种子期科技型中小企业提供资金支持。进一步加强科技型中小企业创业投资引导基金的实施力度,引导社会资金进入创业投资领域,引导创业投资机构投资于初创期科技型中小企业,对投资于初创期科技型中小企业的创业投资机构给予税收优惠。倡导私募股权基金和各类社会投资机构对科技型中小企业的投资,有效扩大科技型中小企业股权投资的资金供给量。

(十五)利用多层次资本市场支持科技型中小企业发展。充分发挥中小板市场、创业板市场、股权代办系统等对科技型中小企业的培育和促进作用。扩大股权代办转让系统试点范围,支持具备条件的国家高新区内非上市股份公司进入代办系统,支持符合条件的科技型中小企业在创业板及其他板块上市融资。大力推动科技型中小企业的改制上市进程。探索利用债券工具和信托工具为科技型中小企业融资的有效形式和途径。

六、引导科技型中小企业加大技术创新投入

(十六)鼓励科技型中小企业加大研发投入。加强已有政策落实力度,鼓励科

技型中小企业加大研发投入,开展研发活动。对于研发投入占企业总收入的比例达到5%以上的科技型中小企业,探索多种形式的鼓励、补贴机制。

(十七)进一步发挥科技型中小企业技术创新基金的引导作用。力争逐年稳定增加中央财政预算支持科技型中小企业技术创新的专项资金规模。创新支持方式,扩大资助范围,加大对战略性新兴产业科技型中小企业的支持力度。鼓励地方加大科技型中小企业技术创新基金规模,带动社会资金支持科技型中小企业创新发展。

(十八)充分利用科技计划资源支持科技型中小企业技术创新。加大国家火炬计划、重点新产品计划、星火计划、科技富民强县专项行动计划对科技型中小企业技术创新活动的支持力度。研究建立国家科技成果转化引导基金。扩大科技型中小企业参与国家863计划、科技支撑计划项目的比例。

七、完善科技型中小企业创新发展的政策环境

(十九)完善促进科技型中小企业发展的政策法规。进一步梳理和评估已经出台的政策法规,针对突出问题补充完善相关政策措施。各地方结合本地情况,制订促进科技型中小企业发展的配套政策。依托国家自主创新示范区、创新型试点城市和部分省市开展的国家技术创新工程试点工作,开展促进科技型中小企业创新发展相关政策的先行先试。

(二十)实施有利于科技型中小企业吸引人才的政策。结合创新人才推进计划、海外高层次人才引进计划、青年英才开发计划和国家高技能人才振兴计划等各项国家人才重大工程的实施,支持科技型中小企业吸引和凝聚创新创业人才。针对科技型中小企业的人才需求,提供信息咨询、专业培训等服务。鼓励科技型中小企业与高等学校、职业院校建立定向、订单式的人才培养机制。探索对符合条件的科技型中小企业聘用人才给予适当补助支持。

(二十一)加大政策落实力度。加强企业研究开发费用税前加计扣除、技术转让以及高新技术企业、软件企业和技术先进型服务企业等税收优惠政策在科技型中小企业群体中落实情况的跟踪检查,及时分析问题、采取措施,保证各项政策的有效落实。继续实施国家大学科技园和科技企业孵化器税收减免政策,为科技型中小企业发展创造良好环境。

促进科技型中小企业创新发展既是一项事关创新型国家建设和全面建设小康社会全局的长期战略任务,也是当前推进经济结构战略性调整和加快转变经济

发展方式的迫切需求。各地方科技管理部门要加强与有关部门的沟通协调,结合各地情况,采取有效措施,制定相应落实办法,切实抓好本意见的落实。

科学技术部

二〇一一年五月十二日

中国银监会关于支持商业银行进一步改进小企业金融服务的通知

银监发[2011]59号

各银监局,各国有商业银行、股份制商业银行,邮政储蓄银行,各省级农村信用联社:

近年来,为深入贯彻落实党中央、国务院的战略部署,着力解决小企业融资方面的突出问题,监管部门积极引导商业银行开展小企业金融业务,不断优化小企业融资环境,取得了明显成效。为巩固小企业金融工作成果,促进小企业金融业务可持续发展,支持商业银行进一步改进小企业金融服务,现将有关要求通知如下:

一、指导商业银行重点支持符合国家产业和环保政策、有利于扩大就业、有偿还意愿和偿还能力、具有商业可持续性的小企业的融资需求。

二、引导商业银行继续深化六项机制(利率的风险定价机制、独立核算机制、高效的贷款审批机制、激励约束机制、专业化的人员培训机制、违约信息通报机制),按照四单原则(小企业专营机构单列信贷计划、单独配置人力和财务资源、单独客户认定与信贷评审、单独会计核算),进一步加大对小企业业务条线的管理建设及资源配置力度,满足符合条件的小企业的贷款需求,努力实现小企业信贷投放增速不低于全部贷款平均增速。

三、鼓励商业银行先行先试,积极探索,进行小企业贷款模式、产品和服务创新,根据小企业融资需求特点,加强对新型融资模式、服务手段、信贷产品及抵(质)押方式的研发和推广。

四、优先受理和审核小企业金融服务市场准入事项的有关申请,提高行政审批效率。对连续两年实现小企业贷款投放增速不低于全部贷款平均增速且风险管控良好的商业银行,在满足审慎监管要求的条件下,积极支持其增设分支机构。

五、督促商业银行进一步加强小企业专营管理建设。对于设立"在行式"小企业专营机构的,其总行应相应设立单独的管理部门。同时鼓励小企业专营机构延伸服务网点,对于小企业贷款余额占企业贷款余额达到一定比例的商业银行,支持其在机构规划内筹建多家专营机构网点。

六、鼓励商业银行新设或改造部分分支行为专门从事小企业金融服务的专业分支行或特色分支行。

七、对于小企业贷款余额占企业贷款余额达到一定比例的商业银行,在满足审慎监管要求的条件下,优先支持其发行专项用于小企业贷款的金融债,同时严格监控所募集资金的流向。

八、对于风险成本计量到位、资本与拨备充足、小企业金融服务良好的商业银行,经监管部门认定,相关监管指标可做差异化考核,具体包括:

(一)对于运用内部评级法计算资本充足率的商业银行,允许其将单户500万元(含)以下的小企业贷款视同零售贷款处理,对于未使用内部评级法计算资本充足率的商业银行,对于单户500万元(含)以下的小企业贷款在满足一定标准的前提下,可视为零售贷款,具体的风险权重按照《商业银行资本充足率管理办法》执行。

(二)在计算存贷比时,对于商业银行发行金融债所对应的单户500万元(含)以下的小企业贷款,可不纳入存贷比考核范围。

九、根据商业银行小企业贷款的风险、成本和核销等具体情况,对小企业不良贷款比率实行差异化考核,适当提高小企业不良贷款比率容忍度。

十、积极推动多元化小企业融资服务体系建设,拓宽小企业融资渠道。同时协调各地方政府、各部门进一步落实和完善相关财税支持政策,完善社会信用体系,推动商业银行同融资性担保机构、产业基金的科学有序合作,创造良好的社会基础。

本通知所指小企业,暂以《关于印发中小企业标准暂行规定的通知》(国经贸中小企〔2003〕143号)的小企业定义为准,国家有关部门对小企业划型标准修改后即按新标准执行。

农村合作银行、农村信用社和村镇银行等农村中小金融机构参照本通知执行。

请各银监局将本通知转发至辖内银监分局和有关商业银行,组织做好贯彻实施工作,并及时总结小企业金融服务工作的问题和经验,不断发展完善,将实施过程中的问题和建议及时反馈银监会。

二〇一一年五月二十五日

财政部 科技部关于印发《国家科技成果转化引导基金管理暂行办法》的通知

财教[2011]289号

国务院各部委、各直属机构,新疆生产建设兵团,各省、自治区、直辖市、计划单列市财政厅(局)、科技厅(委、局),有关单位:

为贯彻落实《国家中长期科学和技术发展规划纲要》,加速推动科技成果转化与应用,引导社会力量和地方政府加大科技成果转化投入,中央财政设立国家科技成果转化引导基金(以下简称转化基金)。为规范转化基金管理,我们制定了《国家科技成果转化引导基金管理暂行办法》。现予印发,请遵照执行。

附件:国家科技成果转化引导基金管理暂行办法

财政部 科技部
二〇一一年七月四日

附件：

国家科技成果转化引导基金管理暂行办法

第一章 总 则

第一条 为贯彻落实《国家中长期科学和技术发展规划纲要》，加速推动科技成果转化与应用，引导社会力量和地方政府加大科技成果转化投入，中央财政设立国家科技成果转化引导基金（以下简称转化基金）。为规范转化基金的管理，制定本办法。

第二条 转化基金主要用于支持转化利用财政资金形成的科技成果，包括国家（行业、部门）科技计划（专项、项目）、地方科技计划（专项、项目）及其他由事业单位产生的新技术、新产品、新工艺、新材料、新装置及其系统等。

第三条 转化基金的资金来源为中央财政拨款、投资收益和社会捐赠。

第四条 转化基金的支持方式包括设立创业投资子基金、贷款风险补偿和绩效奖励等。

第五条 转化基金遵循引导性、间接性、非营利性和市场化原则。

第二章 科技成果转化项目库

第六条 科技部、财政部建立国家科技成果转化项目库（以下简称成果库），为科技成果转化提供信息支持。

应用型国家科技计划项目（课题）完成单位应当向成果库提交成果信息。

行业、部门、地方科技计划（专项、项目）产生的科技成果，分别经相关主管部门和省、自治区、直辖市、计划单列市（以下简称省级）科技部门审核推荐后可进入成果库；部门和地方所属事业单位产生的其他科技成果，分别经相关主管部门和省级科技部门审核推荐进入成果库。

第七条 成果库的建设和运行实行统筹规划、分层管理、开放共享、动态调整。鼓励部门、行业、地方参与成果库的建设。

第八条 成果库中的科技成果摘要信息,除涉及国家安全、重大社会公共利益和商业秘密外,向社会公开。

第三章 设立创业投资子基金

第九条 转化基金与符合条件的投资机构共同发起设立创业投资子基金(以下简称子基金),为转化科技成果的企业提供股权投资。科技部负责按规定批准发起设立子基金。

鼓励地方创业投资引导性基金参与发起设立子基金。

第十条 转化基金不作为子基金的第一大股东或出资人,对子基金的参股比例为子基金总额的 20%~30%,其余资金由投资机构依法募集。

第十一条 子基金应以不低于转化基金出资额三倍的资金投资于转化成果库中科技成果的企业,其他投资方向应符合国家重点支持的高新技术领域。

第十二条 子基金不得从事贷款或股票(投资企业上市除外)、期货、房地产、证券投资基金、企业债券、金融衍生品等投资,也不得用于赞助、捐赠等支出。待投资金应当存放银行或购买国债。

第十三条 子基金存续期一般不超过 8 年。鼓励其他投资者购买转化基金在子基金中的股权。

第十四条 子基金应当在科技部、财政部招标选择的银行开设托管账户。存续期内产生的股权转让、分红、清算等资金应进入子基金托管账户,不得循环投资。

第十五条 子基金应当委托投资管理公司或管理团队进行管理。

第十六条 转化基金向子基金派出代表,对子基金行使出资人职责。

第十七条 子基金存续期结束时,年平均收益达到一定要求的,投资管理公司或管理团队可提取一定比例的业绩提成。子基金出资各方按照出资比例或相关协议约定获取投资收益,并可将部分收益奖励投资管理公司或管理团队。

第十八条 子基金应当在投资人协议和子基金章程中载明本章规定的相关事项。

第四章 贷款风险补偿

第十九条 科技部、财政部招标确定合作银行,对合作银行符合下列条件的

贷款(以下简称成果转化贷款),可由转化基金给予一定的风险补偿:

(一)向年销售额 3 亿元以下的科技型中小企业发放用于转化成果库中科技成果的贷款。

(二)上述贷款的期限为 1 年期(含 1 年)以上。

(三)贷款发生地省级政府出资共同开展成果转化贷款风险补偿。

第二十条 合作银行应制定和公布成果转化贷款的条件、标准和程序,在符合贷款条件的前提下,降低贷款成本、提高工作效率。

第二十一条 合作银行省级分支机构汇总当地成果转化贷款项目报同级科技部门、财政部门共同审核后,由合作银行总行按年度汇总报送科技部。科技部提出贷款风险补偿建议报送财政部。

第二十二条 年度风险补偿额按照合作银行当年的成果转化贷款额进行核定,补偿比例不超过贷款额的 2%。

第二十三条 合作银行应加强对成果转化贷款的审核、管理和监督。

第五章　绩效奖励

第二十四条 对于为转化科技成果做出突出贡献的企业、科研机构、高等院校和科技中介服务机构,转化基金可给予一次性资金奖励。

第二十五条 绩效奖励对象所转化的成果应同时符合以下条件:

(一)属于本办法第二条规定的科技成果;

(二)在培育战略性新兴产业和支撑当前国家重点行业、关键领域发展中发挥了重要作用;

(三)未曾获得中央和地方财政用于科技成果转化方面的资金支持。

第二十六条 绩效奖励项目由有关部门和省级科技部门、财政部门向科技部、财政部推荐。

第二十七条 科技部、财政部组织专家或委托中介机构对申请绩效奖励的项目的经济和社会效益进行评价,科技部依据评价结果提出绩效奖励对象和额度的建议报送财政部。

第二十八条 绩效奖励资金应当分别用于以下方面:

(一)获奖企业的研究开发活动;

(二)获奖科研机构、高等院校的研究开发、成果转移转化活动;

(三)获奖科技中介服务机构的技术转移活动;

(四)获奖单位对创造科技成果和提供技术服务的科研人员的奖励。

第六章 组织管理和监督

第二十九条 科技部、财政部组织成立转化基金专家咨询委员会,为转化基金提供咨询。咨询委员由科技、管理、法律、金融、投资、财务等领域的专家担任。

第三十条 科技部、财政部共同委托具备条件的机构负责转化基金的日常管理工作,并进行指导、监督和组织评价。

第三十一条 受托管理机构应当建立适应转化基金管理和工作需要的人员队伍、内部组织机构、管理制度和风险控制机制等。

第三十二条 转化基金实施过程中涉及信息提供的单位,应当保证所提供信息的真实性,并对信息虚假导致的后果承担责任。

第三十三条 转化基金建立公示制度。

第七章 附 则

第三十四条 科技部、财政部根据本办法制定转化基金相关实施细则。

第三十五条 地方可以参照本办法设立科技成果转化引导基金。

第三十六条 本办法由财政部、科技部负责解释。

科学技术部办公厅关于转发财政部基本建设贷款中央财政贴息资金管理办法的通知

国科办财[2011]48号

各国家高新技术产业开发区管委会:

为更好地发挥财政贴息政策的扶持引导作用,财政部制定了《基本建设贷款中央财政贴息资金管理办法》(财建[2011]356号)。办法中规定,对国家高新区管辖区域范围内的符合条件的基础设施项目给予贷款贴息支持。同时,对西部地区国家高新区、战略性新兴产业集聚和自主创新能力强的国家高新区,将给予重点贴息支持。

现将该文件转发你单位,请你们组织园区内企业认真实施和申报基础设施建设项目,加强申报项目的审核和管理,并按照文件要求将辖区内符合条件的基础设施项目分类别填报后,向省级财政部门提交相关材料。同时,请于每年6月底之前将当年申报的贷款贴息项目和上年度贷款贴息资金的使用情况报送科技部。

工作过程中,遇有问题请及时与我们联系。

联系人:沈文京,010-58881686

贾建平,010-58881691

附件:基本建设贷款中央财政贴息资金管理办法

科学技术部办公厅
二〇一一年七月二十五日

附件：

基本建设贷款中央财政贴息资金管理办法

第一章 总 则

第一条 为加强基本建设贷款中央财政贴息资金管理，提高财政资金使用效益，更好地发挥其政策扶持、引导作用，根据《中华人民共和国预算法》及实施细则有关规定，制定本办法。

第二条 本办法所称财政贴息资金是指中央财政预算安排的，专项用于基本建设贷款贴息的资金。

第三条 本办法所称基本建设贷款是指各类银行提供的符合本办法规定的贴息范围的基本建设项目贷款。

第四条 本办法所称基本建设项目原则上为基本建设贷款安排的中央级大中型在建项目，以及经国务院批准设立的国家级高新技术产业开发区内的基础设施项目。

大中型项目的划分标准仍按照原国家计委确定的项目审批标准执行，即经营性项目总投资在5000万元以上（含5000万元）、非经营性项目总投资在3000万元以上（含3000万元）为大中型项目。

第二章 贴息政策

第五条 贴息资金实行先付后贴的原则，即项目单位必须凭贷款银行开具的利息支付清单向财政部门申请贴息。

以下情形均不予贴息：未经有关部门批准，延长项目建设期发生的借款利息；已办理竣工决算或已交付使用但未按规定办理竣工决算的项目发生的借款利息；在贴息范围内，项目未按合同规定归还的逾期贷款利息、加息、罚息。

第六条 贴息对象：根据国家的产业政策和经济结构，确定以下行业和项目为财政贴息对象：

（一）农业：

1. 国家商品粮基地建设项目；

2. 天然橡胶林基地建设项目；

3. 大洋性专业渔船购建项目。

（二）林业：

1. 速生丰产林基地建设项目；

2. 天保工程转产建设项目。

（三）水利：跨地区、跨流域的水利枢纽工程（不含发电部分），包括：

1. 水利部直属水利枢纽工程；

2. 南水北调水利枢纽工程；

3. 除前两项外的西部地区重大水利枢纽工程。

（四）司法部、新疆生产建设兵团所属的监狱、劳教等项目。

（五）国家级高新技术产业开发区管辖区域范围内的基础设施项目。主要包括：

1. 开发区内道路、桥涵、隧道等项目；

2. 开发区内污水、生活垃圾处理等生态环境保护项目；

3. 开发区内供电、供热、供气、供水及通信网络等基础设施项目；

4. 开发区内为中小企业创业、自主创新提供场所服务和技术服务的孵化器、公共技术支撑平台建设，以及为服务外包、物联网企业提供场所服务和技术服务的公共基础设施项目。其内容包括：物理场所建设、软硬件设备系统购置以及专用软件开发等，不包括中小企业拥有和开发的部分；

5. 开发区内为集约利用土地，节约资源，服务中小企业，统一修建的标准厂房项目；

6. 开发区内社会事业发展项目和民生工程等其他符合公共财政支持范围的基础设施项目。

对于西部地区国家级高新技术开发区、战略性新兴产业集聚和自主创新能力强的国家级高新技术开发区，给予重点贴息支持。

（六）军工集团"三线"搬迁、核电项目（优先考虑国内设计和制造的堆型）。

（七）西部铁路项目。

（八）根据国务院要求，经财政部认定的其他项目。

上述排序作为优先安排财政贴息资金的依据，但国务院有明确规定的项目除外。已享受财政部门其他贴息的基建项目,不再享受基建财政贴息。

第七条 贴息率:由财政部根据年度贴息资金预算控制指标和当年贴息资金申报需求等因素一年一定(国务院有明确规定的项目除外),原则上不高于3%。

第八条 贴息期限:原则上按项目建设期限贴息。除特大型项目外,其他项目一律不超过5年。

根据基础设施项目的特点,对项目建设期少于3年(含3年),按项目建设期进行贴息;对项目建设期大于3年的,除特大型项目外,均按不超过5年进行贴息;属于购置的,按2年进行贴息。

第九条 贴息时间:每年办理贴息的时间为当年6月份,过期不予办理。贴息周期为上年6月21日至本年6月20日。

第三章 贴息资金的申报、审查和下达

第十条 符合本办法规定的基础设施项目,由项目单位申报财政贴息。凡已申请其他贴息资金的项目,不得重复申报。

第十一条 项目单位申报财政贴息,应按要求填制基本建设贷款项目贴息申请表(见附表1)一式两份,并附项目批准文件、借款合同、银行贷款到位凭证、银行签证利息单等材料,经贷款经办行签署意见后,按规定程序上报。其中:

国家级高新技术产业开发区项目,由项目单位上报省级财政部门,并抄报科技部。各省(自治区、直辖市、计划单列市)财政厅(局)对本省(自治区、直辖市、计划单列市)项目单位提交的贴息材料进行审核后,填写基本建设贷款财政贴息汇总表(见附表2),并附项目单位报送的项目批准文件、借款合同、银行贷款到位凭证、银行签证利息单、贷款经办行意见等材料,经财政部驻当地财政监察专员办事机构审核后,于当年6月底以前上报财政部审批。未经财政部驻当地财政监察专员办事机构审查的材料,财政部不予受理。

其他项目,由项目单位上报中央主管部门。中央主管部门根据本办法的规定,对本系统项目单位提交的贴息材料进行认真审核后,出具审核意见,填写基本建设贷款财政贴息汇总表(见附表2),并附项目单位报送的项目批准文件、借款合同、银行贷款到位凭证、银行签证利息单、贷款经办行意见等材料,于当年6月底前上报财政部审批。

上述申报材料应按本办法第六条所列分类别填报具体项目和提交相关材料，不得打捆上报，否则不予贴息。项目贷款为打包贷款的，应分类详细列清该项目所具体使用的贷款金额。

对于有条件的地区，鼓励通过网上传输电子文档的形式上报相关材料。

第十二条　请财政部驻有关省（自治区、直辖市、计划单列市）财政监察专员办事机构根据本办法规定的贴息范围、贴息期限等条件，加强对当地项目单位报送的基本建设贷款财政贴息材料真实性的审核，剔除重复多头申报项目，并将审核的书面意见在规定的时间内随申请贴息材料一并上报财政部，以便财政部在核定财政贴息时参考。

第十三条　财政部对各部门（地区）上报的贴息材料进行审查后，根据年度预算安排的贴息资金规模，按具体项目逐个核定贴息资金数，并按规定下达预算。对不符合条件和要求的项目，财政部不予贴息。

第十四条　财政贴息资金拨付到主管部门的，各有关主管部门应及时将资金拨付到项目单位；通过两级财政结算的，由地方财政部门拨付到项目单位。

第四章　贴息资金财务处理及监督管理

第十五条　项目单位收到财政贴息资金后，分以下情况处理：在建项目应作冲减工程成本处理；竣工项目作冲减财务费用处理。

第十六条　各有关部门及项目单位要严格按国家规定管理和使用财政贴息资金，并自觉接受财政、审计部门的检查监督。

贴息资金下达后，中央主管部门和省级财政主管部门要定期对财政贴息资金的落实情况进行监督、检查，确保贴息资金发挥效益。并于每年年底向财政部报告贴息项目的执行情况和财政贴息资金的落实情况。

第十七条　各有关部门及项目单位要严格按照国家规定的贴息范围、贴息期限、贴息比率等事项填报贴息申请表。同时，财政贴息资金是专项资金，必须保证贴息的专款专用。任何单位不得以任何理由、任何形式截留、挪用财政贴息资金。

第十八条　违反规定，骗取、截留、挪用贴息资金的，依照《财政违法行为处罚处分条例》（国务院令第427号）的规定进行处理。

第五章 附 则

第十九条 本办法由财政部负责解释。

第二十条 本办法自印发之日起施行。今后如无调整,每年办理贴息不再另行通知。《财政部关于印发〈基本建设贷款中央财政贴息资金管理办法〉的通知》(财建〔2007〕416号)同时废止。

附表:1. 年基本建设贷款财政贴息申请表(略)
　　　2. 年基本建设贷款财政贴息汇总表(略)

二、创业投资篇

财政部 国家发展改革委关于产业技术研究与开发资金试行创业风险投资的若干指导意见

财建〔2007〕8号

各省、自治区、直辖市、计划单列市财政厅(局)、发展改革委：

按照《中华人民共和国促进科技成果转化法》、《国务院办公厅转发财政部科技部关于改进和加强中央财政科技经费管理若干意见》(国办发〔2006〕56号)等有关法律法规以及文件精神,为贯彻落实科学发展观,建设创新型国家,扶持公益性和国家战略性产业发展,促进我国创业风险投资事业的快速、健康发展,财政部、国家发展改革委决定拿出部分国家产业技术研究与开发资金试行创业风险投资。现就有关事项提出如下意见：

一、创业风险投资的原则

(一)市场运作。要面向市场,发挥政府资金的引导作用,充分吸引社会资本投向高技术产业;创业风险投资项目按市场化运作,自主经营,自负盈亏;政府部门不干预项目承担单位的经营,管理机构受政府委托按出资额行使出资人权利并承担相应责任。

(二)鼓励创新。产业技术研究与开发资金试行创业风险投资,主要投向是高技术产业的种子期和起步期的公益性或公共性科技研发和成果转化项目,项目具有原始创新、集成创新或消化吸收再创新属性,不同于一般商业风险投资,不以利益最大化为目的。

(三)引导为主。产业技术研究与开发资金试行创业风险投资,目的是引导社会资本投向高技术产业,解决高技术产业在种子期和起步期资金不足问题,不占大股、不行使经营主导权,调动项目承担单位的积极性,分摊风险。

(四)规范管理。建立规范的项目遴选机制,通过多种方式,加强管理机构能力培养,强化管理机构责任,建立有效的风险防范体系和利益激励机制;按照公共财政原则,在条件成熟时,及时退出创业风险投资并将回收资金上缴中央财政。

二、创业风险投资受托管理机构

(一)创业风险投资受托管理机构的确定。

创业风险投资委托专业管理机构管理,财政部会同国家发展改革委通过招标的方式确定专业管理机构,并与专业管理机构签订委托协议。

(二)受托管理机构的资质:

1. 具有企业法人资格;

2. 注册资金不少于1亿元;

3. 从事创业风险投资管理业务5年以上;

4. 有3年以上创业风险投资相关经历的从业人员至少5名;

5. 有完善的创业风险投资管理制度;

6. 有创业风险投资项目运作的成功经验。

(三)受托管理机构的职责:

1. 按照本意见及有关规定的要求,推荐投资项目;

2. 受委托以投资额为限对被投资企业行使出资人权利,包括向被投资企业派遣董事、监事,通过股东会、董事会、监事会依法行使权利;

3. 充分利用自身资源和创业投资经验为被投资企业提供各种增值服务,帮助企业建立规范的管理制度,促进企业发展;

4. 定期向财政部和国家发展改革委报告被投资企业项目进展情况、股本变化情况以及其他重大情况;

5. 根据要求,组织创业风险投资退出,并及时将回收资金上缴中央财政。

三、创业风险投资项目的选择

(一)风险投资项目要符合以下条件:

1. 具有公益性、公共性技术属性,能明显提升产业自主创新能力和企业核心竞争力;

2. 拥有自主知识产权且技术含量较高;

3. 近期内筹集资金能力相对较弱的,但具有良好市场前景、预期盈利能力较强。

(二)创业风险投资项目可以采取以下两种方式筛选和确定：

1. 国家发展改革委会同财政部根据国家经济、科技发展战略和规划等公布创业风险投资项目申报指南,各地发展改革委会同财政厅(局)按本意见规定的要求组织相关项目并向国家发展改革委和财政部推荐,国家发展改革委会同财政部组织专家评审后,在受托管理机构与被投资单位协商一致并签订投资协议的基础上,批复投资项目和投资额度;

2. 受托管理机构推荐投资项目,受托管理机构根据本意见规定的原则和要求在国家发展改革委和财政部确定的创业风险投资支持重点领域内评估、筛选本机构已经投资的项目,上报国家发展改革委和财政部,国家发展改革委会同财政部在专家评审的基础上,批复投资项目和投资额度。

(三)申报创业风险投资项目需要提交的材料：

1. 项目可行性研究报告和专家初步论证意见;
2. 项目申报单位近两年经中介机构审计的财务报告和资信材料;
3. 项目申报单位现有的股权结构;
4. 项目申报单位同意国家财政投资参股的决议;
5. 其他相关材料。

四、资金的拨付

财政部依据批复的投资项目名单、金额以及受托管理机构与被投资单位签订的投资协议,按照有关规定,将资金拨付受托管理机构的托管专户,由受托管理机构拨付被投资单位。

受托管理机构的托管专户需在财政部指定的代理银行范围内开设,并由财政部、受托管理机构、开户银行3家签订协议,明确托管机构只有接到财政部的拨款通知后,方可通知银行拨付资金。

因特殊原因无法继续执行的,受托管理机构要及时将投资资金缴回中央财政。

五、创业风险投资的退出

创业风险投资项目通过企业并购、股权回购、股票市场上市等方式实现退出。

受托管理机构负责对投资项目退出时机进行考察,在退出时机成熟时运作退出,并及时将退出时机、退出方式等情况报告财政部和国家发展改革委。

退出的资金(含回收的股息、股利)直接收回到托管专户,由受托管理机构及时上缴中央财政。

六、委托经费

委托管理机构管理创业风险投资,需支付一定委托费用。委托费用分为两个部分,一部分是日常管理费,按不超过投资余额的3%确定;另一部分是效益奖励,按不超过总投资收益(弥补亏损后的净收益)的一定比例确定,委托经费的具体安排在委托协议中约定。

七、考核与监督

(一)受托管理机构依照本意见和委托协议约定事项,认真履行相应管理职责。受托管理机构应制订相应的风险投资管理制度、工作流程和风险防范制度,设置相应的业务机构。

(二)财政部和国家发展改革委对受托管理机构进行考核与监督,有权对受托管理机构实施不定期检查,对受托专户的资金进行监控。受托管理机构应定期向财政部和国家发展改革委报送受托管理机构的财务报告和创业风险投资管理报告,每年至少报送一次,报告主要包括:

1. 受托管理机构的资产、负债及所有者权益情况;
2. 受托管理机构的经营情况;
3. 创业风险投资规模、投资完成情况;
4. 投资企业经营情况;
5. 创业风险投资的退出和收益情况;
6. 委托协议约定的其他事项。

(三)受托管理机构有下列情形之一的,财政部和国家发展改革委有权撤销或更换受托管理机构,必要时可诉诸法律手段:

1. 不再具备本意见规定的资质条件;
2. 有重大违法违规行为;
3. 依法撤销、解散、宣告破产;
4. 委托协议约定的其他情形。

产业技术研究与开发资金试行创业风险投资是财政资金支持高技术产业方式新的、有益的探索。但创业风险投资具有投资周期长、风险程度高等特点,需注意防范风险,依法有序发展,注重充分发挥市场机制的作用,发挥财政资金的种子作用,积极稳妥地推进创业风险投资事业的发展。

财政部　国家发展改革委
二〇〇七年一月三十一日

财政部 国家税务总局关于促进创业投资企业发展有关税收政策的通知

财税[2007]31号

各省、自治区、直辖市、计划单列市财政厅（局）、国家税务局、地方税务局，新疆生产建设兵团财务局：

为贯彻国务院《关于印发实施〈国家中长期科学和技术发展规划纲要(2006—2020年)〉若干配套政策的通知》（国发[2006]6号）精神，结合《创业投资企业管理暂行办法》（发展改革委等10部门令第39号，以下简称《办法》），为扶持创业投资企业发展，现就有关税收政策问题通知如下：

一、创业投资企业采取股权投资方式投资于未上市中小高新技术企业2年以上（含2年），凡符合下列条件的，可按其对中小高新技术企业投资额的70%抵扣该创业投资企业的应纳税所得额。

（一）经营范围符合《办法》规定，且工商登记为"创业投资有限责任公司"、"创业投资股份有限公司"等专业性创业投资企业。在2005年11月15日《办法》发布前完成工商登记的，可保留原有工商登记名称，但经营范围须符合《办法》规定。

（二）遵照《办法》规定的条件和程序完成备案程序，经备案管理部门核实，投资运作符合《办法》有关规定。

（三）创业投资企业投资的中小高新技术企业职工人数不超过500人，年销售额不超过2亿元，资产总额不超过2亿元。

（四）创业投资企业申请投资抵扣应纳税所得额时，所投资的中小高新技术企业当年用于高新技术及其产品研究开发经费须占本企业销售额的5%以上（含5%），技术性收入与高新技术产品销售收入的合计须占本企业当年总收入的60%以上（含60%）。

高新技术企业认定和管理办法，按照科技部、财政部、国家税务总局《关于印发〈中国高新技术产品目录2006〉的通知》（国科发计字[2006]370号）、科技部《国家高新技术产业开发区高新技术企业认定条件和办法》（国科发火字[2000]324

号)、《关于国家高新技术产业开发区外高新技术企业认定有关执行规定的通知》(国科发火字〔2000〕120号)等规定执行。

二、创业投资企业按本通知第一条规定计算的应纳税所得额抵扣额,符合抵扣条件并在当年不足抵扣的,可在以后纳税年度逐年延续抵扣。

三、创业投资企业从事股权投资业务的其他所得税事项,按照国家税务总局《关于企业股权投资业务若干所得税问题的通知》(国税发〔2000〕118号)的有关规定执行。

四、创业投资企业申请享受投资抵扣应纳税所得额应向其所在地的主管税务机关报送以下资料:

(一)经备案管理部门核实的创业投资企业投资运作情况等证明材料;

(二)中小高新技术企业投资合同的复印件及实投资金验资证明等相关材料;

(三)中小高新技术企业基本情况,以及省级科技部门出具的高新技术企业认定证书和高新技术项目认定证书的复印件。

五、当地主管税务机关对创业投资企业的申请材料进行汇总审核并签署相关意见后,按备案管理部门的不同层次报上级主管机关:

(一)凡按照《办法》规定在创业投资企业所在地省级(含副省级城市)管理有关部门备案的,报省、自治区、直辖市税务部门,省级财政、税务部门共同审核;

(二)凡按照《办法》规定在国务院有关管理部门备案的,报国家税务总局,财政部和国家税务总局共同审核。

六、财政部、国家税务总局会同有关部门审核公布在国务院有关管理部门备案的享受税收优惠的具体创业投资企业名单。省、自治区、直辖市财政、税务部门会同有关部门审核公布在省级有关管理部门备案的享受税收优惠的具体创业投资企业名单,并报财政部、国家税务总局备案。

七、本通知自2006年1月1日起实施。各级财政、税务等管理部门要及时审核创业投资企业报送的相关资料,认真做好税收优惠政策的贯彻落实工作。

请遵照执行。

财政部　国家税务总局
二〇〇七年二月七日

财政部 科技部关于印发《科技型中小企业创业投资引导基金管理暂行办法》的通知

财企[2007]128号

各省、自治区、直辖市、计划单列市财政厅(局)、科技厅(委、局):

为贯彻《国务院关于实施〈国家中长期科学和技术发展规划纲要(2006—2020年)〉若干配套政策的通知》(国发[2006]6号),支持科技型中小企业自主创新,我们制定了《科技型中小企业创业投资引导基金管理暂行办法》,现印发给你们,请遵照执行。执行中有何问题,请及时向我们反映。

附件:科技型中小企业创业投资引导基金管理暂行办法

中华人民共和国财政部
中华人民共和国科技部
二〇〇七年七月六日

附件：

科技型中小企业创业投资引导基金管理暂行办法

第一章 总 则

第一条 为贯彻《国务院实施〈国家中长期科学和技术发展规划纲要(2006—2020年)〉若干配套政策》(国发[2006]6号)，支持科技型中小企业自主创新，根据《国务院办公厅转发科学技术部财政部关于科技型中小企业技术创新基金的暂行规定的通知》(国办发[1999]47号)，制定本办法。

第二条 科技型中小企业创业投资引导基金(以下简称引导基金)专项用于引导创业投资机构向初创期科技型中小企业投资。

第三条 引导基金的资金来源为，中央财政科技型中小企业技术创新基金；从所支持的创业投资机构回收的资金和社会捐赠的资金。

第四条 引导基金按照项目选择市场化、资金使用公共化、提供服务专业化的原则运作。

第五条 引导基金的引导方式为阶段参股、跟进投资、风险补助和投资保障。

第六条 财政部、科技部聘请专家组成引导基金评审委员会，对引导基金支持的项目进行评审；委托科技部科技型中小企业技术创新基金管理中心(以下简称创新基金管理中心)负责引导基金的日常管理。

第二章 支持对象

第七条 引导基金的支持对象为：在中华人民共和国境内从事创业投资的创业投资企业、创业投资管理企业、具有投资功能的中小企业服务机构(以下统称创业投资机构)，及初创期科技型中小企业。

第八条 本办法所称的创业投资企业，是指具有融资和投资功能，主要从事创业投资活动的公司制企业或有限合伙制企业。申请引导基金支持的创业投资企业应当具备下列条件：

（一）经工商行政管理部门登记；

（二）实收资本（或出资额）在 10000 万元人民币以上，或者出资人首期出资在 3000 万元人民币以上，且承诺在注册后 5 年内总出资额达到 10000 万元人民币以上，所有投资者以货币形式出资；

（三）有明确的投资领域，并对科技型中小企业投资累计 5000 万元以上；

（四）有至少 3 名具备 5 年以上创业投资或相关业务经验的专职高级管理人员；

（五）有至少 3 个对科技型中小企业投资的成功案例，即投资所形成的股权年平均收益率不低于 20%，或股权转让收入高于原始投资 20% 以上；

（六）管理和运作规范，具有严格合理的投资决策程序和风险控制机制；

（七）按照国家企业财务、会计制度规定，有健全的内部财务管理制度和会计核算办法；

（八）不投资于流动性证券、期货、房地产业以及国家政策限制类行业。

第九条 本办法所称的创业投资管理企业，是指由职业投资管理人组建的为投资者提供投资管理服务的公司制企业或有限合伙制企业。申请引导基金支持的创业投资管理企业应具备下列条件：

（一）符合本办法第八条第（一）、第（四）、第（五）、第（六）、第（七）项条件；

（二）实收资本（或出资额）在 100 万元人民币以上；

（三）管理的创业资本在 5000 万元人民币以上。

第十条 本办法所称的具有投资功能的中小企业服务机构，是指主要从事为初创期科技型中小企业提供创业辅导、技术服务和融资服务，且具有投资能力的科技企业孵化器、创业服务中心等中小企业服务机构。申请引导基金支持的中小企业服务机构需具备以下条件：

（一）符合本办法第八条第（五）、第（六）、第（七）项条件；

（二）具有企业或事业法人资格；

（三）有至少 2 名具备 3 年以上创业投资或相关业务经验的专职管理人员；

（四）正在辅导的初创期科技型中小企业不低于 50 家（以签订《服务协议》为准）；

（五）能够向初创期科技型中小企业提供固定的经营场地；

（六）对初创期科技型中小企业的投资或委托管理的投资累计在 500 万元人民币以上。

第十一条 本办法所称的初创期科技型中小企业,是指主要从事高新技术产品研究、开发、生产和服务,成立期限在 5 年以内的非上市公司。享受引导基金支持的初创期科技型中小企业,应当具备下列条件:

(一)具有企业法人资格;

(二)职工人数在 300 人以下,具有大专以上学历的科技人员占职工总数的比例在 30%以上,直接从事研究开发的科技人员占职工总数比例在 10%以上;

(三)年销售额在 3000 万元人民币以下,净资产在 2000 万元人民币以下,每年用于高新技术研究开发的经费占销售额的 5%以上。

第三章 阶段参股

第十二条 阶段参股是指引导基金向创业投资企业进行股权投资,并在约定的期限内退出。主要支持发起设立新的创业投资企业。

第十三条 符合本办法规定条件的创业投资机构作为发起人发起设立新的创业投资企业时,可以申请阶段参股。

第十四条 引导基金的参股比例最高不超过创业投资企业实收资本(或出资额)的 25%,且不能成为第一大股东。

第十五条 引导基金投资形成的股权,其他股东或投资者可以随时购买。自引导基金投入后 3 年内购买的,转让价格为引导基金原始投资额;超过 3 年的,转让价格为引导基金原始投资额与按照转让时中国人民银行公布的 1 年期贷款基准利率计算的收益之和。

第十六条 申请引导基金参股的创业投资企业应当在《投资人协议》和《企业章程》中明确下列事项:

(一)在有受让方的情况下,引导基金可以随时退出;

(二)引导基金参股期限一般不超过 5 年;

(三)在引导基金参股期内,对初创期科技型中小企业的投资总额不低于引导基金出资额的 2 倍;

(四)引导基金不参与日常经营和管理,但对初创期科技型中小企业的投资情况拥有监督权。创新基金管理中心可以组织社会中介机构对创业投资企业进行年度专项审计。创业投资机构未按《投资人协议》和《企业章程》约定向初创期科技型中小企业投资的,引导基金有权退出;

（五）参股创业投资企业发生清算时，按照法律程序清偿债权人的债权后，剩余财产首先清偿引导基金。

第四章 跟进投资

第十七条 跟进投资是指对创业投资机构选定投资的初创期科技型中小企业，引导基金与创业投资机构共同投资。

第十八条 创业投资机构在选定投资项目后或实际完成投资1年内，可以申请跟进投资。

第十九条 引导基金按创业投资机构实际投资额50%以下的比例跟进投资，每个项目不超过300万元人民币。

第二十条 引导基金跟进投资形成的股权委托共同投资的创业投资机构管理。

创新基金管理中心应当与共同投资的创业投资机构签订《股权托管协议》，明确双方的权利、责任、义务、股权退出的条件或时间等。

第二十一条 引导基金按照投资收益的50%向共同投资的创业投资机构支付管理费和效益奖励，剩余的投资收益由引导基金收回。

第二十二条 引导基金投资形成的股权一般在5年内退出。股权退出由共同投资的创业投资机构负责实施。

第二十三条 共同投资的创业投资机构不得先于引导基金退出其在被投资企业的股权。

第五章 风险补助

第二十四条 风险补助是指引导基金对已投资于初创期科技型中小企业的创业投资机构予以一定的补助。

第二十五条 创业投资机构在完成投资后，可以申请风险补助。

第二十六条 引导基金按照最高不超过创业投资机构实际投资额的5%给予风险补助，补助金额最高不超过500万元人民币。

第二十七条 风险补助资金用于弥补创业投资损失。

第六章 投资保障

第二十八条 投资保障是指创业投资机构将正在进行高新技术研发、有投资潜力的初创期科技型中小企业确定为"辅导企业"后,引导基金对"辅导企业"给予资助。

投资保障分两个阶段进行。在创业投资机构与"辅导企业"签订《投资意向书》后,引导基金对"辅导企业"给予投资前资助;在创业投资机构完成投资后,引导基金对"辅导企业"给予投资后资助。

第二十九条 创业投资机构可以与"辅导企业"共同提出投资前资助申请。

第三十条 申请投资前资助的,创业投资机构应当与"辅导企业"签订《投资意向书》,并出具《辅导承诺书》,明确以下事项:

(一)获得引导基金资助后,由创业投资机构向"辅导企业"提供无偿创业辅导的主要内容。辅导期一般为1年,最长不超过2年;

(二)辅导期内"辅导企业"应达到的符合创业投资机构投资的条件;

(三)创业投资机构与"辅导企业"双方违约责任的追究。

第三十一条 符合本办法第三十条规定的,引导基金可以给予"辅导企业"投资前资助,资助金额最高不超过100万元人民币。资助资金主要用于补助"辅导企业"高新技术研发的费用支出。

第三十二条 经过创业辅导,创业投资机构实施投资后,创业投资机构与"辅导企业"可以共同申请投资后资助。引导基金可以根据情况,给予"辅导企业"最高不超过200万元人民币的投资后资助。资助资金主要用于补助"辅导企业"高新技术产品产业化的费用支出。

第三十三条 对辅导期结束未实施投资的,创业投资机构和"辅导企业"应分别提交专项报告,说明原因。对不属于不可抗力而未按《投资意向书》和《辅导承诺书》履约的,由创新基金管理中心依法收回投资前资助资金,并在有关媒体上公布违约的创业投资机构和"辅导企业"名单。

第七章 管理与监督

第三十四条 财政部、科技部履行下列职责:

(一)制订引导基金项目评审规程;

（二）聘请有关专家组成引导基金评审委员会；

（三）根据引导基金评审委员会评审结果，审定所要支持的项目；

（四）指导、监督创新基金管理中心对引导基金的日常管理工作；

（五）委托第三方机构，对引导基金的运作情况进行评估，对获得引导基金支持的创业投资机构的经营业绩进行评价。

第三十五条 引导基金评审委员会履行下列职责：

依据评审标准和评审规程公开、公平、公正地对引导基金项目进行评审

第三十六条 创新基金管理中心履行下列职责：

（一）对申请引导基金的项目进行受理和初审，向引导基金评审委员会提出初审意见；

（二）受财政部、科技部委托，作为引导基金出资人代表，管理引导基金投资形成的股权，负责实施引导基金投资形成的股权退出工作；

（三）监督检查引导基金所支持项目的实施情况，定期向财政部、科技部报告监督检查情况，并对监督检查结果提出处理建议。

第三十七条 经引导基金评审委员会评审的支持项目，在有关媒体上公示，公示期为2周。对公示中发现问题的项目，引导基金不予支持。

第八章　附　则

第三十八条 引导基金项目管理办法由科技部会同财政部另行制定。

第三十九条 本办法由财政部会同科技部负责解释。

财政部 国家发展改革委关于印发《产业技术研究与开发资金试行创业风险投资管理工作规程（试行）》的通知

财建[2007]953号

各省、自治区、直辖市、计划单列市财政厅（局）、发展改革委：

为了做好产业技术研究与开发资金创业风险投资试点工作，加强管理，规范操作，我们起草了《产业技术研究与开发资金试行创业风险投资管理工作规程（试行）》。现予印发，请遵照执行。

财政部 国家发展改革委
二〇〇七年十二月二十日

产业技术研究与开发资金试行创业风险投资管理工作规程(试行)

创业风险投资是引导和支持创新要素向企业集聚,促进科技成果向现实生产力转化的创新措施。为规范产业技术研究与开发资金创业风险投资试点工作,加强资金管理,根据《财政部 国家发展改革委关于产业技术研究与开发资金试行创业风险投资的若干指导意见》(财建[2007]8号,以下简称《指导意见》)精神,现制定工作规程如下:

一、委托管理机构管理创业风险投资

(一)受托管理机构的确定。

创业风险投资由财政部和国家发展改革委(以下简称委托人)委托专业管理机构(以下简称受托管理机构)管理。受托管理机构由委托人通过公开招标方式确定。具体操作程序为:委托人根据《指导意见》规定提出招标条件,并细化为不同分值的评定标准,委托具有政府采购甲级资格的中介公司负责标书拟定、公告、开标、评标等工作;根据招标条件,中介公司从投标单位中遴选出分值高的前两家单位;委托人对这两家单位作进一步考察论证,如符合要求,即将两家单位确定为受托管理机构;如发现问题,则按分值由高到低选择并考察论证后,最终确定两家单位作为受托管理机构,由委托人与受托管理机构签订委托协议。

(二)受托管理机构的调整。

根据工作需要,财政部、国家发展改革委可增加或减少受托管理机构。对不能胜任或不愿继续承担委托工作的受托管理机构,财政部商国家发展改革委同意,可以进行调整。不能胜任条件主要包括:

1. 不再具备《指导意见》规定的资质条件;
2. 依法撤销、解散、宣告破产;
3. 没有将资金纳入专户管理;
4. 不能及时或真实向委托人报告创业风险投资项目情况;
5. 没有按照要求设置专门管理机构,并配备相关管理人才;
6. 管理不善,造成重大损失;
7. 将创业风险投资用于其他项目的担保、贷款质押等可能给托管资产造成

损失的用途;

8. 有违法违规行为。

受托管理机构不再继续承担委托工作,有义务将所有项目的档案资料以及托管资产移交委托人或委托人指定的机构,并协助办理相关法律手续。

二、创业风险投资项目的确定

创业风险投资项目由国家发展改革委会同财政部最终确定,项目推荐渠道两个:一是由各地发展改革委会同财政厅(局)推荐,二是由受托管理机构推荐。在项目确定过程中,相关单位的权利和责任如下:

(一)通过第一种渠道确定的创业风险投资项目。

1. 国家发展改革委和财政部的职责:

(1)根据国家经济、科技发展战略和规划等发布创业风险投资项目申报指南(以下简称申报指南);

(2)组织专家对各地发展改革委和财政厅(局)推荐的项目进行评审,受托管理机构推荐专家参与评审;

(3)将评审通过的项目和有关事项告知受托管理机构;

(4)根据专家评审意见、受托管理机构尽职调查报告及投资协议等,批复投资项目和投资额度等;

(5)根据推荐情况,建立备选的投资项目库。

条件成熟时,国家发展改革委和财政部可在发布创业风险投资项目申报指南后,直接委托受托管理机构开展相关后续工作。

2. 各地发展改革委和财政厅(局)的职责:

按照申报指南、《指导意见》等规定,向国家发展改革委和财政部推荐创业风险投资项目。

3. 受托管理机构的职责:

(1)推荐专家参与国家发展改革委和财政部组织对地方推荐项目的专家评审;

(2)按照委托人的要求,对通过专家评审的项目进行尽职调查。对虚假瞒报等重大情况或发生重大变化的项目,受托管理机构有权向委托人提出投资调整建议;对经核实有投资价值的项目,就入股价格、后续管理等内容与被投资单位协商,并与之签订投资协议,入股价格需经有评估资质单位评估后确认。

(二)通过第二种渠道确定的创业风险投资项目。

1. 国家发展改革委和财政部的职责：

(1)根据国家经济、科技发展战略和规划等公布创业风险投资项目申报指南；

(2)组织专家对受托管理机构推荐的项目进行评审；

(3)根据专家评审意见，批复投资项目和投资额度。

2. 受托管理机构的职责：

(1)根据申报指南等要求，在本机构已经投资或者计划投资的项目中，选择部分项目向国家发展改革委和财政部推荐，其中计划投资的项目，本机构投资需先于国家投资或与国家投资同步到位；

(2)就入股价格、后续管理等内容与项目承担单位协商，并与之签订投资协议。入股价格需经有评估资质单位评估确认。

三、创业风险投资项目的后续管理

受托管理机构受委托人委托，对投资项目进行后续管理，具体职责包括：

(一)按投资额占有股份，向投资企业派遣董事、监事等，参加股东会、董事会、监事会，并依法行使相应的权利；

(二)充分利用自身的资源和创业投资经验为被投资企业提供各种增值服务，帮助企业建立规范的管理制度；

(三)及时跟踪项目进展情况，定期将项目进展情况，以及被投资企业的股本变化、经营情况等向财政部和国家发展改革委报告；

(四)建立专账，单独核算创业风险投资盈亏。

受托管理机构不得将托管资产用于其他项目的担保、贷款质押等可能给托管资产造成损失的用途。擅自将托管资产用于上述方面的，委托人有权终止委托关系；造成损失的，受托管理机构需向委托人支付双倍赔偿。

四、创业风险投资项目的退出

创业风险投资项目通过企业并购、股权回购、股票上市等方式实现退出。

(一)受托管理机构的职责：

1. 对退出时机进行考察；

2. 与受让方就股份转让价格、手续等进行协商，其中通过协议转让的，转让价格需经有评估资质单位评估后确定；

3. 直接将转让股份(含回收的股息、股利)回收的资金缴入指定专户,不得通过中间户过渡;

4. 将退出情况向委托人报告;

5. 接受财政部指令将回收资金以及因特殊原因无法按委托人批准投资协议继续执行项目投资缴回中央财政金库。

(二)财政部的职责:

向受托管理机构发出指令,将已回收进入专户的资金缴回中央财政金库。

五、资金专户及资金流管理

(一)资金专户开设。

受托管理机构需在财政部指定的代理银行范围内开设专户,专门用于投资资金的管理。

(二)资金流管理。

财政部、受托管理机构、开户银行3家签订协议,明确只有接到财政部拨款通知后,方可办理资金拨付手续。具体如下:

1. 财政部负责按照批复的投资项目和额度将资金拨付专户;

2. 受托管理机构负责将退出风险投资项目回收资金、回收的股息股利直接放入专户;

3. 受托管理机构接受财政部拨款指令将资金拨付被投资单位或直接缴回中央财政金库。

六、委托管理费和效益奖励

委托管理机构管理创业风险投资,财政部需支付一定委托费用。委托费用分为两部分,一是日常管理费,二是效益奖励。

(一)日常管理费。

日常管理费由财政部按年向受托管理机构支付,当年支付上年的费用。日常管理费按截至上年12月底已批复累计尚未回收投资额的一定比例,按照超额累退方式核定,具体是:

1. 投资额在2亿元(含)以下,按3%核定;

2. 投资额在2亿~4亿元(含)之间的,按2.5%核定;

3. 投资额超过4亿元的,按2%核定。

(二)效益奖励。

效益奖励由财政部按所有投资项目净收益(弥补亏损后)的20%拨付。具体是：

效益奖励仅在有项目退出年度发生，财政部按退出项目实现收益扣除尚未退出项目亏损后的20%核定并拨付效益奖励，将下一期考核基数按投资额减回收本金计算；实现收益不足以弥补亏损的，不拨付效益奖励，将下一期考核基数按投资额减当期回收金额计算。

七、监督检查

委托人对受托管理机构进行考核和监督。具体包括：

(一)每年3月底前，受托管理机构需将本机构的财务和创业风险投资管理情况报告委托人，报告内容具体包括：

1. 受托管理机构的资产、负债及所有者权益情况；
2. 受托管理机构的经营情况；
3. 创业风险投资规模、投资完成情况；
4. 投资企业经营情况；
5. 创业风险投资的退出和收益情况。

(二)国家发展改革委会同财政部建立创业风险投资项目网上管理系统，通过信息化手段，及时了解项目进展情况。

(三)国家发展改革委会同财政部有选择性对创业风险投资项目进行抽查，核实受托管理机构报告信息的真实性。

国务院办公厅转发发展改革委等部门关于创业投资引导基金规范设立与运作指导意见的通知

国办发[2008]116号

各省、自治区、直辖市人民政府,国务院各部委、各直属机构:

发展改革委、财政部、商务部《关于创业投资引导基金规范设立与运作的指导意见》已经国务院同意,现转发给你们,请认真贯彻执行。

国务院办公厅

二〇〇八年十月十八日

关于创业投资引导基金规范设立与运作的指导意见

发展改革委　财政部　商务部

为贯彻《国务院关于实施〈国家中长期科学和技术发展规划纲要(2006—2020年)〉若干配套政策的通知》(国发〔2006〕6号)精神,配合《创业投资企业管理暂行办法》(发展改革委等十部委令2005年第39号)实施,促进创业投资引导基金(以下简称引导基金)的规范设立与运作,扶持创业投资企业发展,现提出如下意见:

一、引导基金的性质与宗旨

引导基金是由政府设立并按市场化方式运作的政策性基金,主要通过扶持创业投资企业发展,引导社会资金进入创业投资领域。引导基金本身不直接从事创业投资业务。

引导基金的宗旨是发挥财政资金的杠杆放大效应,增加创业投资资本的供给,克服单纯通过市场配置创业投资资本的市场失灵问题。特别是通过鼓励创业投资企业投资处于种子期、起步期等创业早期的企业,弥补一般创业投资企业主要投资于成长期、成熟期和重建企业的不足。

二、引导基金的设立与资金来源

地市级以上人民政府有关部门可以根据创业投资发展的需要和财力状况设立引导基金。其设立程序为:由负责推进创业投资发展的有关部门和财政部门共同提出设立引导基金的可行性方案,报同级人民政府批准后设立。各地应结合本地实际情况制订和不断完善引导基金管理办法,管理办法由财政部门和负责推进创业投资发展的有关部门共同研究提出。

引导基金应以独立事业法人的形式设立,由有关部门任命或派出人员组成的理事会行使决策管理职责,并对外行使引导基金的权益和承担相应义务与责任。

引导基金的资金来源:支持创业投资企业发展的财政性专项资金;引导基金的投资收益与担保收益;闲置资金存放银行或购买国债所得的利息收益;个人、企业或社会机构无偿捐赠的资金等。

三、引导基金的运作原则与方式

引导基金应按照"政府引导、市场运作,科学决策、防范风险"的原则进行投资运作,扶持对象主要是按照《创业投资企业管理暂行办法》规定程序备案的在中国境内设立的各类创业投资企业。在扶持创业投资企业设立与发展的过程中,要创新管理模式,实现政府政策意图和所扶持创业投资企业按市场原则运作的有效结合;要探索建立科学合理的决策、考核机制,有效防范风险,实现引导基金自身的可持续发展;引导基金不用于市场已经充分竞争的领域,不与市场争利。

引导基金的运作方式:(一)参股。引导基金主要通过参股方式,吸引社会资本共同发起设立创业投资企业。(二)融资担保。根据信贷征信机构提供的信用报告,对历史信用记录良好的创业投资企业,可采取提供融资担保方式,支持其通过债权融资增强投资能力。(三)跟进投资或其他方式。产业导向或区域导向较强的引导基金,可探索通过跟进投资或其他方式,支持创业投资企业发展并引导其投资方向。其中,跟进投资仅限于当创业投资企业投资创业早期企业或需要政府重点扶持和鼓励的高新技术等产业领域的创业企业时,引导基金可以按适当股权比例向该创业企业投资,但不得以"跟进投资"之名,直接从事创业投资运作业务,而应发挥商业性创业投资企业发现投资项目、评估投资项目和实施投资管理的作用。

引导基金所扶持的创业投资企业,应当在其公司章程或有限合伙协议等法律文件中,规定以一定比例资金投资于创业早期企业或需要政府重点扶持和鼓励的高新技术等产业领域的创业企业。引导基金应当监督所扶持创业投资企业按照规定的投资方向进行投资运作,但不干预所扶持创业投资企业的日常管理。引导基金不担任所扶持公司型创业投资企业的受托管理机构或有限合伙型创业投资企业的普通合伙人,不参与投资设立创业投资管理企业。

四、引导基金的管理

引导基金应当遵照国家有关预算和财务管理制度的规定,建立完善的内部管理制度和外部监管与监督制度。引导基金可以专设管理机构负责引导基金的日常管理与运作事务,也可委托符合资质条件的管理机构负责引导基金的日常管理与运作事务。

引导基金受托管理机构应当符合下列资质条件:(1)具有独立法人资格;(2)其管理团队具有一定的从业经验,具有较高的政策水平和管理水平;(3)最近3年以上持续保持良好的财务状况;(4)没有受过行政主管机关或者司法机关重大处罚的不良纪录;(5)严格按委托协议管理引导基金资产。

引导基金应当设立独立的评审委员会,对引导基金支持方案进行独立评审,以确保引导基金决策的民主性和科学性。评审委员会成员由政府有关部门、创业投资行业自律组织的代表以及社会专家组成,成员人数应当为单数。其中,创业投资行业自律组织的代表和社会专家不得少于半数。引导基金拟扶持项目单位的人员不得作为评审委员会成员参与对拟扶持项目的评审。引导基金理事会根据评审委员会的评审结果,对拟扶持项目进行决策。

引导基金应当建立项目公示制度,接受社会对引导基金的监督,确保引导基金运作的公开性。

五、对引导基金的监管与指导

引导基金纳入公共财政考核评价体系。财政部门和负责推进创业投资发展的有关部门对所设立引导基金实施监管与指导,按照公共性原则,对引导基金建立有效的绩效考核制度,定期对引导基金政策目标、政策效果及其资产情况进行评估。

引导基金理事会应当定期向财政部门和负责推进创业投资发展的有关部门报告运作情况。运作过程中的重大事件及时报告。

六、引导基金的风险控制

应通过制订引导基金章程,明确引导基金运作、决策及管理的具体程序和规定,以及申请引导基金扶持的相关条件。申请引导基金扶持的创业投资企业,应当建立健全业绩激励机制和风险约束机制,其高级管理人员或其管理顾问机构的高级管理人员应当已经取得良好管理业绩。

引导基金章程应当具体规定引导基金对单个创业投资企业的支持额度以及风险控制制度。以参股方式发起设立创业投资企业的,可在符合相关法律法规规定的前提下,事先通过公司章程或有限合伙协议约定引导基金的优先分配权和优先清偿权,以最大限度控制引导基金的资产风险。以提供融资担保方式和跟进投资方式支持创业投资企业的,引导基金应加强对所支持创业投资企业的资金使用监管,防范财务风险。

引导基金不得用于从事贷款或股票、期货、房地产、基金、企业债券、金融衍生品等投资以及用于赞助、捐赠等支出。闲置资金只能存放银行或购买国债。

引导基金的闲置资金以及投资形成的各种资产及权益,应当按照国家有关财务规章制度进行管理。引导基金投资形成股权的退出,应按照公共财政的原则和引导基金的运作要求,确定退出方式及退出价格。

七、指导意见的组织实施

本指导意见发布后,新设立的引导基金应遵循本指导意见进行设立和运作,已设立的引导基金应按照本指导意见逐步规范运作。

财政部 国资委 证监会 社保基金会关于印发《境内证券市场转持部分国有股充实全国社会保障基金实施办法》的通知

财企[2009]94号

国务院有关部门、直属机构,各省(自治区、直辖市、计划单列市)财政厅(局)、国有资产监督管理委员会(办公室),中国证券登记结算有限责任公司,有关国有股东、上市公司:

经国务院批准,现将《境内证券市场转持部分国有股充实全国社会保障基金实施办法》印发给你们,请认真贯彻执行。

财政部 国资委 证监会 社保基金会
二〇〇九年六月十九日

境内证券市场转持部分国有股充实全国社会保障基金实施办法

第一章 总 则

第一条 按照中央关于多渠道筹集社会保障基金的决定精神,根据国务院关于在境内证券市场实施国有股转持的有关政策,制定本办法。

第二条 本办法所称国有股东是指经国有资产监督管理机构确认的国有股东。

第三条 本办法所称国有资产监督管理机构,是指代表国务院和省级以上(含计划单列市)人民政府履行出资人职责、负责监督管理企业国有资产的特设机构和负责监督管理金融类企业国有资产的各级财政部门。

第四条 本办法所称国有股是指国有股东持有的上市公司股份。

第五条 本办法所称国有股转持是指股份有限公司首次公开发行股票并上市时,按实际发行股份数量的10%,将上市公司部分国有股转由全国社会保障基金理事会(以下简称社保基金会)持有。

第二章 转持范围、比例和方式

第六条 股权分置改革新老划断后,凡在境内证券市场首次公开发行股票并上市的含国有股的股份有限公司,除国务院另有规定的,均须按首次公开发行时实际发行股份数量的10%,将股份有限公司部分国有股转由社保基金会持有,国有股东持股数量少于应转持股份数量的,按实际持股数量转持。

第七条 股权分置改革新老划断后至本办法颁布前首次公开发行股票并上市的股份有限公司,由经国有资产监督管理机构确认的上市前国有股东承担转持义务。经确认的国有股东在履行转持义务前已发生股份转让的,须按其承担的转持义务以上缴资金等方式替代转持国有股。

第八条 本办法颁布后首次公开发行股票并上市的股份有限公司,由经国有资产监督管理机构确认的国有股东承担转持义务。

第九条 混合所有制的国有股东,由该类国有股东的国有出资人按其持股比例乘以该类国有股东应转持的权益额,履行转持义务。具体方式包括:在取得国有股东各出资人或各股东一致意见后,直接转持国有股,并由该国有股东的国有出资人对非国有出资人给予相应补偿;或者由该国有股东的国有出资人以分红或自有资金一次或分次上缴中央金库。

第十条 对符合直接转持股份条件,但根据国家相关规定需要保持国有控股地位的,经国有资产监督管理机构批准,允许国有股东在确保资金及时、足额上缴中央金库情况下,采取包括但不限于以分红或自有资金等方式履行转持义务。

第三章 转持程序

第十一条 股权分置改革新老划断后至本办法颁布前首次公开发行股票并上市的股份有限公司的转持程序:

1. 国有资产监督管理机构根据现有资料对转持公司中的国有股东身份和转持股份数量进行初步核定,并由财政部、国务院国资委、中国证券监督管理委员会(以下简称证监会)和社保基金会将上市公司名称、国有股东名称及应转持股份数量等内容向社会联合公告。应转持股份自公告之日起予以冻结。

2. 国有股东对转持公告如有疑义,应在公告发布后 30 个工作日内向国有资产监督管理机构反馈意见,由国有资产监督管理机构予以重新核定。

3. 对于以转持股份形式履行转持义务的,国有资产监督管理机构向中国证券登记结算有限责任公司(以下简称中国结算公司)下达国有股转持通知,并抄送社保基金会。中国结算公司在收到国有股转持通知后 15 个工作日内,将各国有股东应转持股份,变更登记到社保基金会转持股票账户。

对于以上缴资金方式履行转持义务的,国有股东应及时足额就地上缴中央金库,凭一般缴款书(复印件)到中国结算公司办理股份解冻手续。

4. 国有股东在国有股转持程序完成后 30 个工作日内,应将转持股份情况,或以其他方式履行转持义务情况以及一般缴款书(复印件)等有关文件报国有资产监督管理机构备案,并抄送财政部和社保基金会。

第十二条 本办法颁布后首次公开发行股票并上市的股份有限公司的转持程序:

1. 首次公开发行股票并上市的股份有限公司的第一大国有股东向国有资产

监督管理机构申请确认国有股东身份和转持股份数量。国有资产监督管理机构确认后,出具国有股转持批复,并抄送社保基金会和中国结算公司。国有股转持批复应要求国有股东向社保基金会作出转持承诺,并载明各国有股东转持股份数量或上缴资金数量等内容。该批复应作为股份有限公司申请首次公开发行股票并上市的必备文件。

2. 对于以转持股份形式履行转持义务的,中国结算公司在收到国有股转持批复后、首次公开发行股票上市前,将各国有股东应转持股份,变更登记到社保基金会转持股票账户。对于以上缴资金方式履行转持义务的,国有股东须按国有股转持批复的要求,及时足额就地上缴到中央金库。

3. 国有股东在国有股转持工作完成后 30 个工作日内将转持股份情况,或以其他方式履行转持义务情况以及一般缴款书(复印件)等有关文件报国有资产监督管理机构备案,并抄送财政部和社保基金会。

第四章 转持股份的管理和处置

第十三条 转由社保基金会持有的境内上市公司国有股,社保基金会承继原国有股东的禁售期义务。对股权分置改革新老划断至本办法颁布前首次公开发行股票并上市的股份有限公司转持的股份,社保基金会在承继原国有股东的法定和自愿承诺禁售期基础上,再将禁售期延长三年。

第十四条 社保基金会转持国有股后,享有转持股份的收益权和处置权,不干预上市公司日常经营管理。

第十五条 国有股转持给社保基金会和资金上缴中央金库后,相关国有单位核减国有权益,依次冲减未分配利润、盈余公积金、资本公积金和实收资本,并做好相应国有资产产权变动登记工作。对于转持股份,社保基金以发行价入账,并纳入基金总资产统一核算。对国有股东替代转持上缴中央金库的资金,财政部应及时拨入社保基金账户。

第十六条 财政部负责对转持国有股充实全国社保基金的财务管理实施监管。财政部可委托专业中介机构定期对社保基金会转持国有股的运营情况进行审计。

第十七条 社保基金会应设立专门账户用于接收转持股份,按本办法转持国有股以及转持股份在社保基金各账户之间转账,免征过户费。

第十八条 国有股转持过程中涉及的信息披露事项,由相关方依照有关法律法规处理。

第五章 附 则

第十九条 本办法由财政部商有关部门负责解释。

第二十条 境外上市公司减转持工作仍按现有相关规定执行。

第二十一条 本办法自颁布之日起施行。

商务部关于外商投资创业投资企业、创业投资管理企业审批事项的通知

商资函[2009]9号

各省、自治区、直辖市、计划单列市、哈尔滨、长春、沈阳、济南、南京、杭州、广州、武汉、成都、西安、新疆生产建设兵团商务主管部门,国家级经济技术开发区:

为进一步转变政府职能,规范外商投资审批工作,提高工作效率,现就外商投资创业投资领域审核管理事项通知如下:

一、资本总额1亿美元以下的(含1亿美元)外商投资创业投资企业、外商投资创业投资管理企业的设立及变更由省、自治区、直辖市、计划单列市、哈尔滨、长春、沈阳、济南、南京、杭州、广州、武汉、成都、西安、新疆生产建设兵团商务主管部门(以下简称省级商务主管部门)和国家级经济技术开发区依法负责审核、管理。

二、省级商务主管部门和国家级经济技术开发区应严格按照《外商投资创业投资企业管理规定》及国家有关法律法规和相关政策要求审核,在收到全部上报材料之日起30天内做出批准或不批准的书面决定。对于设立外商投资创业投资企业的申请,应书面征求同级科学技术管理部门意见。予以批准的,省级商务主管部门和国家级经济技术开发区颁发外商投资企业批准证书,填写《外商投资创业投资企业情况备案表》(见附件),并通过外商投资企业审批管理系统一并即时向商务部备案。

三、商务部批准设立的外商投资创业投资企业、外商投资创业投资管理企业后续变更事项(外商投资创业投资企业单次增资超过1亿美元和必备投资者变更的除外),由省级商务主管部门和国家级经济技术开发区审批。

四、省级商务主管部门和国家级经济技术开发区不得再行下放其他地方部门审批,且应及时将审核管理过程中出现的问题上报商务部,如有违规审批行为,商务部将视情况给予通报批评甚至收回审核、管理权限。

五、创投企业应于每年3月份填写《外商投资创业投资企业情况备案表》,将上一年度的资金筹集和使用等情况报省级商务主管部门和国家级经济技术开发

区。省级商务主管部门和国家级经济技术开发区应出具备案证明,作为创投企业参加联合年检的审核材料之一。省级商务主管部门和国家级经济技术开发区应于5月份将情况汇总报商务部。

六、本通知自发布之日起执行。

特此通知。

附件:外商投资创业投资企业情况备案表(略)

中华人民共和国商务部
二〇〇九年三月五日

科学技术部关于外商投资创业投资企业创业投资管理企业审批有关事项的通知

国科发财[2009]140号

各省、自治区、直辖市及计划单列市、新疆生产建设兵团、副省级城市科技厅(委、局):

根据《外商投资创业投资企业管理规定》和商务部《关于外商投资创业投资企业、创业投资管理企业审批事项的通知》(商资函[2009]9号),为进一步规范外商投资创业投资企业管理,提高工作效率,引导和鼓励外商投资创业投资企业投资于国家鼓励发展的高新技术产业领域,现就有关外商投资创业投资企业、创业投资管理企业审批事宜提出以下要求:

一、对于总投资在1亿美元以下的(含1亿美元)外商投资创业投资企业、外商投资创业投资管理企业的设立及变更由省、自治区、直辖市、计划单列市、新疆生产建设兵团、哈尔滨、长春、沈阳、济南、南京、杭州、广州、武汉、成都、西安商务部门(以下简称省级商务主管部门)和国家经济技术开发区依法负责审核、管理。对于设立外商投资创业投资企业的申请,省级商务主管部门和国家经济技术开发区将书面征求同级科技部门的意见。

二、各级科技部门要本着积极的态度,重视外商投资创业投资企业工作。要指定专门处室和人员负责相关工作,并与商务主管部门建立合作协调机制。

三、科技部门在收到商务部门来函和申报资料后,重点把握拟设立的外商投资创业投资企业、外商投资创业投资管理企业的投资方向、主要领域、投资对象、投资阶段以及管理团队以往对科技领域的投资经历等内容。具体回复意见格式和程序由科技部门与商务部门协商确定。科技部门应在5个工作日内向商务部门反馈书面意见。

四、科技部门要会同商务部门做好对外商投资创业投资企业、外商投资创业投资管理企业的服务工作,引导其加大对国家、地方鼓励发展的高新技术产业领域以及处于初创期、成长期的科技型中小企业投资力度。外商投资创业投资企业、外商投资创业投资管理企业的投资情况纳入全国创业投资机构调查统计范围。

五、请各地方科技部门将负责上述工作的机构和人员名称、联系电话(手机)、传真、通信地址、邮箱于 2009 年 3 月 31 日前通过电子邮件发送至我部科研条件与财务司科技金融处。

联系人:沈文京

电　　话:010－58881686

邮　　箱:shenwj@most.cn

附件:商务部关于外商投资创业投资企业、创业投资管理企业审批事项的通知(略)

http://www.most.gov.cn/tztg/200903/W020090331600505954958.doc

外商投资创业投资企业情况备案表(略)

http://www.most.gov.cn/tztg/200903/W020090331600505955039.xls

科学技术部

二〇〇九年三月三十日

国家税务总局关于实施创业投资企业所得税优惠问题的通知

国税发[2009]87号

各省、自治区、直辖市和计划单列市国家税务局、地方税务局：

为落实创业投资企业所得税优惠政策，促进创业投资企业的发展，根据《中华人民共和国企业所得税法》及其实施条例等有关规定，现就创业投资企业所得税优惠的有关问题通知如下：

一、创业投资企业是指依照《创业投资企业管理暂行办法》（国家发展和改革委员会等10部委令2005年第39号，以下简称《暂行办法》）和《外商投资创业投资企业管理规定》（商务部等5部委令2003年第2号）在中华人民共和国境内设立的专门从事创业投资活动的企业或其他经济组织。

二、创业投资企业采取股权投资方式投资于未上市的中小高新技术企业2年（24个月）以上，凡符合以下条件的，可以按照其对中小高新技术企业投资额的70%，在股权持有满2年的当年抵扣该创业投资企业的应纳税所得额；当年不足抵扣的，可以在以后纳税年度结转抵扣。

（一）经营范围符合《暂行办法》规定，且工商登记为"创业投资有限责任公司"、"创业投资股份有限公司"等专业性法人创业投资企业。

（二）按照《暂行办法》规定的条件和程序完成备案，经备案管理部门年度检查核实，投资运作符合《暂行办法》的有关规定。

（三）创业投资企业投资的中小高新技术企业，除应按照科技部、财政部、国家税务总局《关于印发〈高新技术企业认定管理办法〉的通知》（国科发火〔2008〕172号）和《关于印发〈高新技术企业认定管理工作指引〉的通知》（国科发火〔2008〕362号）的规定，通过高新技术企业认定以外，还应符合职工人数不超过500人，年销售（营业）额不超过2亿元，资产总额不超过2亿元的条件。

2007年底前按原有规定取得高新技术企业资格的中小高新技术企业，且在2008年继续符合新的高新技术企业标准的，向其投资满24个月的计算，可自创业投资企业实际向其投资的时间起计算。

（四）财政部、国家税务总局规定的其他条件。

三、中小企业接受创业投资之后，经认定符合高新技术企业标准的，应自其被认定为高新技术企业的年度起，计算创业投资企业的投资期限。该期限内中小企业接受创业投资后，企业规模超过中小企业标准，但仍符合高新技术企业标准的，不影响创业投资企业享受有关税收优惠。

四、创业投资企业申请享受投资抵扣应纳税所得额，应在其报送申请投资抵扣应纳税所得额年度纳税申报表以前，向主管税务机关报送以下资料备案：

（一）经备案管理部门核实后出具的年检合格通知书（副本）；

（二）关于创业投资企业投资运作情况的说明；

（三）中小高新技术企业投资合同或章程的复印件、实际所投资金验资报告等相关材料；

（四）中小高新技术企业基本情况（包括企业职工人数、年销售（营业）额、资产总额等）说明；

（五）由省、自治区、直辖市和计划单列市高新技术企业认定管理机构出具的中小高新技术企业有效的高新技术企业证书（复印件）。

五、本通知自 2008 年 1 月 1 日起执行。

国家税务总局
二〇〇九年四月三十日

国家发展和改革委关于加强创业投资企业备案管理和严格规范创业投资企业募资行为的通知

发改财金[2009]1827号

有关省、自治区、直辖市及计划单列市、副省级省会城市发展改革委,福建省经贸委,深圳市科技局:

《创业投资企业管理暂行办法》(国家发展改革委等十部委令[2005]第39号,以下简称《办法》)自2006年3月1日实施以来,各级创投企业备案管理部门认真履行职责,为促进创投企业规范健康发展发挥了积极作用。但是,近期市场出现了一些以"募集有限合伙基金"和"从事代理业务"等名义开展非法集资活动的苗头,个别备案创业投资企业也陷入其中。为加强对备案创业投资企业的监管,严格规范其募资行为,现根据《办法》规定,就有关事项通知如下:

一、严格把握备案条件

备案管理部门应当遵照《办法》有关规定,严格把握备案条件。对存在下列问题的创业投资企业,一律不予备案:

(一)经营范围不符合《办法》第十二条规定。

(二)实收资本与承诺资本未达到《办法》第九条第三项规定的最低要求或出资不实。

(三)投资者人数超过《中华人民共和国公司法》、《中华人民共和国合伙企业法》及《办法》第九条第四项规定的上限;或单个投资者对创业投资企业的投资不足100万元人民币;或多个投资者以某一个投资者名义代持创业投资企业股份或份额。

(四)不具备《办法》第九条第五项规定的高管人员人数与资质。

对不符合《办法》规定条件而已予备案的,应责令其在30个工作日内改正;逾期未改正的,应当取消备案。

二、规范代理业务

备案创业投资企业应当严格按照《办法》第十二条规定的经营范围专业从事创业投资业务,不得以"代理"等名义开展任何形式的非法募资活动。在按照《办法》第十二条第二项规定代理其他创业投资企业等机构或个人的创业投资业务时,应当符合下列要求:

(一)对单一机构或个人的单笔代理金额不得低于1000万元。

(二)按照《民法通则》有关规定,由委托方对所代理资产行使所有权并承担相应责任。

(三)不得承诺固定收益。

(四)不得面向不特定对象,通过发布广告(包括在创业投资企业自己的网站,在社区张贴布告,在商业银行、证券公司、信托投资公司等机构的柜台投放招募说明书)和举办研讨会、讲座及其他变相公开方式进行推介。

备案管理部门发现备案创业投资企业在开展代理业务时违背上述任何要求之一的,均应责令其在30个工作日内改正;逾期未改正的,应当取消备案。对其中涉嫌非法集资活动的,应当及时通报当地处置非法集资牵头部门。被有关部门认定为"非法集资"的,备案管理部门应当立即取消其备案资格。

三、建立取消备案创业投资企业信息披露制度

对取消备案的创业投资企业,备案管理部门应在机关网站的创业投资企业备案网页上公告其基本信息和当事人及高管人员名单,并抄报国务院备案管理部门,由国务院备案管理部门在机关网站的创业投资企业备案网页上公告。

四、加强不定期抽查

备案管理部门应当按照《办法》第二十七条规定,在认真做好对备案创业投资企业及其管理顾问机构的年度检查工作的同时,通过不定期抽查,加强对备案创业投资企业的监管。每季度对备案创业投资企业的抽查比例不得低于10%。

五、建立季度报告制度

省级(含副省级)备案管理部门应当按照《办法》第二十八条规定,及时向国务院备案管理部门报告所辖地区创业投资企业的备案管理情况。除应于每个会计

年度结束后的6个月内向国务院备案管理部门提交本地区创业投资发展年度报告外,还应在每个季度末过后的5个工作日内,向国务院备案管理部门提交下列材料:

(一)《备案创业投资企业基本情况表》电子文本。

(二)《备案创业投资企业所管理资产情况表》电子文本。

(三)上个季度新备案创业投资企业备案通知书及备案申请材料的纸质复印件或电子文本。

(四)上个季度备案创业投资企业按照《办法》第二十六条规定所报告的投资运作重大事件和通过不定期抽查发现的投资运作重大问题的汇总材料电子文本。

出现取消备案情形的,应当自取消备案之日起的5个工作日内,向国务院备案管理部门报送《取消备案创业投资企业基本情况表》电子文本。

本通知自下发之日起实施。对备案创业投资管理顾问企业的备案管理及对其募资行为的规范,按照《办法》有关规定并参照本通知执行。

各省级(含副省级)备案管理部门在今年8月末以前,对备案创业投资企业募资活动遵守有关规定的情况,集中开展一次专项检查,并将检查结果报我委。

附表:一、《备案创业投资企业基本情况表》(略)
　　　二、《备案创业投资企业所管理资产情况表》(略)
　　　三、《取消备案创业投资企业基本情况表》(略)

国家发展改革委
二〇〇九年七月十日

国家发展改革委 财政部关于实施新兴产业创投计划、开展产业技术研究与开发资金参股设立创业投资基金试点工作的通知

发改高技[2009]2743号

国务院有关部门,各省、自治区、直辖市及计划单列市发展改革委,财政厅(局),有关受托管理机构,有关单位:

为贯彻党中央、国务院关于发展新兴战略性产业的战略部署,提升自主创新能力,推动产业结构调整,抢占后金融危机时代经济科技制高点,根据《国务院办公厅转发发展改革委等部门关于促进自主创新成果产业化若干政策的通知》(国办发[2008]128号)、《国务院办公厅转发发展改革委等部门关于创业投资引导基金规范设立与运作指导意见的通知》(国办发[2008]116号)精神,国家发展改革委、财政部决定实施新兴产业创投计划,扩大产业技术研发资金创业投资试点,推动利用国家产业技术研发资金,联合地方政府资金,参股设立创业投资基金(即创业投资企业)试点工作。现将有关事项通知如下:

一、指导原则

(一)政府引导。发挥政府资金的引导和杠杆作用,推动创业投资发展,引导社会资本投向高新技术产业,促进自主创新成果产业化,培育新兴战略性产业。

(二)市场运作。政府资金与社会资金按照商业规则共同发起设立创业投资基金,基金以市场化方式独立运作,政府不干预基金正常的经营管理。

(三)规范管理。基金委托具有专业背景的管理机构按照章程规范运作。基金中的国家出资部分按照公共财政原则,健全业绩激励和风险约束机制,实现滚动发展。

(四)支持创新。克服单纯通过市场配置资源的市场失灵问题,引导创业投资投向初创期、成长期创新型企业和高成长性企业,支持自主创新和创业。

二、参股设立基金的基本要求

(一)基金的投资导向

参股设立的基金要符合国家鼓励发展的高新技术产业导向,具有鲜明的产业特点和区域优势。基金要以一定比例投资于早中期企业,鼓励参股设立主要投资于初创期企业的天使基金。基金的投资导向要在其章程或有限合伙协议中明确体现,并在运作过程中切实落实。

(二)基金的管理机构

参股设立的基金应委托专业管理机构进行管理,基金管理机构应具有良好的管理业绩,固定的营业场所和与业务相适应的软硬件设施,健全的内部管理制度,以及创业投资项目管理和风险控制流程。基金管理机构至少有3名具备2年以上创业投资或相关业务经验的管理人员,管理团队至少有对3个以上创业企业的投资经验。

(三)基金的资金构成及规模

参股设立的基金由国家资金、地方政府资金及社会募集资金构成,以社会投资为主,包括各类投资机构、大型企业、境外投资者及管理团队等。每只基金规模原则上不少于2.5亿元,国家资金参股比例原则上不超过20%,且不控股。地方政府参股资金规模原则上不低于国家资金。社会募集资金比例应大于60%。对于参股设立的天使基金,国家资金参股比例可适当放大。

(四)基金的治理结构

基金应当依据国家有关法律法规规范设立和运作,并按照《创业投资企业管理暂行办法》的规定进行备案,接受管理部门的监管。基金应建立投资决策、专家顾问、风险控制及评估制度等规范运作的管理模式。

(五)基金的清算

基金存续期结束后按照市场规则进行清算。对投资回报较高、产业推动效应明显的基金,鼓励设立后续基金,支持滚动发展。由于各种原因基金需提前清算的,依法律规定按照章程的约定进行清算。

三、国家出资的权益和管理

(一)国家资金的委托管理

基金中国家出资部分由财政部和国家发展改革委委托有关专业管理机构管

理。受托管理机构不得干预基金正常的经营管理,以出资额为限对基金行使股东权力。受托管理机构对受托资金专设托管账户管理,定期向财政部和国家发展改革委报告基金运行状况。国家发展改革委和财政部可委托地方政府和受托管理机构监督基金重大事项的决策,保证政策目标落实。

(二)国家资金的批复和拨付

按照参股设立基金的投资导向、出资结构等指导性要求,基金管理团队和股东研究提出基金设立方案和章程,并落实资金。基金设立的基本条件成熟后,由省级发展改革委会同财政厅(局)向国家发展改革委和财政部上报基金方案和基金章程,并提出申请国家投资的资金额度。国家发展改革委和财政部复核确认基金章程、出资金额及受托管理机构,并将资金拨付受托管理机构托管账户。受托管理机构按照基金章程约定的资金到位条件和程序拨付国家资金。

(三)国家资金的退出

基金存续期结束后,国家资金由受托管理机构按照章程约定直接收回托管账户。基金未能正常清算的,国家资金权益由受托管理机构代为履行相关法律手续。在有受让方的情况下,经国家发展改革委、财政部批准后,国家资金可协议退出基金,退出时其转让价格由双方按协议确定。

以出让或基金清算方式退出的国家资金(含本金及形成的收益)直接收回托管账户,由受托管理机构代管。国家投资形成的股权待国家高技术创业投资引导基金成立后,全部转入引导基金。

(四)国家资金的权益和奖励

国家资金除在基金章程中规定的条款外,不要求优于其他社会股东的额外优惠条款。国家资金与地方政府资金同进同出。

国家资金与地方政府资金、社会资金共同按创业投资基金章程规定支付基金管理机构管理费用(一般按照每年1.5%~2.5%),并将部分基金增值收益(一般为20%左右)奖励基金管理机构,每只基金的具体管理费用和奖励标准按照基金章程确定。为体现国家资金的政策导向和考核机制,也可考虑国家资金不支付每年的管理费用,同时将50%的基金增值收益让渡于基金管理机构。对于参股设立的天使基金,国家资金可给予更大的让利幅度。基金的管理费用由基金公司直接支付给基金管理机构,财政部不再另行列支管理费用。

(五)国家资金管理和考核原则

按照《国务院办公厅转发发展改革委等部门关于创业投资引导基金规范设立

与运作指导意见的通知》(国办发[2008]116号)的精神,参股设立创业投资基金试点中的国家资金纳入公共财政考核评价体系。财政部、国家发展改革委将加强对国家投资的监管和指导,按照公共性原则,对基金建立绩效考核制度,定期对基金的政策效果进行考核评估。

各省(区、市)可结合本地实际,研究提出与国家资金共同参股设立创业投资基金的产业领域和具体方案,落实地方政府出资,配合国家发展改革委和财政部共同做好基金的设立和管理工作,探索财政资金支持创业投资发展的有效机制。同时,在工商登记、税收、投资、人才、营业场所等方面加大支持力度,加快建立有利于创业投资发展的良好政策环境。

国家发展改革委
财　政　部
二〇〇九年十月二十九日

财政部 国资委 证监会 社保基金会关于豁免国有创业投资机构和国有创业投资引导基金国有股转持义务有关问题的通知

财企〔2010〕278号

国务院有关部委,有关直属机构,各省、自治区、直辖市、计划单列市财政厅(局)、国资委(局),中国证券登记结算有限责任公司,有关国有创业投资机构、国有创业投资引导基金:

《财政部国资委证监会社保基金会关于印发〈境内证券市场转持部分国有股充实全国社会保障基金实施办法〉的通知》(财企〔2009〕94号)规定,股权分置改革新老划断后,凡在境内证券市场首次公开发行股票并上市的含国有股的股份有限公司,除国务院另有规定的,均须按首次公开发行时实际发行股份数量的10%,将股份有限公司部分国有股转由社保基金会持有,国有股东持股数量少于应转持股份数量的,按实际持股数量转持。

为进一步提高国有资本从事创业投资的积极性,鼓励和引导国有创业投资机构加大对中早期项目的投资,促进我国创业投资事业的发展和科技创新目标的实现,经国务院批准,符合条件的国有创业投资机构和国有创业投资引导基金,投资于未上市中小企业形成的国有股,可申请豁免国有股转持义务。现将有关事项通知如下:

一、资质条件

(一)豁免国有股转持义务的国有创业投资机构应当符合下列条件:

1. 经营范围符合《创业投资企业管理暂行办法》(发展改革委等10部门令第39号,以下简称《办法》)规定,且工商登记名称中注有"创业投资"字样。在2005年11月15日《办法》发布前完成工商登记的,可保留原有工商登记名称,但经营范围须符合《办法》规定。

2. 遵照《办法》规定的条件和程序完成备案,经备案管理部门年度检查核实,投资运作符合《办法》有关规定。

(二)豁免国有股转持义务的国有创业投资引导基金应当为按照《关于创业投资引导基金规范设立与运作的指导意见》(国办发〔2008〕116号)规定,规范设立并运作的国有创业投资引导基金。

(三)本通知所称未上市中小企业,应当同时符合下列条件:

1. 职工人数不超过500人。
2. 年销售(营业额)不超过2亿元。
3. 资产总额不超过2亿元。

上述条件按照国有创业投资机构和国有创业投资引导基金初始投资行为发生时被投资企业的规模确定。

二、申报资料

国有创业投资机构或国有创业投资引导基金申请豁免国有股转持义务,应当提供以下资料:

(一)申请报告。

(二)国有创业投资机构按照《创业投资企业管理暂行办法》完成备案及年检的证明文件,国有创业投资引导基金按照《关于创业投资引导基金规范设立与运作的指导意见》规范设立并运作的具体说明。

(三)经会计师事务所审计的被投资企业在国有创业投资机构或国有创业投资引导基金初始投资发生时上一年度的会计报表。

(四)由被投资企业所在地劳动和社会保障部门出具的被投资企业在国有创业投资机构或国有创业投资引导基金初始投资发生时上一年度末职工人数的证明。

(五)其他说明材料。

三、办理程序

被投资企业拟首次公开发行股票并上市前,符合条件的国有创业投资机构或国有创业投资引导基金直接向财政部提出豁免国有股转持义务申请。财政部经审核后出具豁免国有股转持义务的批复文件,并抄送国资委、证监会、社保基金会和相关省(自治区、直辖市、计划单列市)国有资产监督管理机构、财政部门。若被投资企业有其他国有股东,需省级或省级以上国有资产管理机构出具国有股转持批复的,已豁免国有股转持额度在应转持总额度中扣除。

　　已按《境内证券市场转持部分国有股充实全国社会保障基金实施办法》实施国有股转持的,符合条件的国有创业投资机构或国有创业投资引导基金直接向财政部提出国有股回拨申请。财政部会同社保基金会复核后向中国证券登记结算有限责任公司(以下简称中国结算公司)下达国有股回拨通知,并抄送国资委、证监会、社保基金会和相关省(自治区、直辖市、计划单列市)国有资产监督管理机构、财政部门。中国结算公司在收到国有股回拨通知后15个工作日内,将已转持国有股,由社保基金会转持股票账户变更登记到国有创业投资机构或国有创业投资引导基金开设的股票账户。

财政部　国资委　证监会　社保基金会
二○一○年十月十三日

财政部关于豁免国有创业投资机构和国有创业投资引导基金国有股转持义务有关审核问题的通知

财企[2011]14号

国务院有关部委,有关直属机构,各省、自治区、直辖市、计划单列市财政厅(局)、国资委(局),中国证券登记结算有限责任公司,有关国有创业投资机构、国有创业投资引导基金:

根据《财政部国资委证监会社保基金会关于豁免国有创业投资机构和国有创业投资引导基金国有股转持义务有关问题的通知》(财企[2010]278号),我部负责审核国有创业投资机构(以下简称创投机构)和国有创业投资引导基金(以下简称引导基金)提出的豁免国有股转持义务申请。经商国资委、证监会、社保基金会、发展改革委,现就审核中涉及的有关问题补充通知如下:

一、创投机构备案及年检要求

创投机构应遵照《创业投资企业管理暂行办法》(发展改革委等10部门令第39号)规定的条件和程序完成备案,且最近一年必须通过备案管理部门的年度检查(申请豁免转持义务当年新备案的国有创业投资机构除外)。

二、投资时点确认

创投机构投资于未上市中小企业,其投资时点以创投机构投资后,被投资企业取得工商行政管理部门核发的法人营业执照或工商核准变更登记通知书的日期为准。同一创投机构对未上市中小企业进行多轮投资的,第一次投资为初始投资,其后续投资均按初始投资的时点进行确认。

三、被投资企业规模认定

被投资企业规模按照创投机构初始投资时点之上一年度末的相关指标进行

认定。职工人数由被投资企业所在地县级以上劳动和社会保障部门或社会保险基金管理单位核定;年销售(营业额)和资产总额均须以会计师事务所审计的年度合并会计报表数据为准。

四、国有股的回拨或解冻

创投机构已按《境内证券市场转持部分国有股充实全国社会保障基金实施办法》(财企[2009]94号)实施国有股转持,经财政部会同社保基金会审核符合豁免转持政策的,实行回拨处理。回拨的国有股权包括:(1)由该创投机构转持至社保基金会的国有股;(2)社保基金会持股期内因上市公司利润分配或资本公积转增等原因,由该部分国有股派生的相关权益,包括送股、转增股本及现金分红等。

创投机构或其国有出资人已按财企[2009]94号文件规定以现金替代方式履行国有股转持义务,经财政部会同社保基金会审核符合豁免转持政策的,实行回拨处理。回拨资金额按照创投机构或其国有出资人缴入中央金库的资金额确定。

按照财企[2009]94号文件规定,国有全资创投机构所持上市公司国有股被冻结但尚未被转持的,须先按照《财政部国资委证监会社保基金会关于加快推进国有股转持工作的通知》(财企[2010]393号)的有关要求,将国有股变更登记到社保基金会转持股票账户后,再按财企[2010]278号文件和本通知的规定申请办理国有股回拨手续。国有控股创投机构所持上市公司国有股被冻结但尚未被转持的,可直接向我部提出解冻申请,经我部审核符合豁免转持政策的,实行解冻处理。解冻的国有股包括:(1)创投机构股票账户中因实施国有股转持政策而被冻结的国有股;(2)该部分国有股被冻结期间因上市公司利润分配或资本公积转增等原因,由该部分国有股派生的部分权益,包括送股、转增股本等。

创投机构应于2011年10月31日前向我部提出回拨或解冻的申请,逾期将不予受理。

五、申报资料

(一)被投资企业拟首次公开发行股票并上市前,创投机构申请豁免国有股转持义务,应当提供以下资料:

1. 申请报告。由创投机构以红头文件形式出具,编文号并加盖创投机构公章。主要内容包括:创投机构基本情况,按照《创业投资企业管理暂行办法》规定条件和程序完成备案及经备案管理部门年度检查情况,对被投资企业进行投资的主要情况,创投机构初始投资时被投资企业的有关情况(包括企业设立时间、股东人数及性质、投资时企业名称、上一年度末资产总额、营业收入、职工人数等),被投资企业股份制改制情况及股本结构(包括国有股东及持股情况),被投资企业公开发行股票预案,国有股转持预案及创投机构所持国有股拟转持数量等。

2. 创投机构营业执照复印件及章程。

3. 创业投资企业备案管理部门同意创投机构备案的文件及近一年年检结果的通知。

4. 创投机构初始投资完成后被投资企业营业执照复印件(或工商行政管理部门出具的工商核准变更登记通知书)及公司章程。

5. 被投资企业所在地县级以上劳动和社会保障部门或社会保险基金管理单位出具的创投机构初始投资时点之上一年度末被投资企业职工人数证明。

6. 会计师事务所出具的创投机构初始投资时点之上一年度末被投资企业年度审计报告。

7. 省级以上国有资产管理部门出具的被投资企业国有股权管理批复文件。

8. 被投资企业关于公开发行股票的股东大会决议及股份发行方案。

9. 其他说明材料。

(二)已实施国有股转持或国有股已被冻结,创投机构申请国有股(现金)回拨或解冻,应当提供以下资料:

1. 申请报告。由创投机构以红头文件形式出具,编文号并加盖创投机构公章。主要内容包括:创投机构基本情况,按照《创业投资企业管理暂行办法》规定条件和程序完成备案及经备案管理部门年度检查情况,对被投资企业进行投资的主要情况,创投机构初始投资时被投资企业的有关情况(包括企业设立时间、股东人数及性质、投资时企业名称、上一年度末资产总额、营业收入、职工人数等),被投资企业股份制改制情况及股本结构(包括国有股东及持股情况),被投资企业公开发行股票及上市情况,创投机构国有股转持或被冻结情况,社保基金会持股或国有股被冻结期间上市公司利润分配或资本公积转增等情况,申请回拨或解冻的国有股(现金)数量等。

2. 创投机构营业执照复印件及章程。

3. 创业投资企业备案管理部门同意创投机构备案的文件及近一年年检结果的通知。

4. 创投机构初始投资完成后被投资企业营业执照复印件(或工商行政管理

部门出具的工商核准变更登记通知书)及公司章程。

5. 被投资企业所在地县级以上劳动和社会保障部门或社会保险基金管理单位出具的创投机构初始投资时点之上一年度末被投资企业职工人数证明。

6. 会计师事务所出具的创投机构初始投资时点之上一年度末被投资企业年度审计报告。

7. 被投资企业关于利润分配和资本公积转增等方案的决议及实施公告。

8. 创投机构股票账户卡复印件,创投机构或其国有出资人上缴资金的一般缴款书复印件和承接回拨资金的银行账户复印件(仅限于涉及现金回拨情形)。

9. 其他说明材料。

创投机构提交的有关资料,如涉及上市公司相关信息的,应当符合上市公司信息披露相关法律法规和规则以及《国务院办公厅转发证监会等部门关于依法打击和防控资本市场内幕交易意见的通知》(国办发[2010]55号)的要求,避免涉及上市公司未公开信息,确保上市公司信息披露的公平性。

六、引导基金审核要求

引导基金的资质认定,由我部会同发展改革委按照《关于创业投资引导基金规范设立与运作的指导意见》(国办发[2008]116号)有关规定进行审定,引导基金应提供相关说明材料。引导基金申请豁免的其他条件及程序,均比照对创投机构的相关要求办理。

七、资料报送

财政部企业司具体负责豁免创投机构和引导基金国有股转持义务的审核工作,创投机构和引导基金可将申请资料(一式两份)直接寄送至:北京市西城区三里河财政部企业司企业三处,邮编:100820,联系电话:010－68552428。

财政部
二〇一一年二月二十二日

国家发展改革委办公厅关于进一步规范试点地区股权投资企业发展和备案管理工作的通知

发改办财金[2011]253号

北京市、天津市、上海市、江苏省、浙江省、湖北省人民政府办公厅：

遵照国务院有关文件精神，我委自2008年6月以来，先后在天津滨海新区、北京中关村科技园区、武汉东湖新技术产业开发区和长江三角洲地区，开展了股权投资企业备案管理先行先试工作。为进一步规范试点地区股权投资企业备案管理工作，更好地促进股权投资企业健康规范发展，现就有关事项通知如下：

一、规范股权投资企业的设立、资本募集与投资领域

股权投资企业应当遵照《中华人民共和国公司法》和《中华人民共和国合伙企业法》有关规定设立。其中，以有限责任公司、股份有限公司形式设立的股权投资企业，可以通过组建内部管理团队实行自我管理，也可采取委托管理方式将资产委托其他股权投资企业或股权投资管理企业管理。

股权投资企业的资本只能以私募方式向具有风险识别和承受能力的特定对象募集，不得通过在媒体（包括企业网站）发布公告、在社区张贴布告、向社会散发传单、向不特定公众发送手机短信或通过举办研讨会、讲座及其他公开或变相公开方式（包括在商业银行、证券公司、信托投资公司等机构的柜台投放招募说明书等）直接或间接向不特定对象进行推介。股权投资企业的资本募集人须向投资者充分揭示投资风险及可能的投资损失，不得向投资者承诺确保收回投资本金或获得固定回报。所有投资者只能以合法的自有货币资金认缴出资。资本缴付可以采取承诺制，即投资者在股权投资企业资本募集阶段签署认缴承诺书，在股权投资企业投资运作实施阶段，根据股权投资企业的公司章程或者合伙协议的约定分期缴付出资。

股权投资企业的投资领域限于非公开交易的企业股权，投资过程中的闲置资

金只能存放银行或用于购买国债等固定收益类投资产品;投资方向应当符合国家产业政策、投资政策和宏观调控政策。股权投资企业所投资项目必须履行固定资产投资项目审批、核准和备案的有关规定。外资股权投资企业进行投资,应当依照国家有关规定办理投资项目核准手续。

二、健全股权投资企业的风险控制机制

股权投资企业的资金运用应当依据股权投资企业公司章程或者合伙协议的约定,合理分散投资,降低投资风险。股权投资企业不得为被投资企业以外的企业提供担保。股权投资企业对关联方的投资,其投资决策应当实行关联方回避制度,并在股权投资企业的公司章程或者合伙协议以及委托管理协议、委托托管协议中约定。对关联方的认定标准,由股权投资企业投资者根据有关法律法规规定,在股权投资企业的公司章程或者合伙协议以及委托管理协议、委托托管协议中约定。

股权投资企业及其受托管理机构的公司章程或者合伙协议等法律文件,应当载明业绩激励机制、风险约束机制,并约定相关投资运作的决策程序。股权投资企业可以有限存续。

股权投资企业可以根据委托管理协议等法律文件的相关约定,定期或者不定期对股权投资企业的投资运作情况进行检查和评估。

股权投资企业的受托管理机构为外商独资或者中外合资的,应当由在境内具有法人资格的托管机构托管该股权投资企业的资产。

三、明确股权投资管理机构的基本职责

股权投资企业采取委托管理方式的,受托管理机构应当按照委托管理协议,履行下列职责:(1)制定和实施投资方案,并对所投资企业进行投资后管理。(2)积极参与制定所投资企业发展战略,为所投资企业提供增值服务。(3)定期或者不定期向股权投资企业披露股权投资企业投资运作等方面的信息。定期编制会计报表,经外部审计机构审核后,向股权投资企业报告。(4)委托管理协议约定的其他职责。

股权投资企业的受托管理机构应当公平对待其所管理的不同股权投资企业的财产,不得利用股权投资企业财产为股权投资企业以外的第三人牟取利益。对不同的股权投资企业应当设置不同的账户,实行分账管理。

有下列情形之一的,股权投资企业的受托管理机构应当退任:(1)受托管理机构解散、破产或者由接管人接管其资产的。(2)受托管理机构丧失管理能力或者严重损害股权投资企业投资者利益的。(3)按照委托管理协议约定,持有一定比例以上股权投资企业权益的投资者要求受托管理机构退任的。(4)委托管理协议约定受托管理机构退任的其他情形。

四、建立股权投资企业信息披露制度

股权投资企业除应当按照公司章程和合伙协议向投资者披露投资运作信息外,还应当于每个会计年度结束后4个月内,向国家发展和改革委员会(以下简称"国家发展改革委")及所在地协助备案管理部门提交年度业务报告和经会计师事务所审计的年度财务报告。股权投资企业的受托管理机构和托管机构应当于每个会计年度结束后4个月内,向国家发展改革委及所在地协助备案管理部门提交年度资产管理报告和年度资产托管报告。

股权投资企业在投资运作过程中发生下列重大事件的,应当在10个工作日内,向国家发展改革委及所在地协助备案管理部门报告:(1)修改股权投资企业或者其受托管理机构的公司章程、合伙协议和委托管理协议等文件。(2)股权投资企业或者其受托管理机构增减资本或者对外进行债务性融资。(3)股权投资企业或者其受托管理机构分立与合并。(4)受托管理机构或者托管机构变更,包括受托管理机构高级管理人员变更及其他重大变更事项。(5)股权投资企业解散、破产或者由接管人接管其资产。

五、完善股权投资企业备案程序

凡在试点地区工商行政管理部门登记的主要从事非公开交易企业股权投资业务的股权投资企业,以及以股权投资企业为投资对象的股权投资企业,除下列情形外,均应当按照本通知要求,申请到国家发展改革委备案并接受备案管理:(1)已经按照《创业投资企业管理暂行办法》备案为创业投资企业。(2)资本规模(含投资者已实际出资及虽未实际出资但已承诺出资的资本规模)不足5亿元人民币或者等值外币。(3)由单个机构或者单个自然人全额出资设立,或者虽然由两个及以上投资者出资设立,但这些投资者均系某一个机构的全资子机构。

股权投资企业采取委托管理方式,将资产委托其他股权投资企业或者股权投资管理企业管理的,其受托管理机构应当申请附带备案并接受相应的备案管理。

股权投资企业通过组建内部管理团队,对其资产采取自我管理方式的,由股权投资企业负责申请办理备案手续。股权投资企业采取委托管理方式的,可由其受托管理机构负责申请办理备案手续。

股权投资企业申请备案,应当由申请主体将有关备案材料送股权投资企业所在地省级协助备案管理部门进行初审。省级协助备案管理部门在收到股权投资企业备案申请后,在20个工作日内,对确认申请备案文件材料齐备的股权投资企业,向国家发展改革委出具初步审查意见。

国家发展改革委在收到协助备案管理部门转报的股权投资企业备案申请和初步审查意见后,在20个工作日内,对经复核无异议的股权投资企业,通过国家发展改革委门户网站公告其名单及基本情况的方式备案。

股权投资企业申请备案,应当提交下列文件和材料:(1)股权投资企业备案申请书。(2)股权投资企业营业执照复印件。(3)股权投资企业资本招募说明书。(4)股权投资企业公司章程或者合伙协议。(5)所有投资者签署的资本认缴承诺书。(6)验资机构关于所有投资者实际出资的验资报告。(7)发起人关于股权投资企业资本募集是否合法合规的情况说明书。(8)股权投资企业高级管理人员的简历证明材料。(9)律师事务所出具的备案所涉文件与材料的法律意见书。股权投资企业采取委托管理的,还应当提交股权投资企业与受托管理机构签订的受托管理协议。委托托管机构托管资产的,还应当提交委托托管协议。

股权投资企业的受托管理机构申请附带备案,应当提交下列文件和材料:(1)受托管理机构的营业执照复印件。(2)受托管理机构的公司章程或者合伙协议。(3)受托管理机构股东(合伙人)名单及情况介绍。(4)所有高级管理人员的简历证明材料。(5)开展股权投资管理业务情况及业绩。

本通知所称高级管理人员,系指公司型企业的董事、监事、经理、副经理、财务负责人、董事会秘书和公司章程约定的其他人员,以及合伙型企业的普通合伙人和合伙协议约定的其他人员。合伙型企业的普通合伙人为法人或非法人机构的,则该机构的高级管理人员一并视为高级管理人员。

股权投资企业出现下列情形,可以申请注销备案:(1)解散。(2)主营业务不再是股权投资业务。(3)另行按照《创业投资企业管理暂行办法》备案为创业投资企业。

六、构建适度监管和行业自律相结合的管理体制

国家发展改革委通过建立健全股权投资企业备案管理信息系统,完善相关信

息披露制度,对股权投资企业实施适度监管。

发现股权投资企业及其受托管理机构未备案的,应当督促其在 20 个工作日内向管理部门申请办理备案手续;对未按本通知规定备案的,应当将其作为"规避备案监管股权投资企业和受托管理机构",通过国家发展改革委门户网站向社会公告。

对已经完成备案的股权投资企业及其受托管理机构,应当在每个会计年度结束后的 5 个月内,对其是否遵守本通知有关规定,进行年度检查。在必要时,可以通过信函、电话询问、走访、现场检查和非现场监测等方式,了解其运作管理情况。对运作管理不符合本通知规定的,应当督促其在 6 个月内改正;逾期没有改正的,应将其作为"运作管理不合规股权投资企业和受托管理机构",通过国家发展改革委门户网站,向社会公告。

组建全国性股权投资行业协会,依据相关法律、法规及本通知,对股权投资企业及其受托管理机构进行自律管理。

本通知自发布之日起实施,请试点地区省级人民政府按照本通知规定,尽快确定所辖区域股权投资企业协助备案管理部门并向我委报备。

二〇一一年一月三十一日

三、科技贷款篇

中国银行业监督管理委员会关于商业银行改善和加强对高新技术企业金融服务的指导意见

银监发〔2006〕94号

各银监局,各政策性银行、国有商业银行、股份制商业银行、金融资产管理公司,国家邮政局邮政储汇局,银监会直接监管的信托公司、财务公司、金融租赁公司:

为实施《国家中长期科学和技术发展规划纲要(2006—2020年)》若干配套政策,营造支持和激励自主创新的金融环境,引导商业银行改善和加强对高新技术企业金融服务,中国银监会根据国家相关法律、法规,提出以下指导意见。

第一条 本文中所称的商业银行包括国有商业银行、股份制商业银行、城市商业银行、农村商业银行、农村合作银行和农村信用社。除政策性银行外,其他银行业金融机构可参照执行。

本文中所称的高新技术企业是指科技部和省、自治区、直辖市、计划单列市科技行政管理部门根据《国家高新技术产业开发区高新技术企业认定条件和办法》(国科发火字〔2000〕324号)、《国家高新技术产业开发区外高新技术企业认定条件和办法》(国科发火字〔1996〕018号)和《关于国家高新技术产业开发区外高新技术企业认定有关执行规定的通知》(国科火字〔2000〕120号)认定的企业。

第二条 商业银行要确立金融服务科技的意识,应当遵循自主经营、自负盈亏、自担风险和市场运作的原则,促进自主创新能力提高和科技产业发展,实现对高新技术企业金融服务的商业性可持续发展。

第三条 商业银行应当根据高新技术企业金融需求特点,完善业务流程、内部控制和风险管理,改善和加强对高新技术企业服务。

第四条 商业银行应当重点加强和改善对以下高新技术企业的服务,根据国家产业政策和投资政策,积极给予信贷支持:

(一)承担《国家中长期科学和技术发展规划纲要(2006—2020年)》确定的"重点领域及其优先主题"、"重大专项"和"前沿技术"开发任务的企业;

（二）担负有经国家有权部门批准的国家和省级立项的高新技术项目，拥有自主知识产权、有望形成新兴产业的高新技术成果转化项目和科技成果商品化及产业化较成熟的企业；

（三）属于电子与信息（尤其是软件和集成电路）、现代农业（尤其是农业科技产业化以及农业科研院所技术推广项目）、生物工程和新医药、新材料及应用、先进制造、航空航天、新能源与高效节能、环境保护、海洋工程、核应用技术等高技术含量、高附加值、高成长性行业的企业；

（四）产品技术处于国内领先水平，具备良好的国内外市场前景，市场竞争力较强，经济效益和社会效益较好且信用良好的企业；

（五）符合国家产业政策，科技含量较高、创新性强、成长性好，具有良好产业发展前景的科技型小企业。尤其是国家高新技术产业开发区内，或在高新技术开发区外但经过省级以上科技行政管理部门认定的，从事新技术、新工艺研究、开发、应用的科技型小企业。

第五条 商业银行拟提供授信的高新技术企业，应当同时满足以下条件：

（一）符合国家有关法律法规、产业政策以及国家制定的重点行业规划和《国家中长期科学和技术发展规划纲要（2006—2020年）》等相关要求；

（二）经国家批准的有关项目，其资本金、土地占用标准、环境保护、能源消耗、生产安全等方面符合相关要求；

（三）知识产权归属明晰、无重大知识产权纠纷的企业；

（四）产权清晰，建立了良好的公司治理结构、规范的内部管理制度和健全的财务管理制度，管理层具有较强的市场开拓能力和较高的经营管理水平，并有持续创新意识，具有较强的偿债能力和抗风险能力的企业；

（五）符合商业银行现行授信制度、内部控制和风险管理要求及商业银行认为应当满足的其他条件。

第六条 商业银行应当对高新技术企业进行必要的市场细分，针对不同行业和不同发展阶段的高新技术企业特点，积极开展制度创新和产品创新，开发符合高新技术企业需求的金融产品和业务流程，为其提供授信、结算、结售汇、银行卡、现金管理、财务顾问等各项服务。

第七条 商业银行应当对有效益、有还贷能力的自主创新产品出口所需的流动资金贷款根据信贷原则优先安排、重点支持，对资信好的自主创新产品出口企业可核定一定的授信额度，在授信额度内，根据信贷、结算管理要求，及时提供多种金融服务。

第八条 商业银行应当与科技型小企业建立稳定的银企关系,改善对小企业科技创新的金融服务,对创新能力强的予以重点扶持。应按照银监会《银行开展小企业贷款业务指导意见》(银监发〔2005〕54号)加强对科技型小企业的信贷支持。

第九条 商业银行应当根据高新技术企业融资需求和现金流量特点,设定合理的授信期限和还款方式,可采取分期定额、利随本清、灵活地附加必要宽限期(期内只付息不还本)等还款方式。

第十条 商业银行对高新技术企业授信,应当探索和开展多种形式的担保方式,如出口退税质押、股票质押、股权质押、保单质押、债券质押、仓单质押和其他权益抵(质)押等。对拥有自主知识产权并经国家有权部门评估的高新技术企业,还可以试办知识产权质押贷款。除资产抵、质押外,还应当加强与专业担保机构的合作,接受专业担保机构的第三方担保。

对科技型小企业授信,可以由借款人提供符合规定的企业资产、业主或主要股东个人财产抵质押以及保证担保,采取抵押、质押、保证的组合担保方式,满足其贷款需求。

第十一条 商业银行应当主动加强与政府部门沟通,及时获取相关信息。对获得国家财政贴息、科技型小企业技术创新基金支持或政府出资的专业担保机构担保的企业,应积极予以信贷支持。

第十二条 商业银行应当正确把握高新技术企业的生命周期和成长特点,根据企业技术的成熟程度和所处的产业化、市场化阶段及企业成长阶段的金融需求特点和风险状况,及时调整业务经营策略、准入及退出标准和信贷结构。

第十三条 商业银行应当按照银监会《商业银行授信工作尽职指引》(银监发〔2004〕51号)和《商业银行小企业授信工作尽职指引(试行)》(银监发〔2006〕69号)要求,加强对高新技术企业授信管理。

第十四条 商业银行应当提高识别、评价高新技术和自主知识产权及其发展方向和市场前景的能力,必要时可引入外部专家评审机制,根据需要委托相关领域的专家对其技术、产品、市场和法律、政策等进行调查和评估。

第十五条 商业银行对高新技术企业提供信贷支持应当引入贷款的风险定价机制,可在法律法规和政策允许的范围内,根据风险水平、筹资成本、管理成本、贷款目标收益、资本回报要求以及当地市场利率水平等因素自主确定贷款利率,对不同条件的借款人实行差别利率。

第十六条 商业银行应当加强与其他银行业金融机构的合作,对融资需求较大的高新技术项目,可通过组织银团贷款等方式实现利益共享、风险共担。

第十七条 商业银行应当实施有效的授信后管理,关注高新技术发展趋势,及时发现所授信高新技术企业的潜在风险并进行风险预警提示。发生影响客户履约能力的重大事项时,及时采取必要措施,并视情况决定是否对授信进行调整。

第十八条 商业银行应当加强对高新技术企业贷款的风险分类管理,并按照《金融企业呆账准备金提取管理办法》(财金〔2005〕49号)足额计提准备,增强抵御风险能力,弥补贷款损失。

请各银监局将本文转发至辖内各银监分局、城市商业银行、城市信用社、农村商业银行、农村合作银行和农村信用社。

中国银行业监督管理委员会
二〇〇六年十二月二十八日

中国银行业监督管理委员会关于印发《支持国家重大科技项目政策性金融政策实施细则》的通知

银监发[2006]95号

各银监局,各政策性银行:

现将《支持国家重大科技项目政策性金融政策实施细则》印发给你们,请认真贯彻落实。

中国银行业监督管理委员会

二〇〇六年十二月二十八日

支持国家重大科技项目政策性金融政策实施细则

第一章 总 则

第一条 为实施《国家中长期科学和技术发展规划纲要（2006—2020年）》（以下简称《规划纲要》）若干配套政策，营造激励自主创新的金融环境，鼓励和引导政策性银行等金融机构为国家重大科技项目提供金融服务，加强政策性金融对自主创新和产业化的支持力度，中国银行业监督管理委员会（以下简称银监会）根据国家有关法律、法规，制定本实施细则。

第二条 本实施细则所称政策性金融是指国家为实现特定的政策目标，要求或通过金融机构对指定的项目、产业或地域提供的金融服务。

第三条 政策性银行应当强化社会责任意识，将支持国家重大科技项目和高新技术作为落实科学发展观、推动创新型社会建设、促进可持续发展的具体举措，以及培养和拓展银行客户群的有效手段。

第四条 政策性银行应当设立专门账户，反映支持国家重大科技项目的各类政策性专项业务和项目，实行项目专项管理、单独核算。

第五条 政策性银行应当遵循政策性、安全性、流动性和效益性原则，自主经营、独立审贷、自担风险，对国家重大科技项目给予重点支持。

第六条 政策性银行应当严格依照本实施细则开办相关业务。银监会及其派出机构依法对政策性银行支持国家重大科技项目的业务活动进行监管。

第二章 支持领域和条件

第七条 政策性银行支持的国家重大科技项目包括：《规划纲要》中的重大专项和国家主要科技计划中的重大项目、经国家有关部门认定并推荐的国家重大科技专项、国家重大科技产业化项目的规模化融资和科技成果转化项目、高新技术产业化项目、引进技术消化吸收项目、高新技术产品出口项目等。

第八条 政策性银行支持的国家重大科技项目应当具备以下条件：

（一）符合《规划纲要》制定的相关政策，符合国家行业规划、产业政策、项目审核程序、用地政策、用地标准、环境保护、生产安全等方面的要求；

（二）在政策性银行支持的范围内，优先选择列入国家科技计划，且产品和技术具有创新性的项目；

（三）符合国家有关法律法规的规定，项目的建设需得到国家有权部门的批准，确保贷款资金用于国家重大科技项目；

（四）具备良好的国内外市场前景、较强的竞争力和盈利能力；

（五）项目申请人应当为在工商行政管理部门（或主管机关）依法核准登记注册的企（事）业法人，具备承担民事责任的资格，自主经营、独立核算；

（六）项目申请人建立了产权清晰、职责明确、分工合理、相互制衡的公司治理结构，制定了规范的内部管理制度和可操作的风险管理制度；

（七）项目申请人具有足够的偿债能力或风险覆盖能力，能提供符合法律规定的第三方保证或抵质押担保；

（八）政策性银行认为应当满足的其他条件。

第九条　国家通过招标投标方式确定国家重大科技项目政策性金融服务的承办人，政策性银行作为投标人依法进行投标活动。商业银行等机构对于通过国家组织的招投标获得的政策性金融业务，应当严格按照招投标约定的条件承办，分账管理。

第三章　风险防范与控制

第十条　政策性银行按照国家有关规定，享受支持的经认定的国家重大科技项目的风险补偿和贴息政策。未经认定的项目按照市场化原则运作。

第十一条　政策性银行应当高度关注国家重大科技项目和高新技术贷款的技术风险、信用风险、市场风险、操作风险、法律风险等各类风险，加强对这些风险的识别、计量、监测和控制，根据这些贷款授信的流程和特点制定专门的风险管理办法及业务操作规程，建立相应的风险管理及内控制度，建立健全激励约束和考核评价机制。

第十二条　政策性银行应当按照国家重大科技项目贷款申请的受理、审核、审批、贷后管理等环节分别制定各自的职业道德标准和行为规范，明确相应的权责和考核标准。

第十三条　政策性银行应当建立健全相应的统计信息系统，确保贷款信息的准确性、真实性、完整性，有效监控贷款整体情况。

第十四条 政策性银行应当根据重大科技项目和高新技术贷款借款人拟采用或已采用技术的原创性、领先性、适用性、知识产权的可保护性和这些技术及其相关产品的市场前景,正确评估贷款的现金流情况,并结合贷款的第三方保证、抵质押担保和其他风险缓释因素,正确评估此类贷款的债项等级。

第十五条 政策性银行应当根据重大科技项目和高新技术贷款借款人的资产负债情况、技术创新能力、经营能力、产业政策导向、政策支持力度等正确评估借款人信用等级。

第十六条 政策性银行应当根据重大科技项目和高新技术贷款借款人拟采用或已采用技术的成熟程度和所处的产业化、市场化阶段,审慎考虑银行适合承担的风险。应当注意通过与风险投资基金、产业投资基金、财政投融资或其他权益性投融资合作,或通过开展银团贷款、政府转贷款,或其他方式如保险、资产证券化、信用衍生品等分散和转移贷款风险。

第十七条 政策性银行应当基于风险可控和合规的原则,积极探索以知识产权和其他形式的无形资产为抵质押的贷款试点工作。

第十八条 政策性银行应当引入专家评审机制。根据需要委托技术、金融、财务、相关产业及法律等领域的专家对项目的技术、产品、市场、财务状况及政策法规等方面进行调查和评估。

第十九条 项目借款人必须在政策性银行或其指定的代理行设立专用账户,实行专项管理、专项核算、专款专用,严格按政策性银行的信贷管理规定及合同要求使用资金。

第二十条 政策性银行应当建立风险预警机制。在项目借款人出现信用结构缺损、挪用贷款、资本金不到位、企业经营出现重组改制、法律诉讼、重大违约及恶性事件等重大风险情况时,停止发放贷款,并提前收回已发放的贷款本息。

第二十一条 政策性银行应当积极支持科技型小企业,建立和完善贷款的风险定价机制、独立核算机制、高效的贷款审批机制、激励约束机制、专业化的人员培训机制和违约信息通报机制。

第二十二条 政策性银行应当根据贷款的风险情况,准确进行贷款的五级分类,并按照《金融企业呆账准备提取管理办法》(财金〔2005〕49号)足额计提准备,增强抵御风险能力,弥补贷款损失。

第四章　附　则

第二十三条　本实施细则由银监会解释和修改。
第二十四条　本实施细则自印发之日起施行。

国家开发银行 科学技术部关于对创新型试点企业进行重点融资支持的通知

开行发[2007]225号

开发银行总行营业部、各分行、代表处,总行企业局;各省、自治区、直辖市、计划单列市、新疆生产建设兵团科技厅(委、局);各创新型试点企业:

为贯彻落实党的十六届五中、六中全会和全国科技大会精神,促进企业成为技术创新的主体,国家开发银行(以下简称"开发银行")和科学技术部(以下简称"科技部")决定共同推动创新型企业试点工作(以下简称"试点工作"),通过开发性金融合作支持企业增强自主创新能力。现将有关事项通知如下:

一、支持范围

支持范围:经科技部会同有关部门确定的创新型试点企业(以下简称"试点企业")。根据试点工作的发展要求,科技部会同有关部门定期更新试点企业名单,并列入开发性金融支持范围(首批支持的企业名单见附件1)。

二、工作措施和支持方式

(一)科技部通过科技政策、国家科技计划等支持试点企业加强技术开发,促进成果转化和产业化,增强企业的融资能力,并适时向开发银行推荐试点企业的重大融资项目。科技部政策体改司负责此项工作的具体安排和统筹协调。

(二)开发银行运用开发性金融产品和金融服务对试点企业给予重点支持。对符合技术援助、软贷款和硬贷款发放条件的企业,按照开发银行有关规定和评审程序给予贷款支持;同时开发银行还将发挥其财务顾问、债券承销、基金业务等方面以及创新产品的综合优势,推进金融产品创新适应试点企业不断发展的融资需要。

(三)各省、自治区、直辖市、计划单列市、新疆生产建设兵团科技管理部门受科技部委托对所在地的试点企业进行联系和管理,可以依托多种形式的科技金融合作平台,或直接向所在地开发银行分支机构推荐试点企业的融资项目,并协助完成所推荐项目的初步审查。

(四)开发银行投资业务局负责开发银行支持试点企业工作的总体协调和调度管理,并在每季末对各分支机构上报的贷款情况表予以汇总分析,同时将汇总分析报告抄送科技部政策体改司。

(五)开发银行总行营业部、各分行、代表处,总行企业局负责与试点企业具体联系,及时了解其融资需求并提供财务顾问服务,积极受理企业的贷款申请,加快项目评审进度,及时予以信贷支持;对于不符合贷款条件的项目,应向企业说明理由并提出完善风险控制机制和信用体系建设的意见和建议;每个季度末向总行投资业务局上报贷款情况表(上报表式见附件2)。对所在地科技管理部门会同同级有关部门确定的本地区创新型试点企业,可以参照本通知内容,给予融资支持。

(六)各试点企业要加强与所在地开发银行分支机构的联系,根据企业发展规划自行向开发银行分支机构提出融资需求;要按照开发银行有关规定推进信用建设,完善法人治理结构,建立规范的内部管理制度和风险管理制度,提高偿债能力或风险覆盖能力,严格按照合同约定用途使用贷款,保证贷款安全。

附件:1. 首批列入开发性金融支持的创新型试点企业名单(共103家)(略)
2. 国家开发银行分支机构支持创新型试点企业贷款汇总表(略)

国家开发银行　科学技术部
二〇〇七年六月十六日

国务院办公厅关于当前金融促进经济发展的若干意见

国办发[2008]126号

各省、自治区、直辖市人民政府,国务院各部委、各直属机构:

为应对国际金融危机的冲击,贯彻落实党中央、国务院关于进一步扩大内需、促进经济增长的十项措施,认真执行积极的财政政策和适度宽松的货币政策,加大金融支持力度,促进经济平稳较快发展,经国务院批准,提出如下意见:

一、落实适度宽松的货币政策,促进货币信贷稳定增长

(一)保持银行体系流动性充足,促进货币信贷稳定增长。根据经济社会发展需要,创造适度宽松的货币信贷环境,以高于GDP增长与物价上涨之和约3至4个百分点的增长幅度作为2009年货币供应总量目标,争取全年广义货币供应量增长17%左右。密切监测流动性总量及分布变化,适当调减公开市场操作力度,停发3年期央行票据,降低1年期和3个月期央行票据发行频率。根据国内外形势适时适度调整货币政策操作。

(二)追加政策性银行2008年度贷款规模1000亿元,鼓励商业银行发放中央投资项目配套贷款,力争2008年金融机构人民币贷款增加4万亿元以上。

(三)发挥市场在利率决定中的作用,提高经济自我调节能力。增强贷款利率下浮弹性,改进贴现利率形成机制,完善中央银行利率体系。按照主动性、可控性和渐进性原则,进一步完善人民币汇率形成机制,增强汇率弹性,保持人民币汇率在合理均衡水平上基本稳定。

二、加强和改进信贷服务,满足合理资金需求

(四)加强货币政策、信贷政策与产业政策的协调配合。坚持区别对待、有保有压原则,支持符合国家产业政策的产业发展。加大对民生工程、"三农"、重大工程建设、灾后重建、节能减排、科技创新、技术改造和兼并重组、区域协调发展的信

贷支持。积极发展面向农户的小额信贷业务，增加扶贫贴息贷款投放规模。探索发展大学毕业生小额创业贷款业务。支持高新技术产业发展。同时，适当控制对一般加工业的贷款，限制对高耗能、高排放行业和产能过剩行业劣质企业的贷款。

（五）鼓励银行业金融机构在风险可控前提下，对基本面比较好、信用记录较好、有竞争力、有市场、有订单但暂时出现经营或财务困难的企业给予信贷支持。全面清理银行信贷政策、法规、办法和指引，根据当前特殊时期需要，对《贷款通则》等有关规定和要求做适当调整。

（六）支持中小企业发展。落实对中小企业融资担保、贴息等扶持政策，鼓励地方人民政府通过资本注入、风险补偿等多种方式增加对信用担保公司的支持。设立包括中央、地方财政出资和企业联合组建在内的多层次中小企业贷款担保基金和担保机构，提高金融机构中小企业贷款比重。对符合条件的中小企业信用担保机构免征营业税。

（七）鼓励金融机构开展出口信贷业务。将进出口银行的人民币出口卖方信贷优惠利率适用范围，扩大到具有自主知识产权、自主品牌和高附加值出口产品。允许金融机构开办人民币出口买方信贷业务。发挥出口信用保险在支持金融机构开展出口融资业务中的积极作用。

（八）加大对产业转移的信贷支持力度。支持金融机构创新发展针对产业转移的信贷产品和审贷模式，探索多种抵押担保方式。鼓励金融机构优先发放人民币贷款，支持国内过剩产能向境外转移。

（九）加大对农村金融政策支持力度，引导更多信贷资金投向农村。坚持农业银行为农服务方向，拓展农业发展银行支农领域，扩大邮政储蓄银行涉农业务范围，发挥农村信用社为农民服务的主力军作用。县域内银行业金融机构新吸收的存款，主要用于当地发放贷款。建立政府扶持、多方参与、市场运作的农村信贷担保机制。在扩大农村有效担保物范围基础上，积极探索发展农村多种形式担保的信贷产品。指导农村金融机构开展林权质押贷款业务。

（十）落实和出台有关信贷政策措施，支持居民首次购买普通自住房和改善型普通自住房。加大对城市低收入居民廉租房、经济适用房建设和棚户区改造的信贷支持。支持汽车消费信贷业务发展，拓宽汽车金融公司融资渠道。积极扩大农村消费信贷市场。

三、加快建设多层次资本市场体系，发挥市场的资源配置功能

（十一）采取有效措施，稳定股票市场运行，发挥资源配置功能。完善中小企业板市场各项制度,适时推出创业板,逐步完善有机联系的多层次资本市场体系。支持有条件的企业利用资本市场开展兼并重组,促进上市公司行业整合和产业升级,减少审批环节,提升市场效率,不断提高上市公司竞争力。

(十二)推动期货市场稳步发展,探索农产品期货服务"三农"的运作模式,尽快推出适应国民经济发展需要的钢材、稻谷等商品期货新品种。

(十三)扩大债券发行规模,积极发展企业债、公司债、短期融资券和中期票据等债务融资工具。优先安排与基础设施、民生工程、生态环境建设和灾后重建等相关的债券发行。积极鼓励参与国家重点建设项目的上市公司发行公司债券和可转换债券。稳步发展中小企业集合债券,开展中小企业短期融资券试点。推进上市商业银行进入交易所债券市场试点。研究境外机构和企业在境内发行人民币债券,允许在内地有较多业务的香港企业或金融机构在港发行人民币债券。完善债券市场发行规则与监管标准。

四、发挥保险保障和融资功能,促进经济社会稳定运行

(十四)积极发展"三农"保险,进一步扩大农业保险覆盖范围,鼓励保险公司开发农业和农村小额保险及产品质量保险。稳步发展与住房、汽车消费等相关的保险。积极发展建工险、工程险等业务,为重大基础设施项目建设提供风险保障。做好灾后重建保险服务,支持灾区群众基本生活设施和公共服务基础设施恢复重建。研究开放短期出口信用保险市场,引入商业保险公司参与竞争,支持出口贸易。

(十五)发挥保险公司机构投资者作用和保险资金投融资功能,鼓励保险公司购买国债、金融债、企业债和公司债,引导保险公司以债权等方式投资交通、通信、能源等基础设施项目和农村基础设施项目。稳妥推进保险公司投资国有大型龙头企业股权,特别是关系国家战略的能源、资源等产业的龙头企业股权。

(十六)积极发展个人、团体养老等保险业务,鼓励和支持有条件企业通过商业保险建立多层次养老保障计划,研究对养老保险投保人给予延迟纳税等税收优惠。推动健康保险发展,支持相关保险机构投资医疗机构和养老实体。提高保险业参与新型农村合作医疗水平,发展适合农民需求的健康保险和意外伤害保险。

五、创新融资方式,拓宽企业融资渠道

(十七)允许商业银行对境内外企业发放并购贷款。研究完善企业并购税收

政策,积极推动企业兼并重组。

(十八)开展房地产信托投资基金试点,拓宽房地产企业融资渠道。发挥债券市场避险功能,稳步推进债券市场交易工具和相关金融产品创新。开展项目收益债券试点。

(十九)加强对社会资金的鼓励和引导。拓宽民间投资领域,吸引更多社会资金参与政府鼓励项目,特别是灾后基础设施重建项目。出台股权投资基金管理办法,完善工商登记、机构投资者投资、证券登记和税收等相关政策,促进股权投资基金行业规范健康发展。按照中小企业促进法关于鼓励创业投资机构增加对中小企业投资的规定,落实和完善促进创业投资企业发展的税收优惠政策。

(二十)充分发挥农村信用社等金融机构支农主力军作用,扩大村镇银行等新型农村金融机构试点,扩大小额贷款公司试点,规范发展民间融资,建立多层次信贷供给市场。

(二十一)创新信用风险管理工具。在进一步规范发展信贷资产重组、转让市场的基础上,允许在银行间债券市场试点发展以中小企业贷款、涉农贷款、国家重点建设项目贷款等为标的资产的信用风险管理工具,适度分散信贷风险。

六、改进外汇管理,大力推动贸易投资便利化

(二十二)改进贸易收结汇与贸易活动真实性、一致性审核,便利企业特别是中小企业贸易融资。加快进出口核销制度改革,简化手续,实现贸易外汇管理向总量核查、非现场核查和主体监管转变。适当提高企业预收货款结汇比例,将一般企业预收货款结汇比例从10%提高到25%,对单笔金额较小的出口预收货款不纳入结汇额度管理。调整企业延期付款年度发生额规模,由原来不得超过企业上年度进口付汇额的10%提高为25%。简化企业申请比例结汇和临时额度的审批程序,缩短审批时间。允许更多符合条件的中外资企业集团实行外汇资金集中管理,提高资金使用效率。支持香港人民币业务发展,扩大人民币在周边贸易中的计价结算规模,降低对外经济活动的汇率风险。

七、加快金融服务现代化建设,全面提高金融服务水平

(二十三)进一步丰富支付工具体系,提高支付清算效率,加快资金周转速度。进一步增强现金供应的前瞻性,科学组织发行基金调拨,确保现金供应。配合实施积极财政政策,扩大国库集中支付涉农、救灾补贴等财政补助资金范围,实现民

生工程、基础设施、生态环境建设和灾后重建所需资金直达最终收款人,确保各项财政支出资金及时安全拨付到位。优化进出口产品退税的国库业务流程,提高退税资金到账速度。加快征信体系建设,继续推动中小企业和农村信用体系建设,进一步规范信贷市场和债券市场信用评级,为中小企业融资创造便利条件。

八、加大财税政策支持力度,增强金融业促进经济发展能力

(二十四)放宽金融机构对中小企业贷款和涉农贷款的呆账核销条件。授权金融机构对符合一定条件的中小企业贷款和涉农贷款进行重组和减免。借款人发生财务困难、无力及时足额偿还贷款本息的,在确保重组和减免后能如期偿还剩余债务的条件下,允许金融机构对债务进行展期或延期、减免表外利息后,进一步减免本金和表内利息。

(二十五)简化税务部门审核金融机构呆账核销手续和程序,加快审核进度,提高审核效率,促进金融机构及时化解不良资产,防止信贷收缩。涉农贷款和中小企业贷款税前全额拨备损失准备金。对农户小额贷款、农业担保和农业保险实施优惠政策,鼓励金融机构加大对"三农"的信贷支持力度。研究金融机构抵债资产处置税收政策。结合增值税转型完善融资租赁税收政策。

(二十六)发挥财政资金的杠杆作用,调动银行信贷资金支持经济增长。支持地方人民政府建立中小企业贷款风险补偿基金,对银行业金融机构中小企业贷款按增量给予适度的风险补偿。鼓励金融机构建立专门为中小企业提供信贷服务的部门,增加对中小企业的信贷投放。对符合条件的企业引进先进技术和产品更新换代等方面的外汇资金需求,通过进出口银行提供优惠利率进口信贷方式给予支持。

九、深化金融改革,加强风险管理,切实维护金融安全稳定

(二十七)完善国际金融危机监测及应对工作机制。密切监测国际金融危机发展动态,研究风险的可能传播途径,及时对危机发展趋势和影响进行跟踪和评估。高度关注国内金融市场流动性状况、金融机构流动性及资产负债变化。必要时启动应对预案,包括特别流动性支持、剥离不良资产、补充资本金、对银行负债业务进行担保等,确保金融安全稳定运行。

(二十八)完善金融监管体系。进一步加强中央银行与金融监管部门的沟通协调,加强功能监管、审慎监管,强化资本金约束和流动性管理,完善市场信息披

露制度,努力防范各种金融风险。

(二十九)商业银行和其他金融机构要继续深化各项改革,完善公司治理,强化基础管理、内部控制和风险防范机制,理顺落实适度宽松货币政策的传导机制。正确处理好金融促进经济发展与防范金融风险的关系,在经济下行时避免盲目惜贷。切实提高金融促进经济发展的质量,防止低水平重复建设。

(三十)支持和鼓励地方人民政府为改善金融服务创造良好条件。地方人民政府应在保护银行债权、防止逃废银行债务、处置抵贷资产、合法有序进行破产清算等方面营造有利环境。继续推进地方金融机构改革,维护地方金融稳定,推动地方信用体系建设,培育诚实守信的社会信用文化,促进地方金融生态环境改善。

国务院办公厅
二〇〇八年十二月八日

中国银行业监督管理委员会 中国人民银行关于小额贷款公司试点的指导意见

银监发[2008]23号

各银监局,中国人民银行上海总部、各分行、营业管理部、各省会(首府)城市中心支行、副省级城市中心支行:

为全面落实科学发展观,有效配置金融资源,引导资金流向农村和欠发达地区,改善农村地区金融服务,促进农业、农民和农村经济发展,支持社会主义新农村建设,现就小额贷款公司试点事项提出如下指导意见:

一、小额贷款公司的性质

小额贷款公司是由自然人、企业法人与其他社会组织投资设立,不吸收公众存款,经营小额贷款业务的有限责任公司或股份有限公司。

小额贷款公司是企业法人,有独立的法人财产,享有法人财产权,以全部财产对其债务承担民事责任。小额贷款公司股东依法享有资产收益、参与重大决策和选择管理者等权利,以其认缴的出资额或认购的股份为限对公司承担责任。

小额贷款公司应执行国家金融方针和政策,在法律、法规规定的范围内开展业务,自主经营,自负盈亏,自我约束,自担风险,其合法的经营活动受法律保护,不受任何单位和个人的干涉。

二、小额贷款公司的设立

小额贷款公司的名称应由行政区划、字号、行业、组织形式依次组成,其中行政区划指县级行政区划的名称,组织形式为有限责任公司或股份有限公司。

小额贷款公司的股东需符合法定人数规定。有限责任公司应由50个以下股东出资设立;股份有限公司应有2~200名发起人,其中须有半数以上的发起人在中国境内有住所。

小额贷款公司的注册资本来源应真实合法,全部为实收货币资本,由出资人或发起人一次足额缴纳。有限责任公司的注册资本不得低于500万元,股份有限公司的注册资本不得低于1000万元。单一自然人、企业法人、其他社会组织及其关联方持有的股份,不得超过小额贷款公司注册资本总额的10%。

申请设立小额贷款公司,应向省级政府主管部门提出正式申请,经批准后,到当地工商行政管理部门申请办理注册登记手续并领取营业执照。此外,还应在五个工作日内向当地公安机关、中国银行业监督管理委员会派出机构和中国人民银行分支机构报送相关资料。

小额贷款公司应有符合规定的章程和管理制度,应有必要的营业场所、组织机构、具备相应专业知识和从业经验的工作人员。

出资设立小额贷款公司的自然人、企业法人和其他社会组织,拟任小额贷款公司董事、监事和高级管理人员的自然人,应无犯罪记录和不良信用记录。

小额贷款公司在当地税务部门办理税务登记,并依法缴纳各类税费。

三、小额贷款公司的资金来源

小额贷款公司的主要资金来源为股东缴纳的资本金、捐赠资金,以及来自不超过两个银行业金融机构的融入资金。

在法律、法规规定的范围内,小额贷款公司从银行业金融机构获得融入资金的余额,不得超过资本净额的50%。融入资金的利率、期限由小额贷款公司与相应银行业金融机构自主协商确定,利率以同期"上海银行间同业拆放利率"为基准加点确定。

小额贷款公司应向注册地中国人民银行分支机构申领贷款卡。向小额贷款公司提供融资的银行业金融机构,应将融资信息及时报送所在地中国人民银行分支机构和中国银行业监督管理委员会派出机构,并应跟踪监督小额贷款公司融资的使用情况。

四、小额贷款公司的资金运用

小额贷款公司在坚持为农民、农业和农村经济发展服务的原则下自主选择贷款对象。小额贷款公司发放贷款,应坚持"小额、分散"的原则,鼓励小额贷款公司面向农户和微型企业提供信贷服务,着力扩大客户数量和服务覆盖面。同一借款人的贷款余额不得超过小额贷款公司资本净额的5%。在此标准内,可以参考小额贷款公司所在地经济状况和人均GDP水平,制定最高贷款额度限制。

小额贷款公司按照市场化原则进行经营,贷款利率上限放开,但不得超过司法部门规定的上限,下限为人民银行公布的贷款基准利率的 0.9 倍,具体浮动幅度按照市场原则自主确定。有关贷款期限和贷款偿还条款等合同内容,均由借贷双方在公平自愿的原则下依法协商确定。

五、小额贷款公司的监督管理

凡是省级政府能明确一个主管部门(金融办或相关机构)负责对小额贷款公司的监督管理,并愿意承担小额贷款公司风险处置责任的,方可在本省(区、市)的县域范围内开展组建小额贷款公司试点。

小额贷款公司应建立发起人承诺制度,公司股东应与小额贷款公司签订承诺书,承诺自觉遵守公司章程,参与管理并承担风险。

小额贷款公司应按照《公司法》要求建立健全公司治理结构,明确股东、董事、监事和经理之间的权责关系,制定稳健有效的议事规则、决策程序和内审制度,提高公司治理的有效性。小额贷款公司应建立健全贷款管理制度,明确贷前调查、贷时审查和贷后检查业务流程和操作规范,切实加强贷款管理。小额贷款公司应加强内部控制,按照国家有关规定建立健全企业财务会计制度,真实记录和全面反映其业务活动和财务活动。

小额贷款公司应按照有关规定,建立审慎规范的资产分类制度和拨备制度,准确进行资产分类,充分计提呆账准备金,确保资产损失准备充足率始终保持在 100% 以上,全面覆盖风险。

小额贷款公司应建立信息披露制度,按要求向公司股东、主管部门、向其提供融资的银行业金融机构、有关捐赠机构披露经中介机构审计的财务报表和年度业务经营情况、融资情况、重大事项等信息,必要时应向社会披露。

小额贷款公司应接受社会监督,不得进行任何形式的非法集资。从事非法集资活动的,按照国务院有关规定,由省级人民政府负责处置。对于跨省份非法集资活动的处置,需要由处置非法集资部际联席会议协调的,可由省级人民政府请求处置非法集资部际联席会议协调处置。其他违反国家法律法规的行为,由当地主管部门依据有关法律法规实施处罚;构成犯罪的,依法追究刑事责任。

中国人民银行对小额贷款公司的利率、资金流向进行跟踪监测,并将小额贷款公司纳入信贷征信系统。小额贷款公司应定期向信贷征信系统提供借款人、贷款金额、贷款担保和贷款偿还等业务信息。

六、小额贷款公司的终止

小额贷款公司法人资格的终止包括解散和破产两种情况。小额贷款公司可因下列原因解散:(一)公司章程规定的解散事由出现;(二)股东大会决议解散;(三)因公司合并或者分立需要解散;(四)依法被吊销营业执照、责令关闭或者被撤销;(五)人民法院依法宣布公司解散。小额贷款公司解散,依照《公司法》进行清算和注销。

小额贷款公司被依法宣告破产的,依照有关企业破产的法律实施破产清算。

小额贷款公司依法合规经营,没有不良信用记录的,可在股东自愿的基础上,按照《村镇银行组建审批指引》和《村镇银行管理暂行规定》规范改造为村镇银行。

七、其他

中国银行业监督管理委员会派出机构和中国人民银行分支机构,要密切配合当地政府,创造性地开展工作,加强对小额贷款公司工作的政策宣传。同时,积极开展小额贷款培训工作,有针对性的对小额贷款公司及其客户进行相关培训。

本指导意见未尽事宜,按照《中华人民共和国公司法》、《中华人民共和国合同法》等法律法规执行。

本指导意见由中国银行业监督管理委员会和中国人民银行负责解释。

请各银监局和人民银行上海总部、各分行、营业管理部、各省会(首府)城市中心支行、副省级城市中心支行联合将本指导意见转发至银监分局、人民银行地市中心支行、县(市)支行和相关单位。

中国银行业监督管理委员会　中国人民银行
二〇〇八年五月四日

中国银监会关于银行建立小企业金融服务专营机构的指导意见

银监发〔2008〕82号

各银监局,各政策性银行、国有商业银行、股份制商业银行:

为引导各银行业金融机构落实科学发展观,全面贯彻银监会"六项机制"建设要求,改进小企业金融服务,发挥专业化经营优势,根据近年来银行探索小企业金融服务的实践经验以及有关法律、法规,现提出以下指导意见:

第一条 小企业金融服务专营机构(以下简称专营机构)是根据战略事业部模式建立、主要为小企业提供授信服务的专业化机构。各行设立专营机构可自行命名,但必须含小企业字样(如小企业信贷中心)。此类机构可申请单独颁发金融许可证和营业执照。

第二条 专营机构的业务范围限于《银行开展小企业授信工作指导意见》(银监发〔2007〕53号)中所包含的授信业务,即各类贷款、贸易融资、贴现、保理、贷款承诺、保证、信用证、票据承兑等表内外授信和融资业务,以及相关的中间服务业务。

第三条 各银行设立专营机构,应建立独立的风险定价机制。要充分利用各种渠道获得小企业信息,特别是现场实地核查和搜集非财务信息,按照收益覆盖成本和风险的原则,引入专业化定价技术,通过综合测算,在现行利率政策允许范围内实施差别化定价。

第四条 各银行设立专营机构,应建立独立的成本利润核算机制。要根据业务规模和收益,建立以内部转移定价为基础的独立成本利润核算机制,制定专项指标,合理安排各项经营成本,单独核算经营利润。

第五条 各银行设立专营机构,应建立独立高效的信贷审批机制。要在保证贷款质量、控制贷款风险的前提下合理设置审批权限,探索多种审批方式,可对部分授信环节进行合并或同步进行,以优化操作流程,提高审批效率。

第六条 各银行设立专营机构,应建立独立的激励约束机制。对小企业金融服务的业绩考核要独立于其他银行业务,制定专门的业绩考核和奖惩机制,加大资源配置力度,注重经营绩效和风险管理相结合,探索多种激励约束方式。

第七条 各银行设立专营机构,应建立专业化的小企业金融服务人才队伍。要把事业心、专业知识、经验和潜力作为选拔人员的主要标准,通过专题培训,推行岗位资格认定和持证上岗制度,提升小企业金融服务人员的业务营销能力和风险控制能力。

第八条 各银行设立专营机构,应建立违约信息通报机制。应通过授信后监测手段,及时将小企业违约信息及其关联企业信息录入本行信息管理系统或在内部进行通报;定期向银监会及其派出机构报告;通过银行业协会向银行业金融机构通报,对恶意逃废银行债务的小企业予以联合制裁或公开披露。

第九条 各银行设立专营机构,应建立独立有效的风险管理机制。采取与小企业性质、规模相适应的风险管理技术,对授信调查、授信审批、贷款发放、风险分类、风险预警、不良资产处置等各个环节的风险进行管控。

第十条 各银行设立专营机构,应根据小企业的特点和实际业务情况设立合理的风险容忍度。同时,建立授信尽职免责制度,在考核整体质量及综合回报的基础上,根据实际情况和有关规定追究或免除有关当事人的相应责任,做到尽职者免责,失职者问责。

第十一条 各银行设立专营机构,应建立单独的小企业贷款风险分类和损失拨备制度,制定专项的不良贷款处置政策,建立合理的快速核销机制,在国家政策允许范围内简化不良贷款核销流程,以降低不良贷款率,提高业务人员开展小企业金融服务的积极性。

第十二条 各银行设立专营机构,应注重开发、使用适应小企业金融服务的专业化技术,以推动小企业金融产品与服务的创新。

第十三条 银监会鼓励各银行参照本指导意见,从自身实际情况出发,探索建立多种形式、灵活有效的小企业金融服务专营机构。

第十四条 各银行应根据本指导意见结合各自实际制定小企业金融服务专营机构具体实施办法,并报银监会备案。

二〇〇八年十二月一日

中国银监会 科学技术部关于进一步加大对科技型中小企业信贷支持的指导意见

银监发[2009]37号

各银监局,各省、自治区、直辖市、计划单列市科技厅(委、局),各政策银行、国有商业银行、股份制商业银行、邮政储蓄银行:

为贯彻实施《国家中长期科学和技术发展规划纲要(2006—2020年)》及其配套政策,落实《国务院办公厅关于当前金融促进经济发展的若干意见》(国办发[2008]126号),加强科技资源和金融资源的结合,进一步加大对科技型中小企业信贷支持,缓解科技型中小企业融资困难,促进科技产业的全面可持续发展,建设创新型国家,现提出以下指导意见:

一、鼓励进一步加大对科技型中小企业信贷支持。科技型中小企业是我国技术创新的主要载体和经济增长的重要推动力量,在促进科技成果转化和产业化、以创新带动就业、建设创新型国家中发挥着重要作用。银监会、科技部鼓励各银行进一步加大对科技型中小企业的信贷支持和金融服务力度。

本指导意见中的科技型中小企业是指符合以下条件的企业:

(一)符合中小企业国家标准;

(二)企业产品(服务)属于《国家重点支持的高新技术领域》的范围:电子信息技术、生物与新医药技术、航空航天技术、新材料技术、高技术服务业、新能源及节能技术、资源与环境技术、高新技术改造传统产业;

(三)企业当年研究开发费(技术开发费)占企业总收入的3%以上;

(四)企业有原始性创新、集成创新、引进消化再创新等可持续的技术创新活动,有专门从事研发的部门或机构。

二、完善科技部门、银行业监管部门合作机制,加强科技资源和金融资源的结合。各级科技部门、银行业监管部门应建立合作机制,整合科技、金融等相关资源,推动建立政府部门、各类投资基金、银行、科技型中小企业、担保公司等多方参与、科学合理的风险分担体系,引导银行进一步加大对科技型中小企业的信贷支持。

三、建立和完善科技型企业融资担保体系。各级科技部门、国家高新区应设立不以盈利为目的、专门的科技担保公司,已设立的地方可通过补充资本金、担保补贴等方式进一步提高担保能力,推动建立科技型中小企业贷款风险多方分担机制。对于专门的科技担保公司,在风险可控的前提下,各银行可以在国家规定的范围内提高其担保放大倍数。研究设立相应的再担保机构,逐步建立和完善科技型企业融资担保体系。

四、整合科技资源,营造加大对科技型中小企业信贷支持的有利环境。各级科技部门、国家高新区应积极整合政策、资金、项目、信息、专家等科技资源,建立科技型中小企业贷款风险补偿基金,制定具体的补贴或风险补偿和奖励政策,支持银行发放科技型中小企业贷款;定期推荐科技贷款项目,对属于科技计划和专项的项目优先推荐,并提出科技专业咨询意见,协助银行加强对科技贷款项目的贷后管理;推动科技型中小企业信用体系建设,建立企业信用档案,按照企业信用等级给予相应补贴;加快公共服务平台建设,建立和完善多种形式为科技型中小企业、银行服务的中介服务机构;对入驻科技企业孵化器的银行给予孵化企业待遇;通过交流、挂职等方式推荐科技副行长,协调开发地方科技资源。鼓励银行加强与科技创业投资机构的合作,通过贷投结合,拓宽科技型中小企业融资渠道。探索创新科技保险产品,分散科技型中小企业贷款风险。

五、明确和完善银行对科技型中小企业信贷支持的有关政策。鼓励和引导银行在科技型中小企业密集地区、国家高新区的分支机构设立科技专家顾问委员会,发挥国家、地方科技计划专家库的优势,提供科技专业咨询服务;在审贷委员会中吸收有表决权的科技专家,并建立相应的考核约束机制;适当下放贷款审批权限;建立适合科技型中小企业特点的风险评估、授信尽职和奖惩制度;适当提高对科技型中小企业不良贷款的风险容忍度;开发适合科技型中小企业特点的金融服务产品,创新还款方式,提高对科技型中小企业的增值服务;推动完善知识产权转让和登记制度,培育知识产权流转市场,积极开展专利等知识产权质押贷款业务。

六、创新科技金融合作模式,开展科技部门与银行之间的科技金融合作模式创新试点。科技部门和银行选择部分银行分支机构作为科技金融合作模式创新试点单位进行共建,开展科技资源和金融资源结合的具体实践,探索加大对科技型中小企业信贷支持和提高对科技型中小企业金融服务水平的有效途径。同时,分别在东、中、西部的涉农科技型中小企业密集省份,选择部分银行开展支持涉农科技型中小企业试点工作。各试点单位应按照"六项机制"和本指导意见的有关要求,积极加强与科技部门之间的协商与合作,共同制订试点方案,切实落实有关政策,做好科技资源和金融资源结合的有关工作。

七、建立银行业支持科技型中小企业的长效机制。各地银行业监管部门、科技部门和各银行要深入贯彻落实科学发展观,结合本指导意见,积极加强部门合作和政策协调,加大相互开展科技与金融知识培训力度,认真做好有关试点工作,及时总结经验教训,不断创新和完善部门合作、资源结合、风险分担、信息共享等多方面的科技金融合作模式。银监会、科技部将选择部分科技金融合作模式创新试点单位作为观察联系点,对有效加大对科技型中小企业信贷支持情况进行长期跟踪和调研,确保银行业支持科技型中小企业的长效机制建立并有效运行。

中国银行业监督管理委员会
中华人民共和国科学技术部
二〇〇九年五月五日

中国银监会 科学技术部关于选聘科技专家参与科技型中小企业项目评审工作的指导意见

银监发[2009]64号

各银监局,各省、自治区、直辖市、计划单列市、新疆生产建设兵团科技厅(局),各政策性银行、国有商业银行、股份制商业银行,邮政储蓄银行:

为进一步推动银行业支持科技型中小企业发展,科技部、银监会、中国银行业协会将共同构建科技专家推荐体系,为银行业金融机构的科技型中小企业贷款审批提供科学中立的专业性咨询意见。科技专家的推荐、选聘、管理遵循科技部推荐、银监会组织、中国银行业协会建档管理、商业银行自主选聘的基本模式。现就有关工作提出以下指导意见:

一、科技专家推荐体系的构建

(一)科技部负责从国家科技支撑计划、863计划、星火计划、火炬计划、科技型中小企业创新基金等国家科技计划科技专家库中按照专业领域,选择1000名左右行业专家候选人向银监会推荐,同时提供专家候选人的相关信息。

(二)银监会将科技部推荐的专家候选人名单和相关信息资料转中国银行业协会,由中国银行业协会对专家候选人统一进行评审,在全国最终确定数百名合适人选。

中国银行业协会按照每个省和计划单列市分别确定10~20名专家的原则,将专家名单和相关资料转交至各地银行业协会,作为各地银行业金融机构科技专家选聘的候选人。

(三)科技专家应满足以下条件:

1. 具有完全民事行为能力的自然人;
2. 遵纪守法,诚实守信,勤勉尽职,具有良好的个人品行;
3. 具有良好的教育背景与从业记录,在相应领域从事工作或科研10年以

上,熟悉本领域国内外发展的技术水平和总体情况;

4. 经科技部相关部门认可,能够正常参加评审和咨询工作;

5. 热心科技事业发展,关注科技型中小企业成长,愿意参与对银行科技型中小企业项目的咨询和顾问;

6. 了解金融、银行常识;

7. 能与科技部、银监会和中国银行业协会进行充分的信息沟通,并积极配合相关工作;

8. 科技部、银监会和中国银行业协会制定的其他条件。

参加过《国家中长期科学和技术发展规划纲要(2006—2020年)》或"十一五"科技计划的研究和编制工作或具备较丰富金融、银行知识的专家优先。

(四)中国银行业协会建立科技专家库,同时建立相应的考核和调整机制,具体办法由中国银行业协会另行制定。

二、科技专家的选聘

(一)中国银行业协会应向各银行业金融机构公开科技专家库名单及相关基础信息。

(二)银行业金融机构在对科技型中小企业项目审查时,需要科技专家提供专业咨询服务的,应从中国银行业协会确定的名单中进行选择。具体由银行业金融机构的法人机构或分支机构向所在地银行业协会提出需求,当地银行业协会协助银行业金融机构与科技专家取得联系。

(三)银行业金融机构根据自身需要和项目具体情况作出聘用科技专家的决定。银行业金融机构可以对科技专家的独立性进行充分评估,确保科技专家与银行科技型中小企业项目不存在利益冲突和任何关联关系。科技专家在工作中应主动地严格遵守相关纪律与规定。

在上述评估中,科技专家有义务向银行业金融机构提供真实、完整的信息。

(四)各省(区、市)和计划单列市银行业金融机构的法人机构或分支机构至少应选聘一名专家作为相关项目审贷咨询顾问,同一名专家可以接受两个以上银行业金融机构的聘用。

(五)银行业金融机构决定聘用科技专家提供服务后,应根据市场原则与科技专家签署正式协议,明确双方权利义务和纠纷处理方式。

(六)银行业金融机构应将与科技专家签署协议的情况告知中国银行业协会

或当地银行业协会。

（七）科技部、银监会、中国银行业协会及任何第三方不介入银行业金融机构与科技专家的协议签署过程。

（八）银行业金融机构在科技型中小企业项目的评审过程中,应全面、独立衡量项目的成本收益和风险状况,充分听取所聘用科技专家提出的专业性咨询意见,但不将该咨询意见作为唯一决策依据。

（九）中国银行业协会负责对银行业金融机构选聘科技专家的行为进行行业自律管理。

三、科技专家的培训、评价及调整

（一）中国银行业协会定期对科技专家进行金融知识和银行业务知识的培训,科技专家应自觉参加培训并积极学习、提高自身的金融素养;如长期不能参加相关培训,且中国银行业协会在定期考查中认为其已不能为银行科技型中小企业项目提供有效咨询和顾问的,应将其从科技专家库中除名,并将相关情况向银监会反映,由银监会告知科技部。

（二）银行业金融机构应对科技专家的工作成效进行评估,并向中国银行业协会报告科技专家的尽职情况,如果科技专家未能有效尽职,中国银行业协会应视情况将其从科技专家库中除名,并将相关情况向银监会反映,由银监会告知科技部。

（三）科技专家库中专家数量难以满足银行业金融机构需求时,中国银行业协会应向银监会报告,由银监会向科技部提出专家候选人的进一步需求,科技部根据前述条款向银监会进行推荐。

（四）中国银行业协会定期统计银行业金融机构选聘科技专家库中专家的情况以及效果,对银行业金融机构有科技专家参与的相关信贷项目取舍状况及风险情况进行监测了解,作为对专家考核评价的基础,并向银监会报告。银监会将根据监管职责对银行业金融机构行为的合规性进行监督管理,并根据银行业金融机构对专家的使用评价情况,结合中国银行业协会统计结果向科技部进行必要的反馈。

中国银行业监督管理委员会
中华人民共和国科学技术部
二〇〇九年六月二十八日

关于科技部与中国银行加强合作促进高新技术产业发展的通知

国科发财[2009]620号

各省、自治区、直辖市及计划单列市科技厅(委、局)、深圳市科工贸信委、新疆生产建设兵团科技局,中国银行各一级分行、直属分行:

为深入贯彻落实《国务院关于发挥科技支撑作用,促进经济平稳较快发展的意见》(国发[2009]9号)(以下简称《意见》)精神,进一步推进科技金融结合,集成科技资源和金融资源,积极应对金融危机,支持高新技术产业发展和科技企业融资,科学技术部(以下简称科技部)和中国银行股份有限公司(以下简称中国银行)将本着优势互补、共促发展的原则,在国家科技发展领域进行全面合作。现将有关事项通知如下:

一、合作原则

科技部与中国银行将积极探索和实践国家科技政策引导与商业银行综合服务相结合的科技投融资体制,实现科技、银行、企业的共赢,破解科技型中小企业融资瓶颈,促进科技成果转化和产业化。双方将发挥各自优势,围绕国家鼓励发展的战略产业、科技企业以及科技计划项目,按照"科技部组织推动,中国银行独立审核,围绕重点领域,创新合作机制,执行市场化操作"的原则开展合作。

二、合作领域

(一)应对金融危机科技支撑项目。《意见》提出的科技重大专项重点任务,促进产业振兴的重点先进技术,扩大内需、改善民生的技术和推广等应对金融危机科技支撑项目。

(二)国家关键性、战略性产业领域。《国家中长期科学和技术发展规划纲要(2006—2020年)》所提出的关键性、战略性产业领域,主要包括电子信息、新材料、先进制造、新能源、生物医药、农业、节能环保以及现代服务业等。

（三）科技型中小企业。对符合银行支持科技型中小企业条件和标准的企业，加强信贷和金融服务支持力度。

（四）国家高新技术产业开发区及大学科技园区基础设施建设。

（五）科技企业"走出去"。中国银行将充分利用多业并举、海内外联动及外汇方面优势，为科技企业"走出去"提供综合金融服务。

（六）科技金融合作共建。中国银行选定分支机构与地方科技部门（国家高新区）开展科技金融合作共建，科技部门制定有关贷款贴息、风险补偿等政策，中国银行制定专门的服务策略，为共建的高新区及区内企业提供全面高效的金融服务。

三、合作方式

（一）科技部与中国银行建立多层次合作模式。科技部科研条件与财务司、中国银行公司金融总部负责具体组织落实和协调，各省、自治区、直辖市、计划单列市科技部门与中国银行当地分支机构加强联系和合作。

（二）科技部门可以定期或不定期向中国银行推荐科技项目，并协助中国银行对项目的技术水平、发展前景进行评估和论证，共同做好区域内科技企业信用体系建设和信贷金融培训工作。

（三）共同推进科技型中小企业融资。各地科技部门和中国银行分支机构要按照银监会、科技部《关于进一步加大对科技型中小企业信贷支持的指导意见》（银监发［2009］37号）、《关于选聘科技专家参与科技型中小企业项目评审的指导意见》（银监发［2009］64号）要求，创新科技金融合作机制和产品，共同搭建多种形式的科技金融合作平台，为科技型中小企业创造有利的金融服务环境。

工作中遇有问题和情况，请及时反映。

科技部联系人：沈文京、贾建平

联系电话：010—58881686、010—58881691

传真：010—58881691

中国银行联系人：牛甲子、刘铮

联系电话：010—66593190、010—66593274

传真：010—66593142

科学技术部　中国银行股份有限公司

二〇〇九年十一月四日

科学技术部 中国银监会关于开展科技专家参与科技型中小企业贷款项目评审工作的通知

国科发财[2010]44号

各省、自治区、直辖市、计划单列市科技厅(委、局),新疆生产建设兵团科技局,深圳市科工贸信委,各银监局,各银行,各有关科技专家:

为贯彻落实《国务院关于发挥科技支撑作用,促进经济平稳较快发展的意见》(国发[2009]9号)和中央经济工作会议精神,进一步推动银行支持科技型中小企业发展,加快培育战略性新兴产业,提高银行贷款的科学性,根据银监会、科技部《关于进一步加大对科技型中小企业信贷支持的指导意见》(银监发[2009]37号)和《关于选聘科技专家参与科技型中小企业项目评审工作的指导意见》(银监发[2009]64号)要求,科技部、银监会决定启动科技专家参与科技型中小企业贷款项目评审工作。现将有关事项通知如下:

一、科技部从国家科技计划专家库中选择出部分符合要求的科技专家,经商银监会后,由中国银行业协会建立科技专家库。地方科技部门可参照有关条件,结合本地产业发展的需求,提出补充科技专家名单,经商银监局后联合报科技部;科技部会同银监会审核后,将审核通过的科技专家名单告知中国银行业协会、有关地方科技部门和银监局;中国银行业协会负责将通过审核的科技专家补充加入科技专家库,并告知协会会员单位;地方科技部门通知有关科技专家。

二、银行业金融机构在进行科技型中小企业贷款项目审查或其他涉及科学技术的项目审查时,需要科技专家提供咨询服务的,可从科技专家库中选择。

三、在进行贷款项目咨询时,银行应与科技专家约定咨询内容、咨询费用、反馈时间和要求等事项。咨询可以通过电话、邮件、实地考察等多种方式进行。

四、科技专家要高度重视向银行提供咨询服务工作,发挥自身专业知识、信息网络和熟悉科技产业政策等优势,对银行提出的咨询服务需求,及时做出科学、合理、公正、客观的回复意见,并保守咨询工作秘密。

五、科技部、银监会委托中国银行业协会具体负责实施科技专家为银行业金融机构提供咨询服务工作,收集整理各方面的意见和建议。中国银行业协会负责编制的科技专家手册将发至协会会员单位,供开展工作之用。

六、考虑到该项工作涉及面广、内容复杂、创新性强,科技部、银监会决定该项工作从本通知发布之日起,先期试行一年。各地科技部门、银监局、银行业协会要加强联系与合作,注意总结经验。银行业金融机构及科技专家有何意见和建议可随时向科技部、银监会和中国银行业协会反映。

联系人及方式:

科技部

沈文京　010－58881686　shenwj@most.cn

贾建平　010－58881691　jia8509@126.com

银监会

周振宇　010－66279572　zhouzhenyu@cbrc.gov.cn

中国银行业协会

吕　欢　010－66553358－8008　lvhuan@china－cba.net

成天乐　010－66553358－8101　chengtianle@china－cba.net

科学技术部　中国银监会
二〇一〇年二月二日

财政部 工业和信息化部 银监会 国家知识产权局 国家工商行政管理总局 国家版权局关于加强知识产权质押融资与评估管理支持中小企业发展的通知

财企[2010]199号

各省、自治区、直辖市、计划单列市财政厅(局)、中小企业管理部门、银监局、知识产权局、工商行政管理局、版权局：

为贯彻落实《国家知识产权战略纲要》(国发[2008]18号)和《国务院关于进一步促进中小企业发展的若干意见》(国发[2009]36号),推进知识产权质押融资工作,拓展中小企业融资渠道,完善知识产权质押评估管理体系,支持中小企业创新发展,积极推动产业结构优化升级,加快经济发展方式转变,现就知识产权质押融资与评估管理有关问题通知如下：

一、建立促进知识产权质押融资的协同推进机制

知识产权质押融资是知识产权权利人将其合法拥有的且目前仍有效的专利权、注册商标权、著作权等知识产权出质,从银行等金融机构取得资金,并按期偿还资金本息的一种融资方式。各级财政、银监、知识产权、工商行政、版权、中小企业管理部门(以下统称各有关部门)要充分发挥各自的职能作用,加强协调配合和信息沟通,积极探索促进本地区知识产权质押融资工作的新模式、新方法,完善知识产权质押融资的扶持政策和管理机制,加强知识产权质押评估管理,支持中小企业开展知识产权质押融资,加快建立知识产权质押融资协同工作机制,有效推进知识产权质押融资工作。

二、创新知识产权质押融资的服务机制

各有关部门要指导和支持银行等金融机构探索和创新知识产权信贷模式,积

极拓展知识产权质押融资业务,鼓励和支持商业银行结合自身特点和业务需要,选择符合国家产业政策和信贷政策、可以用货币估价并依法流转的知识产权作为质押物,有效满足中小企业的融资需求。

各有关部门要指导和支持商业银行等金融机构根据国家扶持中小企业发展的政策,充分利用知识产权的融资价值,开展多种模式的知识产权质押融资业务,扩大中小企业知识产权质押融资规模。要鼓励商业银行积极开展以拥有自主知识产权的中小企业为服务对象的信贷业务,对中小企业以自主知识产权质押的贷款项目予以优先支持。要充分利用国家财政现有中小企业信用担保资金政策,对担保机构开展的中小企业知识产权质押融资担保业务给予支持。

各有关部门要引导商业银行、融资性担保机构充分利用资产评估在知识产权质押中的作用,促进知识产权、资产评估法律及财政金融等方面的专业协作,协助贷款、担保等金融机构开展知识产权质押融资业务。要进一步加强知识产权、资产评估、金融等专业知识培训和业务交流,开展相关政策与理论研究,提升商业银行、融资性担保机构、资产评估机构等组织及有关从业人员的专业能力。

各有关部门要支持和指导中小企业运用相关政策开展知识产权质押融资,构建中小企业与商业银行等金融机构之间的信息交流平台,提高中小企业知识产权保护和运用水平。

三、建立完善知识产权质押融资风险管理机制

各地银监部门要指导和支持商业银行等金融机构建立健全知识产权质押融资管理体系,创新授信评级,严格授信额度管理,建立知识产权质押物价值动态评估机制,落实风险防控措施。

各有关部门要鼓励融资性担保机构为中小企业知识产权质押融资提供担保服务,引导企业开展同业担保业务,构建知识产权质押融资多层次风险分担机制。探索建立适合中小企业知识产权质押融资特点的风险补偿和尽职免责机制。支持和引导各类信用担保机构为知识产权交易提供担保服务,探索建立社会化知识产权权益担保机制。

四、完善知识产权质押融资评估管理体系

各有关部门要根据财政部和国家知识产权局、国家工商行政管理总局、国家版权局等部门有关加强知识产权资产评估管理的意见,完善知识产权质押评估管

理制度,加强评估质量管理,防范知识产权评估风险。

各有关部门要鼓励商业银行、融资性担保机构、中小企业充分利用专业评估服务,由经财政部门批准设立的具有知识产权评估专业胜任能力的资产评估机构,对需要评估的质押知识产权进行评估。要指导商业银行、融资性担保机构、中小企业等评估业务委托方,针对知识产权质押融资的评估行为,充分关注评估报告披露事项,按照约定合理使用评估报告。

中国资产评估协会要加强相关评估业务的准则建设和自律监管,促进资产评估机构、注册资产评估师规范执业,加快推进知识产权评估理论研究和数据服务系统建设,为评估机构开展知识产权评估提供理论和数据支持。要在无形资产评估准则框架下,针对各类知识产权制定具体的资产评估指导意见,形成完整的知识产权评估准则体系。要加大知识产权评估相关业务的培训,进一步提高注册资产评估师专业胜任能力。要监督资产评估机构按照国家有关规定合理收取评估费用,制止资产评估机构低价恶性竞争或超标准收费行为。

五、建立有利于知识产权流转的管理机制

各级知识产权部门要建立动态的信息跟踪和沟通机制,及时做好知识产权质押登记,加强流程管理,强化质押后的知识产权保护,并为商业银行、融资性担保机构、质押评估委托方查询质押知识产权法律状态、知识产权质押物经营状况等信息提供必要的支持,协助商业银行逐步建立知识产权质押融资信用体系。

各级中小企业管理部门要积极引导拥有自主知识产权的中小企业进行质押融资,提高其知识产权参与资产评估的积极性和有效性,建立适应知识产权交易的多元化、多渠道投融资机制,并将其纳入当地中小企业成长工程。

各有关部门要加快推进知识产权交易市场建设,充分依托各类产权交易市场,引导风险投资机构参与科技成果产业化投资,促进知识产权流转。要积极探索知识产权许可、拍卖、出资入股等多元化价值实现形式,支持商业银行、融资性担保机构质权的实现。

财政部　工业和信息化部　银监会
国家知识产权局　国家工商行政管理总局　国家版权局
二〇一〇年八月十二日

四、科技担保篇

国务院办公厅转发发展改革委等部门关于加强中小企业信用担保体系建设意见的通知

国办发[2006]90号

各省、自治区、直辖市人民政府，国务院各部委、各直属机构：

  发展改革委、财政部、人民银行、税务总局、银监会《关于加强中小企业信用担保体系建设的意见》已经国务院同意，现转发给你们，请认真贯彻执行。

国务院办公厅

二〇〇六年十一月二十三日

关于加强中小企业信用担保体系建设的意见

近年来,主要以中小企业为服务对象的中小企业信用担保机构快速发展,担保资金不断增加,业务水平和运行质量稳步提高,服务领域进一步拓展,为解决中小企业融资难和担保难等问题发挥了重要作用。但也要看到,目前中小企业信用担保体系建设还存在许多问题,主要是担保机构总体规模较小,实力较弱,抵御风险能力不强,行业管理不完善等,亟须采取有效措施加以解决。根据《中华人民共和国中小企业促进法》和《国务院关于鼓励支持和引导个体私营等非公有制经济发展的若干意见》(国发[2005]3号)的要求,为促进中小企业信用担保机构持续健康发展,现提出如下意见:

一、建立健全担保机构的风险补偿机制

(一)切实落实《中华人民共和国中小企业促进法》有关规定,在国家用于促进中小企业发展的各种专项资金(基金)中,安排部分资金用于支持中小企业信用担保体系建设。各地区也要结合实际,积极筹措资金,加大对中小企业信用担保体系建设的支持力度。

(二)鼓励中小企业信用担保机构出资人增加资本金投入。对于由政府出资设立,经济效益和社会效益显著的担保机构,各地区要视财力逐步建立合理的资本金补充和扩充机制,采取多种形式增强担保机构的资本实力,提高其风险防范能力。

(三)各地区、各部门要积极创造条件,采取多种措施,组织和推进中小企业信用担保体系建设,引导担保机构充分发挥服务职能,根据有关法律法规和政策,积极为有市场、有效益、信用好的中小企业开展担保业务,切实缓解中小企业融资难、担保难等问题。

(四)为提高中小企业信用担保机构抵御风险的能力,各地区可根据实际,逐步建立主要针对从事中小企业贷款担保的担保机构的损失补偿机制。鼓励有条件的地区建立中小企业信用担保基金和区域性再担保机构,以参股、委托运作和提供风险补偿等方式支持担保机构的设立与发展,完善中小企业信用担保体系的增信、风险补偿机制。

二、完善担保机构税收优惠等支持政策

（五）继续执行《国务院办公厅转发国家经贸委关于鼓励和促进中小企业发展若干政策意见的通知》（国办发[2000]59号）中规定的对符合条件的中小企业信用担保机构免征三年营业税的税收优惠政策。同时，进一步研究完善促进担保机构发展的其他税收政策。

（六）开展贷款担保业务的担保机构，按照不超过当年年末责任余额1%的比例以及税后利润的一定比例提取风险准备金。风险准备金累计达到其注册资本金30%以上的，超出部分可转增资本金。担保机构实际发生的代偿损失，可按照规定在企业所得税税前扣除。

（七）为促进担保机构的可持续发展，对主要从事中小企业贷款担保的担保机构，担保费率实行与其运营风险成本挂钩的办法。基准担保费率可按银行同期贷款利率的50%执行，具体担保费率可依项目风险程度在基准费率基础上上下浮动30%～50%，也可经担保机构监管部门同意后由担保双方自主商定。

三、推进担保机构与金融机构的互利合作

（八）按照平等、自愿、公平及等价有偿、诚实信用的原则，鼓励、支持金融机构与担保机构加强互利合作。鼓励金融机构和担保机构根据双方的风险控制能力合理确定担保放大倍数，发挥各自优势，加强沟通协作，防范和化解中小企业信贷融资风险，促进中小企业信贷融资业务健康发展。

（九）金融机构要针对中小企业的特点，创新与担保机构的合作方式，拓展合作领域，积极开展金融产品创新，推出更多适合中小企业多样化融资需求的金融产品和服务项目。政策性银行可依托中小商业银行和担保机构，开展以中小企业为主要服务对象的转贷款、担保贷款业务。

（十）金融机构要在控制风险的前提下，合理下放对小企业贷款的审批权限，简化审贷程序，提高贷款审批效率。对运作规范、信用良好、资本实力和风险控制能力较强的担保机构承保的优质项目，可按人民银行利率管理规定适当下浮贷款利率。

四、切实为担保机构开展业务创造有利条件

（十一）担保机构开展担保业务中涉及工商、房产、土地、车辆、船舶、设备和其

他动产、股权、商标专用权、专利权等抵押物登记和出质登记,凡符合要求的,登记部门要按照《中华人民共和国担保法》的规定为其办理相关登记手续。担保机构可以查询、抄录或复印与担保合同和客户有关的登记资料,登记部门要提供便利。

(十二)登记部门要简化程序、提高效率,积极推进抵押物登记、出质登记的标准化和电子化,提高服务水平,降低登记成本。同时,担保机构办理代偿、清偿、过户等手续的费用,要按国家有关规定予以减免。在办理有关登记手续过程中,有关部门不得指定评估机构对抵押物(质物)进行强制性评估,不得干预担保机构正常开展业务。

(十三)各部门和有关方面按照规定可向社会公开的企业信用信息,应向担保机构开放,支持担保机构开展与担保业务有关的信息查询。有条件的地方要建立互联互通机制,实现可公开企业信用信息与担保业务信息的互联互通和资源共享。

五、加强对担保机构的指导和服务

(十四)全国中小企业信用担保体系建设工作由发展改革委牵头,财政部、人民银行、税务总局、银监会参加,各部门要密切配合,加强沟通与协调,及时研究解决工作中的重大问题。地方各级人民政府要加强领导,提高认识,高度重视中小企业信用担保体系建设工作,将其纳入中小企业成长工程,积极采取措施予以推进。

(十五)加强对担保机构经营的指导。各地区要指导和督促担保机构加强内部管理,规范经营行为,完善各种规章制度,努力提高经营水平和防控风险能力。要建立健全担保机构的信用评级制度,督促担保机构到有资质的评级机构进行信用评级,并将信用等级向社会公布。根据实际情况对担保机构实行备案管理,全面掌握担保机构经营状况,及时跟踪指导。

(十六)积极为担保机构做好服务工作。各地区要组织开展面向中小企业信用担保机构的信息咨询、经验交流、业务培训、行业统计、权益保护、行业自律及对外交流等工作,切实推进担保机构自身建设和文化建设,促进担保机构持续健康发展。

发展改革委　财政部　人民银行
税务总局　银监会

中国人民银行关于中小企业信用担保体系建设相关金融服务工作的指导意见

银发[2006]451号

中国人民银行上海总部,各分行、营业管理部、省会(首府)城市中心支行、副省级城市中心支行;各政策性银行、国有商业银行、股份制商业银行:

现将《国务院办公厅转发发展改革委等部门关于加强中小企业信用担保体系建设意见的通知》(国办发[2006]90号)转发你们,并就银行系统进一步鼓励和支持中小企业发展,支持实施"中小企业成长工程",做好中小企业信用担保体系建设相关金融服务工作提出如下意见。

一、高度重视支持中小企业发展,努力为中小企业发展提供更多务实有效的金融服务

目前,中小企业数量已占我国企业总数的98%以上,中小企业发展在促进经济增长、扩大就业、推动技术创新、调整经济结构、催生新产业方面的作用越来越重要。人民银行各级分支机构和相关金融机构要把支持中小企业发展作为一个大战略,以贯彻落实国办发[2006]90号文件为契机,对各自所辖范围内近年来支持中小企业发展相关情况进行一次全面、认真的综合评估,寻找差距,深挖潜力,进一步配合相关部门,采取务实有效的服务措施,努力使辖内对中小企业的金融服务工作再上新台阶。人民银行各级分支机构和相关金融机构要通过金融产品和服务方式创新,完善配套服务措施,多方面拓宽中小企业融资渠道,鼓励、支持和引导中小企业走"专、精、特、新"的发展道路,支持中小企业发展劳动密集型产业,鼓励中小企业进入现代服务业、装备制造业和高新技术产业,支持发展中小企业集群,增强中小企业自主创新能力,进一步引导中小企业实施品牌战略,推动中小企业提高整体素质和市场竞争力。

二、推进中小企业担保机构与金融机构的互利合作，为中小企业发展创造良好的融资环境

人民银行各级分支机构和相关金融机构要结合辖内实际情况，配合有关部门，积极探索创新，及时研究制订实施细则，认真贯彻落实国办发[2006]90号文件提出的推进担保机构与金融机构互利合作的相关政策原则。对具有法定资质的抵押担保登记部门已经出质登记、可用于抵押担保的动产和不动产物品或权利，金融机构在审核认可抵押担保品时，要简化程序，提高效率，方便企业。按照规定可以向担保机构开放的企业信用信息，经人民银行确认，各金融机构要向担保机构开放，为担保机构查询企业信用信息提供便利。有条件的地区，人民银行分支机构可逐步探索组织信用评级机构开展对中小企业信用担保机构的信用评级工作，并及时将信用评级结果录入企业信用信息基础数据库，供金融机构查询、使用，努力做好中小企业信用信息服务工作。

三、要把支持中小企业发展作为一项长期战略，保持银行业支持政策的连续性、稳定性和可持续性

金融支持中小企业发展是一项长期任务和系统工程。人民银行各级分支机构和相关金融机构出台支持中小企业发展的措施要立足现实，着眼长远，着力加强制度建设和机制建设，保持政策的连续性、稳定性和可持续性，切忌"走形式"，"搞运动"。要结合中小企业的地域、行业和规模等特点，加强市场细分，制订长期规划，注重培育潜在客户和培养企业信用意识及诚信意识，完善融资环境，同中小企业建立务实、长期的银企合作关系，扶持中小企业有序发展壮大。在支持中小企业发展和加强中小企业信用担保体系建设的同时，要注意防范信贷风险，并努力防止中小企业融资风险通过担保机构向金融机构转移。

四、加强金融支持中小企业的数据信息的统计制度建设和信息沟通交流

人民银行各级分支机构和相关金融机构要进一步加强对中小企业贷款投向的动态跟踪监测和信息反馈工作。加强辖区内金融机构对中小企业提供融资的数据统计和信息的归集、整理，密切关注金融机构与担保机构的合作情况和辖区内企业信用体系建设情况，有关情况及建议要及时向人民银行总行报告。

四、科技担保篇

请人民银行上海总部,各分行、营业管理部、省会(首府)城市中心支行将本通知及时转发至辖区内相关金融机构,并认真做好贯彻落实工作。

附件:国务院办公厅转发发展改革委等部门关于加强中小企业信用担保体系建设意见的通知(略)

中国人民银行

二〇〇六年十二月二十六日

工业和信息化部关于支持引导中小企业信用担保机构加大服务力度缓解中小企业生产经营困难的通知

工信部企业[2008]345号

各省、自治区、直辖市和计划单列市经贸委(经委)、中小企业管理部门(局、厅、办):

为贯彻落实党中央、国务院关于保持经济稳定增长的决策部署,充分发挥信用担保机构在支持中小企业发展中的重要作用,现就支持引导中小企业信用担保机构加大对中小企业贷款担保服务力度、缓解中小企业生产经营困难等问题通知如下:

一、切实提高对中小企业信用担保服务重要性和紧迫性的认识

近年来全国中小企业信用担保体系建设取得积极进展,以中小企业信用担保机构为主体的担保业已初步形成,担保资金逐步增加、业务能力不断增强、服务领域正在拓展、运行质量逐年提高、企业和社会效益显著提高,为中小企业快速发展提供了有力支撑。

当前,受国内外经济形势变化,特别是金融危机影响,部分地区和行业的中小企业生产经营出现较大困难。中小企业融资难更为突出,资金供应矛盾加剧,一些企业因资金链断裂而停产倒闭,已影响到企业生产的基本稳定。各级中小企业管理部门要高度重视目前中小企业的经营困难,从经济社会发展的大局出发,从践行科学发展观的要求,加快结构调整和促进经济增长的责任出发,从保持社会稳定,保证就业稳定出发,必须高度重视中小企业信用担保工作。引导担保机构充分发挥自身在提升中小企业信用,分散分担中小企业贷款风险,缓解中小企业融资难方面的重要作用。

二、切实引导支持中小企业信用担保机构加大对经营困难的中小企业担保服务力度

面对当前中小企业生产经营困难,要引导中小企业信用担保机构创新体制机

制,积极拓展担保业务,切实采取有效措施,帮助中小企业尽快走出困境。支持担保机构简化贷款担保手续,坚持便利原则,便捷企业申请,有条件的可开辟贷款担保绿色通道,尽量缩短贷款担保办理时间。要加强与银行协商,争取在授信额度内采取"一次授信、分次使用、循环担保"方式,提高审保和放贷效率。

合理确定并适当降低贷款担保收费标准。综合考虑借款人信用等级、贷款方式、贷款金额、贷款期限、管理成本、风险水平、资本回报及当地市场利率水平等因素,严格按照国家有关规定确定贷款担保收费标准。对有产品、有信用、有发展前景,确因生产经营出现困难的中小企业,要降低担保收费标准,特别是对中央和地方财政补助的担保机构要实行低收费,减轻企业融资成本。对还款确有困难的企业,要积极加强与协作银行沟通,争取予以适当展期,或由短期贷款转为中期贷款,以实现续贷续保,帮助企业渡过难关。

各地中小企业主管部门要引导支持中小企业信用担保机构改进贷款担保服务方式,及时了解企业特别是经营困难的资金需求,积极主动寻找客户。对客户群要作市场细分,对重点和优质客户,要在担保审批、收费标准、信用额度、担保种类等方面提供方便和优惠。对暂时达不到担保要求的中小企业,要开展咨询和培训等服务,培育潜在担保客户。

三、切实发挥担保机构在促进中小企业转变发展方式上的积极作用

当前中小企业生产经营困难主要集中于出口加工型和轻工、纺织等劳动密集型企业。这类企业正处于结构调整和产业升级关键时期,要引导中小企业担保机构在推进中小企业结构调整、产业升级、转变发展方式方面发挥促进作用。注重支持市场开拓功能强、有自主品牌、有专利技术的创新型企业以及产品质量好、节能环保的中小企业的贷款担保需求,优先为有产品、有市场、有信用、符合产业政策的中小企业提供便捷快速贷款担保服务。对中小企业调整、重组和改造项目,要加大担保支持。对就业容量大、劳动密集型的中小企业,要积极提供一些确保生产岗位稳定的担保业务。对工艺技术落后、安全生产隐患大、产品质量差、环保不达标的企业,不能提供担保。

要引导担保机构拓展贷款担保用途。根据当地经济发展和就业情况,除积极提供短期流动资金贷款担保需求外,积极为中长期贷款提供担保服务。当前,要配合有关部门为下岗职工安置就业和创业提供融资担保服务。

四、引导担保机构规范业务,防范风险

针对当前中小企业面临的形势,在推进中小企业信用担保机构大力拓展贷款担保业务同时,各级中小企业管理部门也要积极引导中小企业信用担保机构高度重视防范担保风险。完善内部风险管理制度,确保充足的现金流,切实防范担保风险。要切实加强对担保机构运营的监控,及时跟踪贷款担保走向及变化,形成有效的风险识别、预警和应急处理机制,适时建立对担保风险定期分析制度,发布担保市场和担保运营情况的信息。

各级中小企业管理部门要加大监管力度,引导中小企业信用担保机构加强自身管理,规范操作行为。对从事小额贷款担保、帮助中小企业解决当前困难的担保机构形成的代偿损失,要通过财政补助、风险分担等多种措施降低担保风险,确保担保能力不受影响。通过市场信息收集和评估,定期分析行业风险、产业链风险和受保企业风险,切实防范和化解担保风险。

五、加强对担保机构的组织协调和服务指导

各级中小企业管理部门要加强与财政、人行、税务、银监等部门协调配合,采取有效政策引导中小企业信用担保机构加大对目前经营困难的中小企业担保服务支持力度。对中小企业信用担保机构开展的小额贷款担保服务,要积极争取各级财政支持,用好中央财政担保业务风险补偿、奖励和营业税减免等政策。对信用好、管理能力强、业绩突出的中小企业信用担保机构,引导协作银行与其建立平等紧密的合作关系,建立风险分担机制,共同缓解中小企业融资难问题。

各级中小企业管理部门要加强对中小企业信用担保机构的宣传,认真总结推广好的做法和先进经验。坚定克服当前困难的信心,加大调研力度,对由于融资难、贷款难、担保难影响到中小企业生产经营困难等问题,特别是停产亏损企业情况和下岗职工等影响社会稳定的问题,要高度关注,并及时分析,加强信息反馈,上下配合,齐心协力,为促进中小企业稳定健康发展做出应有贡献。

二〇〇八年十二月四日

财政部 国家税务总局关于中小企业信用担保机构有关准备金税前扣除问题的通知

财税[2009]62号

各省、自治区、直辖市、计划单列市财政厅（局）、国家税务局、地方税务局，新疆生产建设兵团财务局：

根据《中华人民共和国企业所得税法》和《中华人民共和国企业所得税法实施条例》的有关规定，现就中小企业信用担保机构有关税前扣除政策问题通知如下：

一、中小企业信用担保机构可按照不超过当年年末担保责任余额1％的比例计提担保赔偿准备，允许在企业所得税税前扣除。

二、中小企业信用担保机构可按照不超过当年担保费收入50％的比例计提未到期责任准备，允许在企业所得税税前扣除，同时将上年度计提的未到期责任准备余额转为当期收入。

三、中小企业信用担保机构实际发生的代偿损失，应依次冲减已在税前扣除的担保赔偿准备和在税后利润中提取的一般风险准备，不足冲减部分据实在企业所得税税前扣除。

四、本通知所称中小企业信用担保机构是指以中小企业为服务对象的信用担保机构。

五、本通知自2008年1月1日起至2010年12月31日止执行。

财政部 国家税务总局
二〇〇九年六月一日

工业和信息化部 国家税务总局关于中小企业信用担保机构免征营业税有关问题的通知

工信部联企业〔2009〕114号

各省、自治区、直辖市及计划单列市、新疆生产建设兵团经贸委（经委）、中小企业管理部门（厅、局、办）、地方税务局：

按照《国务院办公厅关于加强中小企业信用担保体系建设意见的通知》（国办发〔2006〕90号）和《国务院办公厅关于当前金融促进经济发展的若干意见》（国办发〔2008〕126号）有关精神，为了更好应对国际金融危机，支持和引导中小企业信用担保机构为中小企业特别是小企业提供贷款担保和融资服务，努力缓解中小企业贷款难融资难问题，帮助中小企业摆脱困境。现就继续做好中小企业信用担保机构免征营业税工作有关问题通知如下：

一、信用担保机构免税条件

（一）经政府授权部门（中小企业管理部门）同意，依法登记注册为企（事）业法人，且主要从事为中小企业提供担保服务的机构。实收资本超过2000万元。

（二）不以营利为主要目的，担保业务收费不高于同期贷款利率的50%。

（三）有两年以上的可持续发展经历，资金主要用于担保业务，具备健全的内部管理制度和为中小企业提供担保的能力，经营业绩突出，对受保项目具有完善的事前评估、事中监控、事后追偿与处置机制。

（四）为工业、农业、商贸中小企业提供的累计担保贷款额占其两年累计担保业务总额的80%以上，单笔800万元以下的累计担保贷款额占其累计担保业务总额的50%以上。

（五）对单个受保企业提供的担保余额不超过担保机构实收资本总额的10%，且平均单笔担保责任金额最多不超过3000万元人民币。

（六）担保资金与担保贷款放大比例不低于3倍，且代偿额占担保资金比例不超过2%。

（七）接受所在地政府中小企业管理部门的监管，按要求向中小企业管理部门报送担保业务情况和财务会计报表。

享受三年营业税减免政策期限已满的担保机构，仍符合上述条件的，可继续申请。

二、免税程序

符合条件的中小企业信用担保机构可自愿申请，经省级中小企业管理部门和省级地方税务部门审核推荐后，由工业和信息化部和国家税务总局审核批准并下发免税名单，名单内的担保机构持有关文件到主管税务机关申请办理免税手续，各地税务机关按照工业和信息化部和国家税务总局下发的名单审核批准并办理免税手续后，担保机构可享受营业税免税政策。

三、免税政策期限

担保机构从事中小企业信用担保或再担保业务取得的收入（不含信用评级、咨询、培训等收入）3年内免征营业税，免税时间自担保机构向主管税务机关办理免税手续之日起计算。

四、各省、自治区、直辖市及计划单列市中小企业管理部门和地方税务局根据本通知要求，自本通知下达之日起，按照公开公正和"成熟一批，上报一批"的原则，认真做好本地区中小企业信用担保机构受理、审核和推荐工作，工业和信息化部和国家税务总局将根据工作安排，下达符合条件的担保机构免税名单。

五、各省、自治区、直辖市和计划单列市中小企业管理部门、地方税务局要根据实际情况，对前期信用担保机构营业税减免工作落实情况及实施效果开展监督检查，对享受营业税减免政策的中小企业信用担保机构实行动态监管。对违反规定，不符合减免条件的担保机构，一经发现要如实上报工业和信息化部和国家税务总局，取消其继续享受免税的资格。

六、请各省、自治区、直辖市和计划单列市中小企业管理部门会同地方税务局要严格按规定认真做好审核推荐有关工作，将下列材料以书面形式一式二份（包括电子版）报工业和信息化部中小企业司和国家税务总局货物和劳务税司。

（一）按年度提供前期中小企业信用担保机构营业税减免工作的成效、存在问题及建议。

(二)经专家审核,并经公示的符合免税条件的中小企业信用担保机构名单。

(三)符合免税条件的《中小企业信用担保机构登记表》(见附表),经审计的最近1年完整财务年度的财务报告(包括资产负债表、利润表、现金流量表、担保余额变动表,以及报表中相关数据的附注和说明),营业执照和公司章程复印件,最近1年完整年度经协作银行加盖公章确认的担保业务明细表(提交的明细表指标中应含有:协作银行名称、担保企业名称、担保金额、担保费收入、担保机构与受保企业合同号、贷款银行与受保企业贷款合同号、担保责任发生日期、担保责任解除日期)。

(四)已取得免税资格,但经审查不符合免税条件的中小企业信用担保机构取消名单及理由。

附件:中小企业信用担保机构登记表(略)

工业和信息化部　国家税务总局
二〇〇九年三月十九日

财政部 工业和信息化部关于印发《中小企业信用担保资金管理暂行办法》的通知

财企[2010]72号

各省、自治区、直辖市、计划单列市财政厅(局)、工业和信息化主管部门、中小企业主管部门,新疆生产建设兵团财务局、中小企业主管部门:

  为规范和加强中小企业信用担保资金管理,提高资金使用效率,财政部、工业和信息化部研究制定了《中小企业信用担保资金管理暂行办法》。现印发给你们,请遵照执行。

  附件:中小企业信用担保资金管理暂行办法

财政部　工业和信息化部
二〇一〇年四月三十日

附件：

中小企业信用担保资金管理暂行办法

第一章 总 则

第一条 为规范和加强中小企业信用担保资金管理，提高资金使用效率，根据《中华人民共和国预算法》等法律、法规的有关规定，制定本办法。

第二条 中小企业信用担保资金(以下简称担保资金)是根据《中华人民共和国中小企业促进法》、《国务院关于进一步促进中小企业发展的若干意见》(国发〔2009〕36号)，由中央财政预算安排，专门用于支持中小企业信用担保机构(以下简称担保机构)、中小企业信用再担保机构(以下简称再担保机构)增强业务能力，扩大中小企业担保业务，改善中小企业融资环境的资金。

第三条 担保资金的管理应当遵循公开透明、定向使用、科学管理、加强监督的原则，确保资金使用规范、安全和高效。

第四条 财政部负责担保资金的预算管理、项目资金分配和资金拨付，并对资金的使用情况进行监督检查。

工业和信息化部负责确定担保资金的年度支持方向和重点，会同财政部对申报的项目进行审核，并对项目实施情况进行监督检查。

第二章 支持方式及额度

第五条 担保资金采取以下几种支持方式：

(一)业务补助，鼓励担保机构和再担保机构为中小企业特别是小企业提供融资担保(再担保)服务。对符合条件的担保机构开展的中小企业融资担保业务，按照不超过年担保额的2%给予补助；对符合条件的再担保机构开展的中小企业融资再担保业务，按照不超过年再担保额的0.5%给予补助。

(二)保费补助，鼓励担保机构为中小企业提供低费率担保服务。在不提高其他费用标准的前提下，对担保机构开展的担保费率低于银行同期贷款基准利率

50%的中小企业融资担保业务给予补助,补助比例不超过银行同期贷款基准利率50%与实际担保费率之差。

(三)资本金投入,鼓励担保机构扩大资本规模,提高信用水平,增强业务能力。特殊情况下,对符合条件的担保机构、再担保机构,按照不超过新增出资额的30%给予注资支持。

(四)其他。用于鼓励和引导担保机构、再担保机构开展中小企业信用担保(再担保)业务的其他支持方式。

第六条 符合条件的担保机构、再担保机构可以同时享受以上不限于一项支持方式的资助,但单个担保机构、再担保机构当年获得担保资金的资助额,除特殊情况外,一般不超过3000万元。

第三章 申请条件及要件

第七条 申请担保资金的担保机构必须同时具备下列条件:

(一)依据国家有关法律、法规设立和经营,具有独立企业法人资格。

(二)经营担保业务1年以上(含1年),无不良信用记录。

(三)担保业务符合国家有关法律、法规、业务管理规定及产业政策,当年新增中小企业担保业务额占新增担保业务总额的70%以上;新增单笔担保责任金额1500万元以下(含1500万元,下同)担保业务占新增担保业务总额的70%以上,或新增单笔担保责任金额1500万元以下担保业务额在3亿元以上。

(四)对单个企业提供的担保责任金额不超过担保机构净资产的10%。

(五)当年新增担保业务额达净资产的3倍以上,且代偿率低于3%。

(六)平均年担保费率不超过银行同期贷款基准利率的50%。

(七)内部管理制度健全,运作规范,按规定提取准备金。

(八)其他。

第八条 申请担保资金的再担保机构必须同时具备下列条件:

(一)依据国家有关法律、法规设立和经营,具有独立企业法人资格。

(二)以担保机构为主要服务对象,经营中小企业再担保业务1年以上(含1年)。

(三)再担保业务符合国家有关法律、法规、业务管理规定及产业政策,当年新增中小企业再担保业务额占新增再担保业务总额的70%以上;新增单笔再担保金额1500万元以下的再担保业务额占新增再担保业务总额的70%以上,或新增单笔再担保金额1500万元以下的再担保业务额在20亿元以上。

(四)当年新增再担保业务额达净资产的5倍以上。

(五)平均年再担保费率不超过银行同期贷款基准利率的15%。

(六)内部制度健全,管理规范。

(七)其他。

第九条　申请担保资金的担保机构、再担保机构应同时提供下列资料:

(一)法人执照副本及章程(复印件)。

(二)经注册会计师审计的年度会计报表。

(三)经注册会计师专项审计的担保业务情况(包括担保业务明细和风险准备金提取等)。

(四)担保业务收费凭证复印件。

(五)其他需提供的资料。

第四章　资金申请、审核及拨付

第十条　工业和信息化部、财政部每年按照本办法规定,联合下发申报通知,明确当年担保资金支持重点、资助比例、具体条件、申报组织等内容。

第十一条　各省、自治区、直辖市、计划单列市财政部门和同级中小企业管理部门(以下简称省级财政部门和省级中小企业管理部门)负责本地区项目资金的申请审核工作。

第十二条　省级中小企业管理部门会同同级财政部门在本地区范围内公开组织担保资金的申请工作。

第十三条　省级中小企业管理部门会同同级财政部门建立专家评审制度,依据本办法规定和当年申报通知的要求,对申请项目进行评审。

第十四条　省级财政部门会同同级中小企业管理部门依据专家评审意见确定申报的项目,并在规定时间内,将担保资金申请报告、专家评审意见底稿和其他相关资料上报财政部、工业和信息化部。

第十五条　工业和信息化部会同财政部对各地上报的申请报告及项目情况进行审核,并提出项目计划。

第十六条　财政部根据审核后的项目计划,确定项目资金支持方式,审定资金使用计划,将项目支出预算指标下达到省级财政部门,并根据预算管理规定及时拨付担保资金。

第十七条　担保机构、再担保机构收到担保资金后,应按照有关财务会计规章制度进行财务处理。

第五章　监督检查

第十八条　省级财政部门和同级中小企业管理部门对担保资金申报、审核及使用共同实施管理和监督。财政部驻各地财政监察专员办事处,对担保资金的拨付使用情况进行不定期监督检查。

第十九条　获得担保资金支持的担保机构、再担保机构应按有关财务规定妥善保存有关原始票据及凭证备查。对各级财政部门、财政部驻各地财政监察专员办事处和中小企业管理部门的专项检查,应积极配合并提供有关资料。

第二十条　获得担保资金支持的担保机构、再担保机构应于每年1月底前向省级中小企业管理部门和省级财政部门报送上一年度有关资产财务、担保资金使用、绩效等情况的材料,同时将以上材料的电子文档上报工业和信息化部、财政部。

第二十一条　省级中小企业管理部门和省级财政部门应建立担保资金使用跟踪问效和绩效评估机制,并于每年2月底前向工业和信息化部、财政部上报资金使用汇总报告及本地区中小企业信用担保机构发展报告。

第二十二条　担保资金必须专款专用,对违反规定使用、骗取担保资金的行为,一经查实,财政部将收回已安排的担保资金,并按照《财政违法行为处罚处分条例》(国务院令第427号)的相关规定进行处理。

第六章　附　则

第二十三条　省级财政部门和省级中小企业管理部门可根据本办法并结合实际,制定具体的实施办法。

第二十四条　本办法由财政部会同工业和信息化部负责解释。

第二十五条　本办法自印发之日起施行。

五、资本市场篇

证券公司代办股份转让系统中关村科技园区非上市股份有限公司股份报价转让试点办法(暂行)

目录

第一章　总则

第二章　股份挂牌

第三章　股份转让

　第一节　一般规定

　第二节　委托

　第三节　申报

　第四节　成交

　第五节　结算

　第六节　报价和成交信息发布

　第七节　暂停和恢复转让

　第八节　终止挂牌

第四章　主办券商

第五章　信息披露

第六章　其他事项

第七章　违规处理

第八章　附则

第一章　总　则

第一条　为规范中关村科技园区非上市股份有限公司(以下简称"非上市公司")股份进入证券公司代办股份转让系统(以下简称"代办系统")报价转让试点工作,根据《中华人民共和国公司法》、《中华人民共和国证券法》等法律、法规,制定本办法。

第二条 证券公司从事推荐非上市公司股份进入代办系统报价转让,代理投资者参与在代办系统挂牌的非上市公司股份的报价转让(以下简称"报价转让业务"),适用本办法。

第三条 参与股份报价转让试点的非上市公司、证券公司、投资者等应当遵循自愿、有偿、诚实信用原则,遵守本办法及有关业务规则的规定。

第四条 证券公司从事非上市公司股份报价转让业务,应勤勉尽责地履行职责。

第五条 证券公司应督促挂牌公司按照中国证券业协会(以下简称"协会")规定的信息披露要求履行信息披露义务。挂牌公司可自愿进行更为充分的信息披露。

第六条 参与挂牌公司股份报价转让的投资者,应当具备相应的风险识别和承担能力,可以是下列人员或机构:

(一)机构投资者,包括法人、信托、合伙企业等;

(二)公司挂牌前的自然人股东;

(三)通过定向增资或股权激励持有公司股份的自然人股东;

(四)因继承或司法裁决等原因持有公司股份的自然人股东;

(五)协会认定的其他投资者。挂牌公司自然人股东只能买卖其持股公司的股份。

第七条 协会依法履行自律性管理职责,对证券公司从事报价转让业务进行自律管理。

第八条 本办法下列用语的含义为:"主办券商"是指取得协会授予的代办系统主办券商业务资格的证券公司。"推荐主办券商"是指推荐非上市公司股份进入代办系统挂牌,并负责指导、督促其履行信息披露义务的主办券商。"挂牌公司"是指股份在代办系统挂牌报价转让的非上市公司。"报价系统"是指深圳证券交易所提供的代办系统中专门用于为非上市公司股份提供报价和转让服务的技术设施。

第二章 股份挂牌

第九条 非上市公司申请股份在代办系统挂牌,须具备以下条件:

(一)存续满两年。有限责任公司按原账面净资产值折股整体变更为股份有

限公司的,存续期间可以从有限责任公司成立之日起计算;

(二)主营业务突出,具有持续经营能力;

(三)公司治理结构健全,运作规范;

(四)股份发行和转让行为合法合规;

(五)取得北京市人民政府出具的非上市公司股份报价转让试点资格确认函;

(六)协会要求的其他条件。

第十条 非上市公司申请股份在代办系统挂牌,须委托一家主办券商作为其推荐主办券商,向协会进行推荐。申请股份挂牌的非上市公司应与推荐主办券商签订推荐挂牌协议。

第十一条 推荐主办券商应对申请股份挂牌的非上市公司进行尽职调查,同意推荐挂牌的,出具推荐报告,并向协会报送推荐挂牌备案文件。

第十二条 协会对推荐挂牌备案文件无异议的,自受理之日起五十个工作日内向推荐主办券商出具备案确认函。

第十三条 推荐主办券商取得协会备案确认函后,应督促非上市公司在股份挂牌前与证券登记结算机构签订证券登记服务协议,办理全部股份的集中登记。证券登记结算机构是指中国证券登记结算有限责任公司。

第十四条 投资者持有的非上市公司股份应当托管在主办券商处。初始登记的股份,托管在推荐主办券商处。主办券商应将其所托管的非上市公司股份存管在证券登记结算机构。

第十五条 非上市公司控股股东及实际控制人挂牌前直接或间接持有的股份分三批进入代办系统转让,每批进入的数量均为其所持股份的三分之一。进入的时间分别为挂牌之日、挂牌期满一年和两年。控股股东和实际控制人依照《中华人民共和国公司法》的规定认定。

第十六条 挂牌前十二个月内控股股东及实际控制人直接或间接持有的股份进行过转让的,该股份的管理适用前条的规定。

第十七条 挂牌前十二个月内挂牌公司进行过增资的,货币出资新增股份自工商变更登记之日起满十二个月可进入代办系统转让,非货币财产出资新增股份自工商变更登记之日起满二十四个月可进入代办系统转让。

第十八条 因司法裁决、继承等原因导致有限售期的股份发生转移的,后续持有人仍需遵守前述规定。

第十九条 股份解除转让限制进入代办系统转让,应由挂牌公司向推荐主办券商提出申请。经推荐主办券商审核同意后，报协会备案。协会备案确认后，通知证券登记结算机构办理解除限售登记。

第二十条　挂牌公司董事、监事、高级管理人员所持本公司股份按《中华人民共和国公司法》的有关规定应当进行或解除转让限制的，应由挂牌公司向推荐主办券商提出申请，推荐主办券商审核同意后，报协会备案。协会备案确认后，通知证券登记结算机构办理相关手续。

第三章　股份转让

第一节　一般规定

第二十一条　挂牌公司股份必须通过代办系统转让，法律、行政法规另有规定的除外。

第二十二条　投资者买卖挂牌公司股份，应持有中国证券登记结算有限责任公司深圳分公司人民币普通股票账户。

第二十三条　投资者买卖挂牌公司股份，须委托主办券商办理。投资者卖出股份，须委托代理其买入该股份的主办券商办理。如需委托另一家主办券商卖出该股份，须办理股份转托管手续。

第二十四条　挂牌公司股份转让时间为每周一至周五上午9:30至11:30，下午13:00至15:00。遇法定节假日和其他特殊情况，暂停转让。

第二十五条　投资者买卖挂牌公司股份，应按照规定交纳相关税费。

第二节　委　托

第二十六条　投资者买卖挂牌公司股份，应与主办券商签订代理报价转让协议。

第二十七条　投资者委托分为意向委托、定价委托和成交确认委托。委托当日有效。意向委托是指投资者委托主办券商按其指定价格和数量买卖股份的意向指令，意向委托不具有成交功能。定价委托是指投资者委托主办券商按其指定的价格买卖不超过其指定数量股份的指令。成交确认委托是指投资者买卖双方达成成交协议，或投资者拟与定价委托成交，委托主办券商以指定价格和数量与指定对手方确认成交的指令。

第二十八条 意向委托、定价委托和成交确认委托均可撤销,但已经报价系统确认成交的委托不得撤销或变更。

第二十九条 意向委托和定价委托应注明证券名称、证券代码、证券账户、买卖方向、买卖价格、买卖数量、联系方式等内容。成交确认委托应注明证券名称、证券代码、证券账户、买卖方向、成交价格、成交数量、拟成交对手的主办券商等内容。

第三十条 委托的股份数量以"股"为单位,每笔委托股份数量应为 3 万股以上。投资者证券账户某一股份余额不足 3 万股的,只能一次性委托卖出。

第三十一条 股份的报价单位为"每股价格"。报价最小变动单位为 0.01 元。

第三节 申 报

第三十二条 主办券商应通过专用通道,按接受投资者委托的时间先后顺序向报价系统申报。

第三十三条 主办券商收到投资者卖出股份的意向委托后,应验证其证券账户,如股份余额不足,不得向报价系统申报。主办券商收到投资者定价委托和成交确认委托后,应验证卖方证券账户和买方资金账户,如果卖方股份余额不足或买方资金余额不足,不得向报价系统申报。

第三十四条 主办券商应按有关规定保管委托、申报记录和凭证。

第四节 成 交

第三十五条 投资者达成转让意向后,可各自委托主办券商进行成交确认申报。投资者拟与定价委托成交的,可委托主办券商进行成交确认申报。

第三十六条 报价系统收到主办券商的定价申报和成交确认申报后,验证卖方证券账户。如果卖方股份余额不足,报价系统不接受该笔申报,并反馈至主办券商。

第三十七条 报价系统收到拟与定价申报成交的成交确认申报后,如系统中无对应的定价申报,该成交确认申报以撤单处理。

第三十八条 报价系统对通过验证的成交确认申报和定价申报信息进行匹配核对。核对无误的,报价系统予以确认成交,并向证券登记结算机构发送成交确认结果。

第三十九条 多笔成交确认申报与一笔定价申报匹配的,按时间优先的原则匹配成交。

第四十条 成交确认申报与定价申报可以部分成交。成交确认申报股份数量小于定价申报的,以成交确认申报的股份数量为成交股份数量。定价申报未成交股份数量不小于3万股的,该定价申报继续有效;小于3万股的,以撤单处理。成交确认申报股份数量大于定价申报的,以定价申报的股份数量为成交股份数量。成交确认申报未成交部分以撤单处理。

第五节 结　算

第四十一条 主办券商参与非上市公司股份报价转让业务,应取得证券登记结算机构的结算参与人资格。

第四十二条 股份和资金的结算实行分级结算原则。证券登记结算机构根据成交确认结果办理主办券商之间股份和资金的清算交收;主办券商负责办理其与客户之间的清算交收。

主办券商与客户之间的股份划付,应当委托证券登记结算机构办理。

第四十三条 证券登记结算机构按照货银对付的原则,为非上市公司股份报价转让提供逐笔全额非担保交收服务。

第四十四条 证券登记结算机构在每个报价日终根据报价系统成交确认结果,进行主办券商之间股份和资金的逐笔清算,并将清算结果发送各主办券商。

第四十五条 主办券商应根据清算结果在最终交收时点之前向证券登记结算机构划付用于交收的足额资金。

第四十六条 证券登记结算机构办理股份和资金的交收,并将交收结果反馈给主办券商。由于股份或资金余额不足导致的交收失败,证券登记结算机构不承担法律责任。

第四十七条 投资者因司法裁决、继承等特殊原因需要办理股份过户的,依照证券登记结算机构的规定办理。

第六节 报价和成交信息发布

第四十八条 股份转让时间内,报价系统通过专门网站和代办股份转让行情系统发布最新的报价和成交信息。主办券商应在营业网点揭示报价和成交信息。

第四十九条 报价信息包括:委托类别、证券名称、证券代码、主办券商、买卖方向、拟买卖价格、股份数量、联系方式等。成交信息包括：证券名称、证券代码、成交价格、成交数量、买方代理主办券商和卖方代理主办券商等。

第七节 暂停和恢复转让

第五十条 挂牌公司向中国证券监督管理委员会申请公开发行股票并上市的，主办券商应当自中国证券监督管理委员会正式受理其申请材料的次一报价日起暂停其股份转让，直至股票发行审核结果公告日。

第五十一条 挂牌公司涉及无先例或存在不确定性因素的重大事项需要暂停股份报价转让的，主办券商应暂停其股份报价转让，直至重大事项获得有关许可或不确定性因素消除。

因重大事项暂停股份报价转让时间不得超过三个月。暂停期间，挂牌公司至少应每月披露一次重大事项的进展情况、未能恢复股份报价转让的原因及预计恢复股份报价转让的时间。

第八节 终止挂牌

第五十二条 挂牌公司出现下列情形之一的，应终止其股份挂牌：
（一）进入破产清算程序；
（二）中国证券监督管理委员会核准其公开发行股票申请；
（三）北京市人民政府有关部门同意其终止股份挂牌申请；
（四）协会规定的其他情形。

第四章 主办券商

第五十三条 证券公司从事非上市公司股份报价转让业务，应取得协会授予的代办系统主办券商业务资格。

第五十四条 证券公司申请代办系统主办券商业务资格，应满足下列条件：
（一）最近年度净资产不低于人民币8亿元，净资本不低于人民币5亿元；
（二）具有不少于15家营业部；
（三）协会规定的其他条件。

第五十五条 主办券商推荐非上市公司股份挂牌，应勤勉尽责地进行尽职调查和内核，认真编制推荐挂牌备案文件，并承担推荐责任。

第五十六条 主办券商应持续督导所推荐挂牌公司规范履行信息披露义务、完善公司治理结构。

第五十七条 主办券商发现所推荐挂牌公司及其董事、监事、高级管理人员存在违法、违规行为的,应及时报告协会。

第五十八条 主办券商与投资者签署代理报价转让协议时,应对投资者身份进行核查,充分了解其财务状况和投资需求。对不符合本办法第六条规定的投资者,不得与其签署代理报价转让协议。主办券商在与投资者签署代理报价转让协议前,应着重向投资者说明投资风险自担的原则,提醒投资者特别关注非上市公司股份的投资风险,详细讲解风险揭示书的内容,并要求投资者认真阅读和签署风险揭示书。

第五十九条 主办券商应采取适当方式持续向投资者揭示非上市公司股份投资风险。

第六十条 主办券商应依照本办法第六条的规定,对自然人投资者参与非上市公司股份转让的合规性进行核查,防止其违规参与挂牌公司股份的转让。一旦发现自然人投资者违规买入挂牌公司股份的,应督促其及时卖出。

第六十一条 主办券商应特别关注投资者的投资行为,发现投资者存在异常投资行为或违规行为的,及时予以警示,必要时可以拒绝投资者的委托或终止代理报价转让协议。主办券商应根据协会的要求,调查或协助调查指定事项,并将调查结果及时报告协会。

第五章 信息披露

第六十二条 挂牌公司应按照本办法及协会相关信息披露业务规则、通知等的规定,规范履行信息披露义务。

第六十三条 挂牌公司及其董事、信息披露责任人应保证信息披露内容的真实、准确、完整,不存在虚假记载、误导性陈述或重大遗漏。

第六十四条 股份挂牌前,非上市公司至少应当披露股份报价转让说明书。股份挂牌后,挂牌公司至少应当披露年度报告、半年度报告和临时报告。

第六十五条 挂牌公司披露的财务信息至少应当包括资产负债表、利润表、现金流量表以及主要项目的附注。

第六十六条 挂牌公司披露的年度财务报告应当经会计师事务所审计。

第六十七条 挂牌公司未在规定期限内披露年度报告或连续三年亏损的,实行特别处理。

第六十八条 挂牌公司有限售期的股份解除转让限制前一报价日,挂牌公司须发布股份解除转让限制公告。

第六十九条 挂牌公司可参照上市公司信息披露标准,自愿进行更为充分的信息披露。

第七十条 挂牌公司披露的信息应当通过专门网站发布,在其他媒体披露信息的时间不得早于专门网站的披露时间。

第六章 其他事项

第七十一条 挂牌公司申请公开发行股票并上市的,应按照证券法的规定,报中国证券监督管理委员会核准。

第七十二条 挂牌公司可以向特定投资者进行定向增资,具体规则由协会另行制定。

第七十三条 挂牌公司控股股东、实际控制人发生变化时,其推荐主办券商应及时向协会报告。

第七十四条 挂牌公司发生重大资产重组、并购等事项时,应由主办券商进行督导并报协会备案。

第七章 违规处理

第七十五条 主办券商违反本办法的规定,协会责令其改正,视情节轻重予以以下处理,并记入证券公司诚信信息管理系统:

(一)谈话提醒;

(二)通报批评;

(三)暂停受理其推荐挂牌备案文件。

第七十六条 主办券商的相关业务人员违反本办法的规定,协会责令其改正,视情节轻重予以以下处理,并记入证券从业人员诚信信息管理系统:

(一)谈话提醒;

(二)通报批评;

（三）暂停从事报价转让业务；

（四）认定其不适合任职；

（五）责令所在公司给予处分。

第七十七条 主办券商及其相关业务人员开展业务，存在违反法律、法规行为的，协会将建议中国证券监督管理委员会或其他机关依法查处；构成犯罪的，依法追究刑事责任。

第八章　附　则

第七十八条 本办法由协会负责解释。

第七十九条 本办法经中国证券监督管理委员会批准后生效，自 2009 年 7 月 6 日起施行。

中国证券监督管理委员会发行审核委员会办法

证监会令 第 31 号

《中国证券监督管理委员会发行审核委员会办法》已经 2006 年 5 月 8 日中国证券监督管理委员会第 179 次主席办公会议审议通过,现予公布,自 2006 年 5 月 9 日起施行。

主席 尚福林
二〇〇六年五月九日

中国证券监督管理委员会发行审核委员会办法

第一章 总 则

第一条 为了保证在股票发行审核工作中贯彻公开、公平、公正的原则,提高股票发行审核工作的质量和透明度,根据《中华人民共和国证券法》的有关规定,制定本办法。

第二条 中国证券监督管理委员会(以下简称中国证监会)设立发行审核委员会(以下简称发审委)。发审委审核发行人股票发行申请和可转换公司债券等中国证监会认可的其他证券的发行申请(以下统称股票发行申请),适用本办法。

第三条 发审委依照《中华人民共和国证券法》、《中华人民共和国公司法》等法律、行政法规和中国证监会的规定,对发行人的股票发行申请文件和中国证监会有关职能部门的初审报告进行审核。

发审委以投票方式对股票发行申请进行表决,提出审核意见。

中国证监会依照法定条件和法定程序作出予以核准或者不予核准股票发行申请的决定。

第四条 发审委通过发审委工作会议(以下简称发审委会议)履行职责。

第五条 中国证监会负责对发审委事务的日常管理以及对发审委委员的考核和监督。

第二章 发审委的组成

第六条 发审委委员由中国证监会的专业人员和中国证监会外的有关专家组成,由中国证监会聘任。

发审委委员为25名,部分发审委委员可以为专职。其中中国证监会的人员5名,中国证监会以外的人员20名。

发审委设会议召集人5名。

第七条 发审委委员每届任期一年,可以连任,但连续任期最长不超过3届。

第八条 发审委委员应当符合下列条件:

（一）坚持原则，公正廉洁，忠于职守，严格遵守国家法律、行政法规和规章；

（二）熟悉证券、会计业务及有关的法律、行政法规和规章；

（三）精通所从事行业的专业知识，在所从事的领域内有较高声誉；

（四）没有违法、违纪记录；

（五）中国证监会认为需要符合的其他条件。

第九条 发审委委员有下列情形之一的，中国证监会应当予以解聘：

（一）违反法律、行政法规、规章和发行审核工作纪律的；

（二）未按照中国证监会的有关规定勤勉尽职的；

（三）本人提出辞职申请的；

（四）2次以上无故不出席发审委会议的；

（五）经中国证监会考核认为不适合担任发审委委员的其他情形。

发审委委员的解聘不受任期是否届满的限制。发审委委员解聘后，中国证监会应及时选聘新的发审委委员。

第三章　发审委的职责

第十条 发审委的职责是：根据有关法律、行政法规和中国证监会的规定，审核股票发行申请是否符合相关条件；审核保荐人、会计师事务所、律师事务所、资产评估机构等证券服务机构及相关人员为股票发行所出具的有关材料及意见书；审核中国证监会有关职能部门出具的初审报告；依法对股票发行申请提出审核意见。

第十一条 发审委委员以个人身份出席发审委会议，依法履行职责，独立发表审核意见并行使表决权。

第十二条 发审委委员可以通过中国证监会有关职能部门调阅履行职责所必需的与发行人有关的资料。

第十三条 发审委委员应当遵守下列规定：

（一）按要求出席发审委会议，并在审核工作中勤勉尽职；

（二）保守国家秘密和发行人的商业秘密；

（三）不得泄露发审委会议讨论内容、表决情况以及其他有关情况；

（四）不得利用发审委委员身份或者在履行职责上所得到的非公开信息，为本人或者他人直接或者间接谋取利益；

（五）不得与发行申请人有利害关系，不得直接或间接接受发行申请人及相关单位或个人提供的资金、物品等馈赠和其他利益，不得持有所核准的发行申请的股票，不得私下与发行申请人及其他相关单位或个人进行接触；

（六）不得有与其他发审委委员串通表决或者诱导其他发审委委员表决的行为；

（七）中国证监会的其他有关规定。

第十四条 发审委委员有义务向中国证监会举报任何以不正当手段对其施加影响的发行人及其他相关单位或者个人。

第十五条 发审委委员审核股票发行申请文件时，有下列情形之一的，应及时提出回避：

（一）发审委委员或者其亲属担任发行人或者保荐人的董事（含独立董事，下同）、监事、经理或者其他高级管理人员的；

（二）发审委委员或者其亲属、发审委委员所在工作单位持有发行人的股票，可能影响其公正履行职责的；

（三）发审委委员或者其所在工作单位近两年来为发行人提供保荐、承销、审计、评估、法律、咨询等服务，可能妨碍其公正履行职责的；

（四）发审委委员或者其亲属担任董事、监事、经理或者其他高级管理人员的公司与发行人或者保荐人有行业竞争关系，经认定可能影响其公正履行职责的；

（五）发审委会议召开前，与本次所审核发行人及其他相关单位或者个人进行过接触，可能影响其公正履行职责的；

（六）中国证监会认定的可能产生利害冲突或者发审委委员认为可能影响其公正履行职责的其他情形。

前款所称亲属，是指发审委委员的配偶、父母、子女、兄弟姐妹、配偶的父母、子女的配偶、兄弟姐妹的配偶。

第十六条 发行人及其他相关单位和个人如果认为发审委委员与其存在利害冲突或者潜在的利害冲突，可能影响发审委委员公正履行职责的，可以在报送发审委会议审核的股票发行申请文件时，向中国证监会提出要求有关发审委委员予以回避的书面申请，并说明理由。

中国证监会根据发行人及其他相关单位和个人提出的书面申请，决定相关发审委委员是否回避。

第十七条 发审委委员接受聘任后，应当承诺遵守中国证监会有关对发审委委员的规定和纪律要求,认真履行职责,接受中国证监会的考核和监督。

第四章 发审委会议

第一节 一般规定

第十八条 发审委通过召开发审委会议进行审核工作。

第十九条 发审委会议表决采取记名投票方式。表决票设同意票和反对票,发审委委员不得弃权。发审委委员在投票时应当在表决票上说明理由。

第二十条 发审委委员应依据法律、行政法规和中国证监会的规定,结合自身的专业知识,独立、客观、公正地对股票发行申请进行审核。

发审委委员应当以审慎、负责的态度,全面审阅发行人的股票发行申请文件和中国证监会有关职能部门出具的初审报告。在审核时,发审委委员应当在工作底稿上填写个人审核意见:

(一)发审委委员对初审报告中提请发审委委员关注的问题和审核意见有异议的,应当在工作底稿上对相关内容提出有依据、明确的审核意见;

(二)发审委委员认为发行人存在初审报告提请关注问题以外的其他问题的,应当在工作底稿上提出有依据、明确的审核意见;

(三)发审委委员认为发行人存在尚待调查核实并影响明确判断的重大问题的,应当在工作底稿上提出有依据、明确的审核意见。

发审委委员在发审委会议上应当根据自己的工作底稿发表个人审核意见,同时应当根据会议讨论情况,完善个人审核意见并在工作底稿上予以记录。

发审委会议在充分讨论的基础上,形成会议对发行人股票发行申请的审核意见,并对发行人的股票发行申请是否符合相关条件进行表决。

第二十一条 发审委会议召集人按照中国证监会的有关规定负责召集发审委会议,组织发审委委员发表意见、讨论,总结发审委会议审核意见和组织投票等事项。

发审委会议结束后,参会发审委委员应当在会议记录、审核意见、表决结果等会议资料上签名确认,同时提交工作底稿。

第二十二条 发审委会议对发行人的股票发行申请形成审核意见之前,可以请发行人代表和保荐代表人到会陈述和接受发审委委员的询问。

第二十三条 发审委会议对发行人的股票发行申请只进行一次审核。

出现发审委会议审核意见与表决结果有明显差异或者发审委会议表决结果显失公正情况的,中国证监会可以进行调查,并依法作出核准或者不予核准的决定。

第二十四条 中国证监会有关职能部门负责安排发审委会议、送达有关审核材料、对发审委会议讨论情况进行记录、起草发审委会议纪要、保管档案等具体工作。

第二十五条 发审委会议根据审核工作需要,可以邀请发审委委员以外的行业专家到会提供专业咨询意见。发审委委员以外的行业专家没有表决权。

第二十六条 发审委每年应当至少召开一次全体会议,对审核工作进行总结。

第二节 普通程序

第二十七条 发审委会议审核发行人公开发行股票申请和可转换公司债券等中国证监会认可的其他公开发行证券申请,适用本节规定。

第二十八条 中国证监会有关职能部门应当在发审委会议召开 5 日前,将会议通知、股票发行申请文件及中国证监会有关职能部门的初审报告送达参会发审委委员,并将发审委会议审核的发行人名单、会议时间、发行人承诺函和参会发审委委员名单在中国证监会网站上公布。

第二十九条 每次参加发审委会议的发审委委员为 7 名。表决投票时同意票数达到 5 票为通过,同意票数未达到 5 票为未通过。

第三十条 发审委委员发现存在尚待调查核实并影响明确判断的重大问题,应当在发审委会议前以书面方式提议暂缓表决。发审委会议首先对该股票发行申请是否需要暂缓表决进行投票,同意票数达到 5 票的,可以对该股票发行申请暂缓表决;同意票数未达到 5 票的,发审委会议按正常程序对该股票发行申请进行审核。

暂缓表决的发行申请再次提交发审委会议审核时,原则上仍由原发审委委员审核。

发审委会议对发行人的股票发行申请只能暂缓表决一次。

第三十一条 发审委会议对发行人的股票发行申请投票表决后,中国证监会在网站上公布表决结果。

发审委会议对发行人股票发行申请作出的表决结果及提出的审核意见,中国证监会有关职能部门应当向发行人聘请的保荐人进行书面反馈。

第三十二条 在发审委会议对发行人的股票发行申请表决通过后至中国证监会核准前,发行人发生了与所报送的股票发行申请文件不一致的重大事项,中国证监会有关职能部门可以提请发审委召开会后事项发审委会议,对该发行人的股票发行申请文件重新进行审核。会后事项发审委会议的参会发审委委员不受是否审核过该发行人的股票发行申请的限制。

第三节 特别程序

第三十三条 发审委会议审核上市公司非公开发行股票申请和中国证监会认可的其他非公开发行证券申请,适用本节规定。

第三十四条 中国证监会有关职能部门应当在发审委会议召开前,将会议通知、股票发行申请文件及中国证监会有关职能部门的初审报告送达参会发审委委员。

第三十五条 每次参加发审委会议的委员为5名。表决投票时同意票数达到3票为通过,同意票数未达到3票为未通过。

第三十六条 发审委委员在审核上市公司非公开发行股票申请和中国证监会认可的其他非公开发行证券申请时,不得提议暂缓表决。

第三十七条 中国证监会不公布发审委会议审核的发行人名单、会议时间、发行人承诺函、参会发审委委员名单和表决结果。

第五章 对发审委审核工作的监督

第三十八条 中国证监会对发审委实行问责制度。出现发审委会议审核意见与表决结果有明显差异的,中国证监会可以要求所有参会发审委委员分别作出解释和说明。

第三十九条 发审委委员存在违反本办法第十三条规定的行为,或者存在对所参加发审委会议应当回避而未提出回避等其他违反发审委工作纪律的行为的,中国证监会应当根据情节轻重对有关发审委委员分别予以谈话提醒、批评、解聘等处理。

第四十条 中国证监会建立对发审委委员违法、违纪行为的举报监督机制对有线索举报发审委委员存在违法、违纪行为的,中国证监会应当进行调查,根据调查结果对有关发审委委员分别予以谈话提醒、批评、解聘等处理;涉嫌犯罪的,依法移交司法机关处理。

第四十一条 中国证监会对发审委委员的批评可以在新闻媒体上公开。

第四十二条 在发审委会议召开前,有证据表明发行人、其他相关单位或者个人直接或者间接以不正当手段影响发审委委员对发行人股票发行申请的判断,或者以其他方式干扰发审委委员审核的,中国证监会可以暂停对有关发行人的发审委会议审核。

发行人股票发行申请通过发审委会议后,有证据表明发行人、其他相关单位或者个人直接或者间接以不正当手段影响发审委委员对发行人股票发行申请的判断的,或者以其他方式干扰发审委委员审核的,中国证监会可以暂停核准;情节严重的,中国证监会不予核准。

第四十三条 发行人聘请的保荐人有义务督促发行人遵守本办法的有关规定。保荐人唆使、协助或者参与干扰发审委工作的,中国证监会按照有关规定在3个月内不受理该保荐人的推荐。

第六章 附 则

第四十四条 本办法自2006年5月9日起施行。《中国证券监督管理委员会股票发行审核委员会暂行办法》(证监会令第16号)同时废止。

首次公开发行股票并在创业板上市管理暂行办法

证监会令 第 61 号

《首次公开发行股票并在创业板上市管理暂行办法》已经 2009 年 1 月 21 日中国证券监督管理委员会第 249 次主席办公会议审议通过，现予公布，自 2009 年 5 月 1 日起施行。

主席 尚福林

二〇〇九年三月三十一日

首次公开发行股票并在创业板上市管理暂行办法

第一章 总 则

第一条 为了规范首次公开发行股票并在创业板上市的行为，促进自主创新企业及其他成长型创业企业的发展，保护投资者的合法权益，维护社会公共利益，根据《证券法》《公司法》，制定本办法。

第二条 在中华人民共和国境内首次公开发行股票并在创业板上市，适用本办法。

第三条 发行人申请首次公开发行股票并在创业板上市，应当符合《证券法》、《公司法》和本办法规定的发行条件。

第四条 发行人依法披露的信息，必须真实、准确、完整，不得有虚假记载、误导性陈述或者重大遗漏。

第五条 保荐人及其保荐代表人应当勤勉尽责，诚实守信，认真履行审慎核查和辅导义务，并对其所出具文件的真实性、准确性和完整性负责。

第六条 为证券发行出具文件的证券服务机构和人员，应当按照本行业公认的业务标准和道德规范，严格履行法定职责，并对其所出具文件的真实性、准确性和完整性负责。

第七条 创业板市场应当建立与投资者风险承受能力相适应的投资者准入制度，向投资者充分提示投资风险。

第八条 中国证券监督管理委员会（以下简称"中国证监会"）依法核准发行人的首次公开发行股票申请，对发行人股票发行进行监督管理。

证券交易所依法制定业务规则，创造公开、公平、公正的市场环境，保障创业板市场的正常运行。

第九条 中国证监会依据发行人提供的申请文件对发行人首次公开发行股票的核准，不表明其对该股票的投资价值或者对投资者的收益作出实质性判断或者保证。股票依法发行后，因发行人经营与收益的变化引致的投资风险，由投资者自行负责。

第二章 发行条件

第十条 发行人申请首次公开发行股票应当符合下列条件：

（一）发行人是依法设立且持续经营三年以上的股份有限公司。

有限责任公司按原账面净资产值折股整体变更为股份有限公司的，持续经营时间可以从有限责任公司成立之日起计算。

（二）最近两年连续盈利，最近两年净利润累计不少于一千万元，且持续增长；或者最近一年盈利，且净利润不少于五百万元，最近一年营业收入不少于五千万元，最近两年营业收入增长率均不低于百分之三十。净利润以扣除非经常性损益前后孰低者为计算依据。

（三）最近一期末净资产不少于两千万元，且不存在未弥补亏损。

（四）发行后股本总额不少于三千万元。

第十一条 发行人的注册资本已足额缴纳，发起人或者股东用作出资的资产的财产权转移手续已办理完毕。发行人的主要资产不存在重大权属纠纷。

第十二条 发行人应当主要经营一种业务，其生产经营活动符合法律、行政法规和公司章程的规定，符合国家产业政策及环境保护政策。

第十三条 发行人最近两年内主营业务和董事、高级管理人员均没有发生重大变化，实际控制人没有发生变更。

第十四条 发行人应当具有持续盈利能力，不存在下列情形：

（一）发行人的经营模式、产品或服务的品种结构已经或者将发生重大变化，并对发行人的持续盈利能力构成重大不利影响；

（二）发行人的行业地位或发行人所处行业的经营环境已经或者将发生重大变化，并对发行人的持续盈利能力构成重大不利影响；

（三）发行人在用的商标、专利、专有技术、特许经营权等重要资产或者技术的取得或者使用存在重大不利变化的风险；

（四）发行人最近一年的营业收入或净利润对关联方或者有重大不确定性的客户存在重大依赖；

（五）发行人最近一年的净利润主要来自合并财务报表范围以外的投资收益；

（六）其他可能对发行人持续盈利能力构成重大不利影响的情形。

第十五条 发行人依法纳税，享受的各项税收优惠符合相关法律法规的规定。发行人的经营成果对税收优惠不存在严重依赖。

第十六条 发行人不存在重大偿债风险,不存在影响持续经营的担保、诉讼以及仲裁等重大或有事项。

第十七条 发行人的股权清晰,控股股东和受控股股东、实际控制人支配的股东所持发行人的股份不存在重大权属纠纷。

第十八条 发行人资产完整,业务及人员、财务、机构独立,具有完整的业务体系和直接面向市场独立经营的能力。与控股股东、实际控制人及其控制的其他企业间不存在同业竞争,以及严重影响公司独立性或者显失公允的关联交易。

第十九条 发行人具有完善的公司治理结构,依法建立健全股东大会、董事会、监事会以及独立董事、董事会秘书、审计委员会制度,相关机构和人员能够依法履行职责。

第二十条 发行人会计基础工作规范,财务报表的编制符合企业会计准则和相关会计制度的规定,在所有重大方面公允地反映了发行人的财务状况、经营成果和现金流量,并由注册会计师出具无保留意见的审计报告。

第二十一条 发行人内部控制制度健全且被有效执行,能够合理保证公司财务报告的可靠性、生产经营的合法性、营运的效率与效果,并由注册会计师出具无保留结论的内部控制鉴证报告。

第二十二条 发行人具有严格的资金管理制度,不存在资金被控股股东、实际控制人及其控制的其他企业以借款、代偿债务、代垫款项或者其他方式占用的情形。

第二十三条 发行人的公司章程已明确对外担保的审批权限和审议程序,不存在为控股股东、实际控制人及其控制的其他企业进行违规担保的情形。

第二十四条 发行人的董事、监事和高级管理人员了解股票发行上市相关法律法规,知悉上市公司及其董事、监事和高级管理人员的法定义务和责任。

第二十五条 发行人的董事、监事和高级管理人员应当忠实、勤勉,具备法律、行政法规和规章规定的资格,且不存在下列情形:

(一)被中国证监会采取证券市场禁入措施尚在禁入期的;

(二)最近三年内受到中国证监会行政处罚,或者最近一年内受到证券交易所公开谴责的;

(三)因涉嫌犯罪被司法机关立案侦查或者涉嫌违法违规被中国证监会立案调查,尚未有明确结论意见的。

第二十六条 发行人及其控股股东、实际控制人最近三年内不存在损害投资者合法权益和社会公共利益的重大违法行为。

发行人及其控股股东、实际控制人最近三年内不存在未经法定机关核准,擅自公开或者变相公开发行证券,或者有关违法行为虽然发生在三年前,但目前仍处于持续状态的情形。

第二十七条 发行人募集资金应当用于主营业务,并有明确的用途。募集资金数额和投资项目应当与发行人现有生产经营规模、财务状况、技术水平和管理能力等相适应。

第二十八条 发行人应当建立募集资金专项存储制度,募集资金应当存放于董事会决定的专项账户。

第三章 发行程序

第二十九条 发行人董事会应当依法就本次股票发行的具体方案、本次募集资金使用的可行性及其他必须明确的事项作出决议,并提请股东大会批准。

第三十条 发行人股东大会应当就本次发行股票作出决议,决议至少应当包括下列事项:

(一)股票的种类和数量;

(二)发行对象;

(三)价格区间或者定价方式;

(四)募集资金用途;

(五)发行前滚存利润的分配方案;

(六)决议的有效期;

(七)对董事会办理本次发行具体事宜的授权;

(八)其他必须明确的事项。

第三十一条 发行人应当按照中国证监会有关规定制作申请文件,由保荐人保荐并向中国证监会申报。

第三十二条 保荐人保荐发行人发行股票并在创业板上市,应当对发行人的成长性进行尽职调查和审慎判断并出具专项意见。发行人为自主创新企业的,还应当在专项意见中说明发行人的自主创新能力。

第三十三条 中国证监会收到申请文件后,在五个工作日内作出是否受理的决定。

第三十四条 中国证监会受理申请文件后,由相关职能部门对发行人的申请文件进行初审,并由创业板发行审核委员会审核。

第三十五条 中国证监会依法对发行人的发行申请作出予以核准或者不予核准的决定,并出具相关文件。

发行人应当自中国证监会核准之日起六个月内发行股票;超过六个月未发行的,核准文件失效,须重新经中国证监会核准后方可发行。

第三十六条 发行申请核准后至股票发行结束前发生重大事项的,发行人应当暂缓或者暂停发行,并及时报告中国证监会,同时履行信息披露义务。出现不符合发行条件事项的,中国证监会撤回核准决定。

第三十七条 股票发行申请未获核准的,发行人可自中国证监会作出不予核准决定之日起六个月后再次提出股票发行申请。

第四章 信息披露

第三十八条 发行人应当按照中国证监会的有关规定编制和披露招股说明书。

第三十九条 中国证监会制定的创业板招股说明书内容与格式准则是信息披露的最低要求。不论准则是否有明确规定,凡是对投资者作出投资决策有重大影响的信息,均应当予以披露。

第四十条 发行人应当在招股说明书显要位置作如下提示:"本次股票发行后拟在创业板市场上市,该市场具有较高的投资风险。创业板公司具有业绩不稳定、经营风险高、退市风险大等特点,投资者面临较大的市场风险。投资者应充分了解创业板市场的投资风险及本公司所披露的风险因素,审慎作出投资决定。"

第四十一条 发行人及其全体董事、监事和高级管理人员应当在招股说明书上签名、盖章,保证招股说明书内容真实、准确、完整。保荐人及其保荐代表人应当对招股说明书的真实性、准确性、完整性进行核查,并在核查意见上签名、盖章。

发行人的控股股东、实际控制人应当对招股说明书出具确认意见,并签名、盖章。

第四十二条 招股说明书引用的财务报表在其最近一期截止日后六个月内有效。特别情况下发行人可申请适当延长,但至多不超过一个月。财务报表应当以年度末、半年度末或者季度末为截止日。

第四十三条 招股说明书的有效期为六个月,自中国证监会核准前招股说明书最后一次签署之日起计算。

第四十四条 申请文件受理后、发行审核委员会审核前,发行人应当在中国证监会网站预先披露招股说明书(申报稿)。发行人可在公司网站刊登招股说明书(申报稿),所披露的内容应当一致,且不得早于在中国证监会网站披露的时间。

第四十五条 预先披露的招股说明书(申报稿)不能含有股票发行价格信息。

发行人应当在预先披露的招股说明书(申报稿)的显要位置声明:"本公司的发行申请尚未得到中国证监会核准。本招股说明书(申报稿)不具有据以发行股票的法律效力,仅供预先披露之用。投资者应当以正式公告的招股说明书作为投资决定的依据。"

第四十六条 发行人及其全体董事、监事和高级管理人员应当保证预先披露的招股说明书(申报稿)内容真实、准确、完整。

第四十七条 发行人股票发行前应当在中国证监会指定网站全文刊登招股说明书,同时在中国证监会指定报刊刊登提示性公告,告知投资者网上刊登的地址及获取文件的途径。

发行人应当将招股说明书披露于公司网站,时间不得早于前款规定的刊登时间。

第四十八条 保荐人出具的发行保荐书、证券服务机构出具的文件及其他与发行有关的重要文件应当作为招股说明书备查文件,在中国证监会指定网站和公司网站披露。

第四十九条 发行人应当将招股说明书及备查文件置备于发行人、拟上市证券交易所、保荐人、主承销商和其他承销机构的住所,以备公众查阅。

第五十条 申请文件受理后至发行人发行申请经中国证监会核准、依法刊登招股说明书前,发行人及与本次发行有关的当事人不得以广告、说明会等方式为公开发行股票进行宣传。

第五章 监督管理和法律责任

第五十一条 证券交易所应当建立适合创业板特点的上市、交易、退市等制度,督促保荐人履行持续督导义务,对违反有关法律、法规以及交易所业务规则的行为,采取相应的监管措施。

第五十二条 证券交易所应当建立适合创业板特点的市场风险警示及投资者持续教育的制度,督促发行人建立健全维护投资者权益的制度以及防范和纠正违法违规行为的内部控制体系。

第五十三条 发行人向中国证监会报送的发行申请文件有虚假记载、误导性陈述或者重大遗漏的,发行人不符合发行条件以欺骗手段骗取发行核准的,发行人以不正当手段干扰中国证监会及其发行审核委员会审核工作的,发行人或其董事、监事、高级管理人员、控股股东、实际控制人的签名、盖章系伪造或者变造的,发行人及与本次发行有关的当事人违反本办法规定为公开发行股票进行宣传的,中国证监会将采取终止审核并在三十六个月内不受理发行人的股票发行申请的监管措施,并依照《证券法》的有关规定进行处罚。

第五十四条 保荐人出具有虚假记载、误导性陈述或者重大遗漏的发行保荐书的,保荐人以不正当手段干扰中国证监会及其发行审核委员会审核工作的,保荐人或其相关签名人员的签名、盖章系伪造或变造的,或者不履行其他法定职责的,依照《证券法》和保荐制度的有关规定处理。

第五十五条 证券服务机构未勤勉尽责,所制作、出具的文件有虚假记载、误导性陈述或者重大遗漏的,中国证监会将采取十二个月内不接受相关机构出具的证券发行专项文件,三十六个月内不接受相关签名人员出具的证券发行专项文件的监管措施,并依照《证券法》及其他相关法律、行政法规和规章的规定进行处罚。

第五十六条 发行人、保荐人或证券服务机构制作或者出具文件不符合要求,擅自改动已提交文件的,或者拒绝答复中国证监会审核提出的相关问题的,中国证监会将视情节轻重,对相关机构和责任人员采取监管谈话、责令改正等监管措施,记入诚信档案并公布;情节特别严重的,给予警告。

第五十七条 发行人披露盈利预测的,利润实现数如未达到盈利预测的百分之八十,除因不可抗力外,其法定代表人、盈利预测审核报告签名注册会计师应当在股东大会及中国证监会指定网站、报刊上公开作出解释并道歉;中国证监会可以对法定代表人处以警告。

利润实现数未达到盈利预测的百分之五十的,除因不可抗力外,中国证监会在三十六个月内不受理该公司的公开发行证券申请。

第六章 附 则

第五十八条 本办法自 2009 年 5 月 1 日起施行。

中国证券监督管理委员会关于修改《证券发行上市保荐业务管理办法》的决定

证监会令　第 63 号

《关于修改〈证券发行上市保荐业务管理办法〉的决定》已经 2009 年 4 月 14 日中国证券监督管理委员会第 254 次主席办公会议审议通过，现予公布，自 2009 年 6 月 14 日起施行。

中国证券监督管理委员会主席　尚福林

二〇〇九年五月十三日

关于修改《证券发行上市保荐业务管理办法》的决定

一、第三十六条第一款修改为:"首次公开发行股票并在主板上市的,持续督导的期间为证券上市当年剩余时间及其后2个完整会计年度;主板上市公司发行新股、可转换公司债券的,持续督导的期间为证券上市当年剩余时间及其后1个完整会计年度。"

增加一款,作为第二款:"首次公开发行股票并在创业板上市的,持续督导的期间为证券上市当年剩余时间及其后3个完整会计年度;创业板上市公司发行新股、可转换公司债券的,持续督导的期间为证券上市当年剩余时间及其后2个完整会计年度。"

增加一款,作为第三款:"首次公开发行股票并在创业板上市的,持续督导期内保荐机构应当自发行人披露年度报告、中期报告之日起15个工作日内在中国证监会指定网站披露跟踪报告,对本办法第三十五条所涉及的事项,进行分析并发表独立意见。发行人临时报告披露的信息涉及募集资金、关联交易、委托理财、为他人提供担保等重大事项的,保荐机构应当自临时报告披露之日起10个工作日内进行分析并在中国证监会指定网站发表独立意见。"

二、第七十二条第(二)项修改为:"公开发行证券并在主板上市当年营业利润比上年下滑50%以上。"

本决定自2009年6月14日起施行。

《证券发行上市保荐业务管理办法》根据本决定作相应修改,重新公布。

证券发行上市保荐业务管理办法

(2008年8月14日中国证券监督管理委员会第235次主席办公会议审议通过,根据2009年5月13日中国证券监督管理委员会《关于修改〈证券发行上市保荐业务管理办法〉的决定》修订)

第一章 总 则

第一条 为了规范证券发行上市保荐业务,提高上市公司质量和证券公司执业水平,保护投资者的合法权益,促进证券市场健康发展,根据《证券法》、《国务院对确需保留的行政审批项目设定行政许可的决定》(国务院令第412号)等有关法律、行政法规,制定本办法。

第二条 发行人应当就下列事项聘请具有保荐机构资格的证券公司履行保荐职责:

(一)首次公开发行股票并上市;

(二)上市公司发行新股、可转换公司债券;

(三)中国证券监督管理委员会(以下简称"中国证监会")认定的其他情形。

第三条 证券公司从事证券发行上市保荐业务,应依照本办法规定向中国证监会申请保荐机构资格。

保荐机构履行保荐职责,应当指定依照本办法规定取得保荐代表人资格的个人具体负责保荐工作。

未经中国证监会核准,任何机构和个人不得从事保荐业务。

第四条 保荐机构及其保荐代表人应当遵守法律、行政法规和中国证监会的相关规定,恪守业务规则和行业规范,诚实守信,勤勉尽责,尽职推荐发行人证券发行上市,持续督导发行人履行规范运作、信守承诺、信息披露等义务。

保荐机构及其保荐代表人不得通过从事保荐业务谋取任何不正当利益。

第五条 保荐代表人应当遵守职业道德准则,珍视和维护保荐代表人职业声誉,保持应有的职业谨慎,保持和提高专业胜任能力。

保荐代表人应当维护发行人的合法利益,对从事保荐业务过程中获知的发行人信息保密。保荐代表人应当恪守独立履行职责的原则,不因迎合发行人或者满足发行人的不当要求而丧失客观、公正的立场,不得唆使、协助或者参与发行人及证券服务机构实施非法的或者具有欺诈性的行为。

保荐代表人及其配偶不得以任何名义或者方式持有发行人的股份。

第六条 同次发行的证券,其发行保荐和上市保荐应当由同一保荐机构承担。保荐机构依法对发行人申请文件、证券发行募集文件进行核查,向中国证监会、证券交易所出具保荐意见。保荐机构应当保证所出具的文件真实、准确、完整。

证券发行规模达到一定数量的,可以采用联合保荐,但参与联合保荐的保荐机构不得超过2家。

证券发行的主承销商可以由该保荐机构担任,也可以由其他具有保荐机构资格的证券公司与该保荐机构共同担任。

第七条 发行人及其董事、监事、高级管理人员,为证券发行上市制作、出具有关文件的律师事务所、会计师事务所、资产评估机构等证券服务机构及其签字人员,应当依照法律、行政法规和中国证监会的规定,配合保荐机构及其保荐代表人履行保荐职责,并承担相应的责任。

保荐机构及其保荐代表人履行保荐职责,不能减轻或者免除发行人及其董事、监事、高级管理人员、证券服务机构及其签字人员的责任。

第八条 中国证监会依法对保荐机构及其保荐代表人进行监督管理。

中国证券业协会对保荐机构及其保荐代表人进行自律管理。

第二章 保荐机构和保荐代表人的资格管理

第九条 证券公司申请保荐机构资格,应当具备下列条件:

(一)注册资本不低于人民币1亿元,净资本不低于人民币5000万元;

(二)具有完善的公司治理和内部控制制度,风险控制指标符合相关规定;

(三)保荐业务部门具有健全的业务规程、内部风险评估和控制系统,内部机构设置合理,具备相应的研究能力、销售能力等后台支持;

(四)具有良好的保荐业务团队且专业结构合理,从业人员不少于35人,其中最近3年从事保荐相关业务的人员不少于20人;

(五)符合保荐代表人资格条件的从业人员不少于4人;

(六)最近3年内未因重大违法违规行为受到行政处罚;

(七)中国证监会规定的其他条件。

第十条 证券公司申请保荐机构资格,应当向中国证监会提交下列材料:

(一)申请报告;

(二)股东(大)会和董事会关于申请保荐机构资格的决议;

(三)公司设立批准文件;

(四)营业执照复印件;

(五)公司治理和公司内部控制制度及执行情况的说明;

(六)董事、监事、高级管理人员和主要股东情况的说明;

(七)内部风险评估和控制系统及执行情况的说明;

(八)保荐业务尽职调查制度、辅导制度、内部核查制度、持续督导制度、持续培训制度和保荐工作底稿制度的建立情况;

(九)经具有证券期货相关业务资格的会计师事务所审计的最近1年度净资本计算表、风险资本准备计算表和风险控制指标监管报表;

(十)保荐业务部门机构设置、分工及人员配置情况的说明;

(十一)研究、销售等后台支持部门的情况说明;

(十二)保荐业务负责人、内核负责人、保荐业务部门负责人和内核小组成员名单及其简历;

(十三)证券公司指定联络人的说明;

(十四)证券公司对申请文件真实性、准确性、完整性承担责任的承诺函,并应由其全体董事签字;

(十五)中国证监会要求的其他材料。

第十一条 个人申请保荐代表人资格,应当具备下列条件:

(一)具备3年以上保荐相关业务经历;

(二)最近3年内在本办法第二条规定的境内证券发行项目中担任过项目协办人;

(三)参加中国证监会认可的保荐代表人胜任能力考试且成绩合格有效;

(四)诚实守信,品行良好,无不良诚信记录,最近3年未受到中国证监会的行政处罚;

(五)未负有数额较大到期未清偿的债务;

(六)中国证监会规定的其他条件。

第十二条 个人申请保荐代表人资格,应当通过所任职的保荐机构向中国证监会提交下列材料：

（一）申请报告；

（二）个人简历、身份证明文件和学历学位证书；

（三）证券业从业人员资格考试、保荐代表人胜任能力考试成绩合格的证明；

（四）证券业执业证书；

（五）从事保荐相关业务的详细情况说明，以及最近3年内担任本办法第二条规定的境内证券发行项目协办人的工作情况说明；

（六）保荐机构出具的推荐函，其中应当说明申请人遵纪守法、业务水平、组织能力等情况；

（七）保荐机构对申请文件真实性、准确性、完整性承担责任的承诺函，并应由其董事长或者总经理签字；

（八）中国证监会要求的其他材料。

第十三条 证券公司和个人应当保证申请文件真实、准确、完整。申请期间，申请文件内容发生重大变化的，应当自变化之日起2个工作日内向中国证监会提交更新资料。

第十四条 中国证监会依法受理、审查申请文件。对保荐机构资格的申请，自受理之日起45个工作日内做出核准或者不予核准的书面决定；对保荐代表人资格的申请，自受理之日起20个工作日内做出核准或者不予核准的书面决定。

第十五条 证券公司取得保荐机构资格后，应当持续符合本办法第九条规定的条件。保荐机构因重大违法违规行为受到行政处罚的，中国证监会撤销其保荐机构资格；不再具备第九条规定其他条件的，中国证监会可责令其限期整改，逾期仍然不符合要求的，中国证监会撤销其保荐机构资格。

第十六条 个人取得保荐代表人资格后，应当持续符合本办法第十一条第（四）项、第（五）项和第（六）项规定的条件。保荐代表人被吊销、注销证券业执业证书，或者受到中国证监会行政处罚的，中国证监会撤销其保荐代表人资格；不再符合其他条件的，中国证监会责令其限期整改，逾期仍然不符合要求的，中国证监会撤销其保荐代表人资格。

个人通过中国证监会认可的保荐代表人胜任能力考试或者取得保荐代表人资格后，应当定期参加中国证券业协会或者中国证监会认可的其他机构组织的保荐代表人年度业务培训。保荐代表人未按要求参加保荐代表人年度业务培训的，中国证监会撤销其保荐代表人资格；通过保荐代表人胜任能力考试而未取得保荐代表人资格的个人,未按要求参加保荐代表人年度业务培训的,其保荐代表人胜任能力考试成绩不再有效。

第十七条 中国证监会依法对保荐机构、保荐代表人进行注册登记管理。

第十八条 保荐机构的注册登记事项包括:

(一)保荐机构名称、成立时间、注册资本、注册地址、主要办公地址和法定代表人;

(二)保荐机构的主要股东情况;

(三)保荐机构的董事、监事和高级管理人员情况;

(四)保荐机构的保荐业务负责人、内核负责人情况;

(五)保荐机构的保荐业务部门负责人情况;

(六)保荐机构的保荐业务部门机构设置、分工及人员配置情况;

(七)保荐机构的执业情况;

(八)中国证监会要求的其他事项。

第十九条 保荐代表人的注册登记事项包括:

(一)保荐代表人的姓名、性别、出生日期、身份证号码;

(二)保荐代表人的联系电话、通讯地址;

(三)保荐代表人的任职机构、职务;

(四)保荐代表人的学习和工作经历;

(五)保荐代表人的执业情况;

(六)中国证监会要求的其他事项。

第二十条 保荐机构、保荐代表人注册登记事项发生变化的,保荐机构应当自变化之日起5个工作日内向中国证监会书面报告,由中国证监会予以变更登记。

第二十一条 保荐代表人从原保荐机构离职,调入其他保荐机构的,应通过新任职机构向中国证监会申请变更登记,并提交下列材料:

(一)变更登记申请报告;

(二)证券业执业证书;

(三)保荐代表人出具的其在原保荐机构保荐业务交接情况的说明;

(四)新任职机构出具的接收函;

(五)新任职机构对申请文件真实性、准确性、完整性承担责任的承诺函,并应由其董事长或者总经理签字;

（六）中国证监会要求的其他材料。

第二十二条 保荐机构应当于每年4月份向中国证监会报送年度执业报告。年度执业报告应当包括以下内容：

（一）保荐机构、保荐代表人年度执业情况的说明；

（二）保荐机构对保荐代表人尽职调查工作日志检查情况的说明；

（三）保荐机构对保荐代表人的年度考核、评定情况；

（四）保荐机构、保荐代表人其他重大事项的说明；

（五）保荐机构对年度执业报告真实性、准确性、完整性承担责任的承诺函，并应由其法定代表人签字；

（六）中国证监会要求的其他事项。

第三章　保荐职责

第二十三条 保荐机构应当尽职推荐发行人证券发行上市。

发行人证券上市后，保荐机构应当持续督导发行人履行规范运作、信守承诺、信息披露等义务。

第二十四条 保荐机构推荐发行人证券发行上市，应当遵循诚实守信、勤勉尽责的原则，按照中国证监会对保荐机构尽职调查工作的要求，对发行人进行全面调查，充分了解发行人的经营状况及其面临的风险和问题。

第二十五条 保荐机构在推荐发行人首次公开发行股票并上市前，应当对发行人进行辅导，对发行人的董事、监事和高级管理人员、持有5%以上股份的股东和实际控制人（或者其法定代表人）进行系统的法规知识、证券市场知识培训，使其全面掌握发行上市、规范运作等方面的有关法律法规和规则，知悉信息披露和履行承诺等方面的责任和义务，树立进入证券市场的诚信意识、自律意识和法制意识。

第二十六条 保荐机构辅导工作完成后，应由发行人所在地的中国证监会派出机构进行辅导验收。

第二十七条 保荐机构应当与发行人签订保荐协议，明确双方的权利和义务，按照行业规范协商确定履行保荐职责的相关费用。

保荐协议签订后，保荐机构应在5个工作日内报发行人所在地的中国证监会派出机构备案。

第二十八条 保荐机构应当确信发行人符合法律、行政法规和中国证监会的有关规定,方可推荐其证券发行上市。

保荐机构决定推荐发行人证券发行上市的,可以根据发行人的委托,组织编制申请文件并出具推荐文件。

第二十九条 对发行人申请文件、证券发行募集文件中有证券服务机构及其签字人员出具专业意见的内容,保荐机构应当结合尽职调查过程中获得的信息对其进行审慎核查,对发行人提供的资料和披露的内容进行独立判断。

保荐机构所作的判断与证券服务机构的专业意见存在重大差异的,应当对有关事项进行调查、复核,并可聘请其他证券服务机构提供专业服务。

第三十条 对发行人申请文件、证券发行募集文件中无证券服务机构及其签字人员专业意见支持的内容,保荐机构应当获得充分的尽职调查证据,在对各种证据进行综合分析的基础上对发行人提供的资料和披露的内容进行独立判断,并有充分理由确信所作的判断与发行人申请文件、证券发行募集文件的内容不存在实质性差异。

第三十一条 保荐机构推荐发行人发行证券,应当向中国证监会提交发行保荐书、保荐代表人专项授权书以及中国证监会要求的其他与保荐业务有关的文件。发行保荐书应当包括下列内容:

(一)逐项说明本次发行是否符合《公司法》、《证券法》规定的发行条件和程序;

(二)逐项说明本次发行是否符合中国证监会的有关规定,并载明得出每项结论的查证过程及事实依据;

(三)发行人存在的主要风险;

(四)对发行人发展前景的评价;

(五)保荐机构内部审核程序简介及内核意见;

(六)保荐机构与发行人的关联关系;

(七)相关承诺事项;

(八)中国证监会要求的其他事项。

第三十二条 保荐机构推荐发行人证券上市,应当向证券交易所提交上市保荐书以及证券交易所要求的其他与保荐业务有关的文件,并报中国证监会备案。上市保荐书应当包括下列内容:

(一)逐项说明本次证券上市是否符合《公司法》、《证券法》及证券交易所规定的上市条件；

（二）对发行人证券上市后持续督导工作的具体安排；

（三）保荐机构与发行人的关联关系；

（四）相关承诺事项；

（五）中国证监会或者证券交易所要求的其他事项。

第三十三条 在发行保荐书和上市保荐书中，保荐机构应当就下列事项做出承诺：

（一）有充分理由确信发行人符合法律法规及中国证监会有关证券发行上市的相关规定；

（二）有充分理由确信发行人申请文件和信息披露资料不存在虚假记载、误导性陈述或者重大遗漏；

（三）有充分理由确信发行人及其董事在申请文件和信息披露资料中表达意见的依据充分合理；

（四）有充分理由确信申请文件和信息披露资料与证券服务机构发表的意见不存在实质性差异；

（五）保证所指定的保荐代表人及本保荐机构的相关人员已勤勉尽责，对发行人申请文件和信息披露资料进行了尽职调查、审慎核查；

（六）保证保荐书、与履行保荐职责有关的其他文件不存在虚假记载、误导性陈述或者重大遗漏；

（七）保证对发行人提供的专业服务和出具的专业意见符合法律、行政法规、中国证监会的规定和行业规范；

（八）自愿接受中国证监会依照本办法采取的监管措施；

（九）中国证监会规定的其他事项。

第三十四条 保荐机构提交发行保荐书后，应当配合中国证监会的审核，并承担下列工作：

（一）组织发行人及证券服务机构对中国证监会的意见进行答复；

（二）按照中国证监会的要求对涉及本次证券发行上市的特定事项进行尽职调查或者核查；

（三）指定保荐代表人与中国证监会职能部门进行专业沟通，保荐代表人在发行审核委员会会议上接受委员质询；

（四）中国证监会规定的其他工作。

第三十五条 保荐机构应当针对发行人的具体情况,确定证券发行上市后持续督导的内容,督导发行人履行有关上市公司规范运作、信守承诺和信息披露等义务,审阅信息披露文件及向中国证监会、证券交易所提交的其他文件,并承担下列工作:

(一)督导发行人有效执行并完善防止控股股东、实际控制人、其他关联方违规占用发行人资源的制度;

(二)督导发行人有效执行并完善防止其董事、监事、高级管理人员利用职务之便损害发行人利益的内控制度;

(三)督导发行人有效执行并完善保障关联交易公允性和合规性的制度,并对关联交易发表意见;

(四)持续关注发行人募集资金的专户存储、投资项目的实施等承诺事项;

(五)持续关注发行人为他人提供担保等事项,并发表意见;

(六)中国证监会、证券交易所规定及保荐协议约定的其他工作。

第三十六条 首次公开发行股票并在主板上市的,持续督导的期间为证券上市当年剩余时间及其后2个完整会计年度;主板上市公司发行新股、可转换公司债券的,持续督导的期间为证券上市当年剩余时间及其后1个完整会计年度。

首次公开发行股票并在创业板上市的,持续督导的期间为证券上市当年剩余时间及其后3个完整会计年度;创业板上市公司发行新股、可转换公司债券的,持续督导的期间为证券上市当年剩余时间及其后2个完整会计年度。

首次公开发行股票并在创业板上市的,持续督导期内保荐机构应当自发行人披露年度报告、中期报告之日起15个工作日内在中国证监会指定网站披露跟踪报告,对本办法第三十五条所涉及的事项,进行分析并发表独立意见。发行人临时报告披露的信息涉及募集资金、关联交易、委托理财、为他人提供担保等重大事项的,保荐机构应当自临时报告披露之日起10个工作日内进行分析并在中国证监会指定网站发表独立意见。

持续督导的期间自证券上市之日起计算。

第三十七条 持续督导期届满,如有尚未完结的保荐工作,保荐机构应当继续完成。

保荐机构在履行保荐职责期间未勤勉尽责的,其责任不因持续督导期届满而免除或者终止。

第四章　保荐业务规程

第三十八条　保荐机构应当建立健全保荐工作的内部控制体系,切实保证保荐业务负责人、内核负责人、保荐业务部门负责人、保荐代表人、项目协办人及其他保荐业务相关人员勤勉尽责,严格控制风险,提高保荐业务整体质量。

第三十九条　保荐机构应当建立健全证券发行上市的尽职调查制度、辅导制度、对发行上市申请文件的内部核查制度、对发行人证券上市后的持续督导制度。

第四十条　保荐机构应当建立健全对保荐代表人及其他保荐业务相关人员的持续培训制度。

第四十一条　保荐机构应当建立健全工作底稿制度,为每一项目建立独立的保荐工作底稿。

保荐代表人必须为其具体负责的每一项目建立尽职调查工作日志,作为保荐工作底稿的一部分存档备查;保荐机构应当定期对尽职调查工作日志进行检查。

保荐工作底稿应当真实、准确、完整地反映整个保荐工作的全过程,保存期不少于10年。

第四十二条　保荐机构的保荐业务负责人、内核负责人负责监督、执行保荐业务各项制度并承担相应的责任。

第四十三条　保荐机构及其控股股东、实际控制人、重要关联方持有发行人的股份合计超过7%,或者发行人持有、控制保荐机构的股份超过7%的,保荐机构在推荐发行人证券发行上市时,应联合1家无关联保荐机构共同履行保荐职责,且该无关联保荐机构为第一保荐机构。

第四十四条　刊登证券发行募集文件前终止保荐协议的,保荐机构和发行人应当自终止之日起5个工作日内分别向中国证监会报告,说明原因。

第四十五条　刊登证券发行募集文件以后直至持续督导工作结束,保荐机构和发行人不得终止保荐协议,但存在合理理由的情形除外。发行人因再次申请发行证券另行聘请保荐机构、保荐机构被中国证监会撤销保荐机构资格的,应当终止保荐协议。

终止保荐协议的,保荐机构和发行人应当自终止之日起5个工作日内向中国证监会、证券交易所报告,说明原因。

第四十六条　持续督导期间,保荐机构被撤销保荐机构资格的,发行人应当在1个月内另行聘请保荐机构,未在规定期限内另行聘请的,中国证监会可以为其指定保荐机构。

第四十七条 另行聘请的保荐机构应当完成原保荐机构未完成的持续督导工作。

因原保荐机构被撤销保荐机构资格而另行聘请保荐机构的,另行聘请的保荐机构持续督导的时间不得少于1个完整的会计年度。

另行聘请的保荐机构应当自保荐协议签订之日起开展保荐工作并承担相应的责任。原保荐机构在履行保荐职责期间未勤勉尽责的,其责任不因保荐机构的更换而免除或者终止。

第四十八条 保荐机构应当指定2名保荐代表人具体负责1家发行人的保荐工作,出具由法定代表人签字的专项授权书,并确保保荐机构有关部门和人员有效分工协作。保荐机构可以指定1名项目协办人。

第四十九条 证券发行后,保荐机构不得更换保荐代表人,但因保荐代表人离职或者被撤销保荐代表人资格的,应当更换保荐代表人。

保荐机构更换保荐代表人的,应当通知发行人,并在5个工作日内向中国证监会、证券交易所报告,说明原因。原保荐代表人在具体负责保荐工作期间未勤勉尽责的,其责任不因保荐代表人的更换而免除或者终止。

第五十条 保荐机构法定代表人、保荐业务负责人、内核负责人、保荐代表人和项目协办人应当在发行保荐书上签字,保荐机构法定代表人、保荐代表人应同时在证券发行募集文件上签字。

第五十一条 保荐机构应将履行保荐职责时发表的意见及时告知发行人,同时在保荐工作底稿中保存,并可依照本办法规定公开发表声明、向中国证监会或者证券交易所报告。

第五十二条 持续督导工作结束后,保荐机构应当在发行人公告年度报告之日起的10个工作日内向中国证监会、证券交易所报送保荐总结报告书。保荐机构法定代表人和保荐代表人应当在保荐总结报告书上签字。保荐总结报告书应当包括下列内容:

(一)发行人的基本情况;

(二)保荐工作概述;

(三)履行保荐职责期间发生的重大事项及处理情况;

(四)对发行人配合保荐工作情况的说明及评价;

（五）对证券服务机构参与证券发行上市相关工作情况的说明及评价；

（六）中国证监会要求的其他事项。

第五十三条 保荐代表人及其他保荐业务相关人员属于内幕信息的知情人员，应当遵守法律、行政法规和中国证监会的规定，不得利用内幕信息直接或者间接为保荐机构、本人或者他人谋取不正当利益。

第五章 保荐业务协调

第五十四条 保荐机构及其保荐代表人履行保荐职责可对发行人行使下列权利：

（一）要求发行人按照本办法规定和保荐协议约定的方式，及时通报信息；

（二）定期或者不定期对发行人进行回访，查阅保荐工作需要的发行人材料；

（三）列席发行人的股东大会、董事会和监事会；

（四）对发行人的信息披露文件及向中国证监会、证券交易所提交的其他文件进行事前审阅；

（五）对有关部门关注的发行人相关事项进行核查，必要时可聘请相关证券服务机构配合；

（六）按照中国证监会、证券交易所信息披露规定，对发行人违法违规的事项发表公开声明；

（七）中国证监会规定或者保荐协议约定的其他权利。

第五十五条 发行人有下列情形之一的，应当及时通知或者咨询保荐机构，并将相关文件送交保荐机构：

（一）变更募集资金及投资项目等承诺事项；

（二）发生关联交易、为他人提供担保等事项；

（三）履行信息披露义务或者向中国证监会、证券交易所报告有关事项；

（四）发生违法违规行为或者其他重大事项；

（五）中国证监会规定或者保荐协议约定的其他事项。

第五十六条 证券发行前，发行人不配合保荐机构履行保荐职责的，保荐机构应当发表保留意见，并在发行保荐书中予以说明；情节严重的，应当不予保荐，已保荐的应当撤销保荐。

第五十七条 证券发行后，保荐机构有充分理由确信发行人可能存在违法违规行为以及其他不当行为的,应当督促发行人做出说明并限期纠正;情节严重的,应当向中国证监会、证券交易所报告。

第五十八条 保荐机构应当组织协调证券服务机构及其签字人员参与证券发行上市的相关工作。

发行人为证券发行上市聘用的会计师事务所、律师事务所、资产评估机构以及其他证券服务机构,保荐机构有充分理由认为其专业能力存在明显缺陷的,可以向发行人建议更换。

第五十九条 保荐机构对证券服务机构及其签字人员出具的专业意见存有疑义的,应当主动与证券服务机构进行协商,并可要求其做出解释或者出具依据。

第六十条 保荐机构有充分理由确信证券服务机构及其签字人员出具的专业意见可能存在虚假记载、误导性陈述或重大遗漏等违法违规情形或者其他不当情形的,应当及时发表意见;情节严重的,应当向中国证监会、证券交易所报告。

第六十一条 证券服务机构及其签字人员应当保持专业独立性,对保荐机构提出的疑义或者意见进行审慎的复核判断,并向保荐机构、发行人及时发表意见。

第六章 监管措施和法律责任

第六十二条 中国证监会可以对保荐机构及其保荐代表人从事保荐业务的情况进行定期或者不定期现场检查,保荐机构及其保荐代表人应当积极配合检查,如实提供有关资料,不得拒绝、阻挠、逃避检查,不得谎报、隐匿、销毁相关证据材料。

第六十三条 中国证监会建立保荐信用监管系统,对保荐机构和保荐代表人进行持续动态的注册登记管理,记录其执业情况、违法违规行为、其他不良行为以及对其采取的监管措施等,必要时可以将记录予以公布。

第六十四条 自保荐机构向中国证监会提交保荐文件之日起,保荐机构及其保荐代表人承担相应的责任。

第六十五条 保荐机构资格申请文件存在虚假记载、误导性陈述或者重大遗漏的,中国证监会不予核准;已核准的,撤销其保荐机构资格。

保荐代表人资格申请文件存在虚假记载、误导性陈述或者重大遗漏的,中国证监会不予核准;已核准的,撤销其保荐代表人资格。对提交该申请文件的保荐机构,中国证监会自撤销之日起6个月内不再受理该保荐机构推荐的保荐代表人资格申请。

第六十六条 保荐机构、保荐代表人、保荐业务负责人和内核负责人违反本办法,未诚实守信、勤勉尽责地履行相关义务的,中国证监会责令改正,并对其采取监管谈话、重点关注、责令进行业务学习、出具警示函、责令公开说明、认定为不适当人选等监管措施;依法应给予行政处罚的,依照有关规定进行处罚;情节严重涉嫌犯罪的,依法移送司法机关,追究其刑事责任。

第六十七条 保荐机构出现下列情形之一的,中国证监会自确认之日起暂停其保荐机构资格3个月;情节严重的,暂停其保荐机构资格6个月,并可以责令保荐机构更换保荐业务负责人、内核负责人;情节特别严重的,撤销其保荐机构资格:

(一)向中国证监会、证券交易所提交的与保荐工作相关的文件存在虚假记载、误导性陈述或者重大遗漏;

(二)内部控制制度未有效执行;

(三)尽职调查制度、内部核查制度、持续督导制度、保荐工作底稿制度未有效执行;

(四)保荐工作底稿存在虚假记载、误导性陈述或者重大遗漏;

(五)唆使、协助或者参与发行人及证券服务机构提供存在虚假记载、误导性陈述或者重大遗漏的文件;

(六)唆使、协助或者参与发行人干扰中国证监会及其发行审核委员会的审核工作;

(七)通过从事保荐业务谋取不正当利益;

(八)严重违反诚实守信、勤勉尽责义务的其他情形。

第六十八条 保荐代表人出现下列情形之一的,中国证监会可根据情节轻重,自确认之日起3个月到12个月内不受理相关保荐代表人具体负责的推荐;情节特别严重的,撤销其保荐代表人资格:

(一)尽职调查工作日志缺失或者遗漏、隐瞒重要问题;

(二)未完成或者未参加辅导工作;

(三)未参加持续督导工作,或者持续督导工作未勤勉尽责;

(四)因保荐业务或其具体负责保荐工作的发行人在保荐期间内受到证券交易所、中国证券业协会公开谴责;

(五)唆使、协助或者参与发行人干扰中国证监会及其发行审核委员会的审核

工作;

(六)严重违反诚实守信、勤勉尽责义务的其他情形。

第六十九条 保荐代表人出现下列情形之一的,中国证监会撤销其保荐代表人资格;情节严重的,对其采取证券市场禁入的措施:

(一)在与保荐工作相关文件上签字推荐发行人证券发行上市,但未参加尽职调查工作,或者尽职调查工作不彻底、不充分,明显不符合业务规则和行业规范;

(二)通过从事保荐业务谋取不正当利益;

(三)本人及其配偶持有发行人的股份;

(四)唆使、协助或者参与发行人及证券服务机构提供存在虚假记载、误导性陈述或者重大遗漏的文件;

(五)参与组织编制的与保荐工作相关文件存在虚假记载、误导性陈述或者重大遗漏。

第七十条 保荐机构、保荐代表人因保荐业务涉嫌违法违规处于立案调查期间的,中国证监会暂不受理该保荐机构的推荐;暂不受理相关保荐代表人具体负责的推荐。

第七十一条 发行人出现下列情形之一的,中国证监会自确认之日起暂停保荐机构的保荐机构资格3个月,撤销相关人员的保荐代表人资格:

(一)证券发行募集文件等申请文件存在虚假记载、误导性陈述或者重大遗漏;

(二)公开发行证券上市当年即亏损;

(三)持续督导期间信息披露文件存在虚假记载、误导性陈述或者重大遗漏。

第七十二条 发行人在持续督导期间出现下列情形之一的,中国证监会可根据情节轻重,自确认之日起3个月到12个月内不受理相关保荐代表人具体负责的推荐;情节特别严重的,撤销相关人员的保荐代表人资格:

(一)证券上市当年累计50%以上募集资金的用途与承诺不符;

(二)公开发行证券并在主板上市当年营业利润比上年下滑50%以上;

(三)首次公开发行股票并上市之日起12个月内控股股东或者实际控制人发生变更;

(四)首次公开发行股票并上市之日起12个月内累计50%以上资产或者主营业务发生重组;

(五)上市公司公开发行新股、可转换公司债券之日起12个月内累计50%以

上资产或者主营业务发生重组,且未在证券发行募集文件中披露;

(六)实际盈利低于盈利预测达20%以上;

(七)关联交易显失公允或者程序违规,涉及金额较大;

(八)控股股东、实际控制人或其他关联方违规占用发行人资源,涉及金额较大;

(九)违规为他人提供担保,涉及金额较大;

(十)违规购买或出售资产、借款、委托资产管理等,涉及金额较大;

(十一)董事、监事、高级管理人员侵占发行人利益受到行政处罚或者被追究刑事责任;

(十二)违反上市公司规范运作和信息披露等有关法律法规,情节严重的;

(十三)中国证监会规定的其他情形。

第七十三条 保荐代表人被暂不受理具体负责的推荐或者被撤销保荐代表人资格的,保荐业务负责人、内核负责人应承担相应的责任,对已受理的该保荐代表人具体负责推荐的项目,保荐机构应当撤回推荐;情节严重的,责令保荐机构就各项保荐业务制度限期整改,责令保荐机构更换保荐业务负责人、内核负责人,逾期仍然不符合要求的,撤销其保荐机构资格。

第七十四条 保荐机构、保荐业务负责人或者内核负责人在1个自然年度内被采取本办法第六十六条规定监管措施累计5次以上,中国证监会可暂停保荐机构的保荐机构资格3个月,责令保荐机构更换保荐业务负责人、内核负责人。

保荐代表人在2个自然年度内被采取本办法第六十六条规定监管措施累计2次以上,中国证监会可6个月内不受理相关保荐代表人具体负责的推荐。

第七十五条 对中国证监会采取的监管措施,保荐机构及其保荐代表人提出申辩的,如有充分证据证明下列事实且理由成立,中国证监会予以采纳:

(一)发行人或其董事、监事、高级管理人员故意隐瞒重大事实,保荐机构和保荐代表人已履行勤勉尽责义务;

(二)发行人已在证券发行募集文件中做出特别提示,保荐机构和保荐代表人已履行勤勉尽责义务;

(三)发行人因不可抗力致使业绩、募集资金运用等出现异常或者未能履行承诺;

(四)发行人及其董事、监事、高级管理人员在持续督导期间故意违法违规,保荐机构和保荐代表人主动予以揭示,已履行勤勉尽责义务;

(五)保荐机构、保荐代表人已履行勤勉尽责义务的其他情形。

第七十六条 发行人及其董事、监事、高级管理人员违反本办法规定,变更保荐机构后未另行聘请保荐机构,持续督导期间违法违规且拒不纠正,发生重大事项未及时通知保荐机构,或者发生其他严重不配合保荐工作情形的,中国证监会可以责令改正,予以公布并可根据情节轻重采取下列监管措施:

(一)要求发行人每月向中国证监会报告接受保荐机构督导的情况;

(二)要求发行人披露月度财务报告、相关资料;

(三)指定证券服务机构进行核查;

(四)要求证券交易所对发行人证券的交易实行特别提示;

(五)36个月内不受理其发行证券申请;

(六)将直接负责的主管人员和其他责任人员认定为不适当人选。

第七十七条　证券服务机构及其签字人员违反本办法规定的,中国证监会责令改正,并对相关机构和责任人员采取监管谈话、重点关注、出具警示函、责令公开说明、认定为不适当人选等监管措施。

第七十八条　证券服务机构及其签字人员出具的专业意见存在虚假记载、误导性陈述或重大遗漏,或者因不配合保荐工作而导致严重后果的,中国证监会自确认之日起6个月到36个月内不受理其文件,并将处理结果予以公布。

第七十九条　发行人及其董事、监事、高级管理人员、证券服务机构及其签字人员违反法律、行政法规,依法应予行政处罚的,依照有关规定进行处罚;涉嫌犯罪的,依法移送司法机关,追究其刑事责任。

第七章　附　则

第八十条　本办法所称"保荐机构",是指《证券法》第十一条所指"保荐人"。

第八十一条　中国证券业协会或者经中国证监会认可的其他机构,可以组织保荐代表人胜任能力考试。

第八十二条　本办法实施前从事证券发行上市保荐业务的保荐机构,不完全符合本办法规定的,应当在本办法实施之日起3个月内达到本办法规定的要求,并由中国证监会组织验收。逾期仍然不符合要求的,中国证监会撤销其保荐机构资格。

第八十三条　本办法自2008年12月1日起施行,《证券发行上市保荐制度暂行办法》(证监会令第18号)、《首次公开发行股票辅导工作办法》(证监发〔2001〕125号)同时废止。

#　六、科技保险篇

国务院关于保险业改革发展的若干意见

国发〔2006〕23号

各省、自治区、直辖市人民政府，国务院各部委、各直属机构：

改革开放特别是党的十六大以来，我国保险业改革发展取得了举世瞩目的成就。保险业务快速增长，服务领域不断拓宽，市场体系日益完善，法律法规逐步健全，监管水平不断提高，风险得到有效防范，整体实力明显增强，在促进改革、保障经济、稳定社会、造福人民等方面发挥了重要作用。但是，由于保险业起步晚、基础薄弱、覆盖面不宽，功能和作用发挥不充分，与全面建设小康社会和构建社会主义和谐社会的要求不相适应，与建立完善的社会主义市场经济体制不相适应，与经济全球化、金融一体化和全面对外开放的新形势不相适应。面向未来，保险业发展站在一个新的历史起点上，发展的潜力和空间巨大。为全面贯彻落实科学发展观，明确今后一个时期保险业改革发展的指导思想、目标任务和政策措施，加快保险业改革发展，促进社会主义和谐社会建设，现提出如下意见：

一、充分认识加快保险业改革发展的重要意义

保险具有经济补偿、资金融通和社会管理功能，是市场经济条件下风险管理的基本手段，是金融体系和社会保障体系的重要组成部分，在社会主义和谐社会建设中具有重要作用。

加快保险业改革发展有利于应对灾害事故风险，保障人民生命财产安全和经济稳定运行。我国每年因自然灾害和交通、生产等各类事故造成的人民生命财产损失巨大。由于受体制机制等因素制约，企业和家庭参加保险的比例过低，仅有少部分灾害事故损失能够通过保险获得补偿，既不利于及时恢复生产生活秩序，又增加了政府财政和事务负担。加快保险业改革发展，建立市场化的灾害、事故补偿机制，对完善灾害防范和救助体系，增强全社会抵御风险的能力，促进经济又快又好发展，具有不可替代的重要作用。

加快保险业改革发展有利于完善社会保障体系，满足人民群众多层次的保障需求。我国正处在完善社会主义市场经济体制的关键时期，人口老龄化进程加

快,人民生活水平提高,保障需求不断增强。加快保险业改革发展,鼓励和引导人民群众参加商业养老、健康等保险,对完善社会保障体系,提高全社会保障水平,扩大居民消费需求,实现社会稳定与和谐,具有重要的现实意义。

加快保险业改革发展有利于优化金融资源配置,完善社会主义市场经济体制。我国金融体系发展不平衡,间接融资比例过高,影响了金融资源配置效率,不利于金融风险的分散和化解。本世纪头20年是我国加快发展的重要战略机遇期,金融在现代经济中的核心作用更为突出。加快保险业改革发展,发挥保险在金融资源配置中的重要作用,促进货币市场、资本市场和保险市场协调发展,对健全金融体系,完善社会主义市场经济体制,具有重要意义。

加快保险业改革发展有利于社会管理和公共服务创新,提高政府行政效能。随着行政管理体制改革的深入,政府必须整合各种社会资源,充分运用市场机制和手段,不断改进社会管理和公共服务。加快保险业改革发展,积极引入保险机制参与社会管理,协调各种利益关系,有效化解社会矛盾和纠纷,推进公共服务创新,对完善社会化经济补偿机制,进一步转变政府职能,提高政府行政效能,具有重要的促进作用。

二、加快保险业改革发展的指导思想、总体目标和主要任务

随着我国经济社会发展水平的提高和社会主义市场经济体制的不断完善,人民群众对保险的认识进一步加深,保险需求日益增强,保险的作用更加突出,发展的基础和条件日趋成熟,加快保险业改革发展成为促进社会主义和谐社会建设的必然要求。

加快保险业改革发展的指导思想是:以邓小平理论和"三个代表"重要思想为指导,坚持以人为本、全面协调可持续的科学发展观,立足改革发展稳定大局,着力解决保险业与经济社会发展和人民生活需求不相适应的矛盾,深化改革,加快发展,做大做强,发展中国特色的保险业,充分发挥保险的经济"助推器"和社会"稳定器"作用,为全面建设小康社会和构建社会主义和谐社会服务。

总体目标是:建设一个市场体系完善、服务领域广泛、经营诚信规范、偿付能力充足、综合竞争力较强,发展速度、质量和效益相统一的现代保险业。围绕这一目标,主要任务是:拓宽保险服务领域,积极发展财产保险、人身保险、再保险和保险中介市场,健全保险市场体系;继续深化体制机制改革,完善公司治理结构,提升对外开放的质量和水平,增强国际竞争力和可持续发展能力;推进自主创新,调

整优化结构,转变增长方式,不断提高服务水平;加强保险资金运用管理,提高资金运用水平,为国民经济建设提供资金支持;加强和改善监管,防范化解风险,切实保护被保险人合法权益;完善法规政策,宣传普及保险知识,加快建立保险信用体系,推动诚信建设,营造良好发展环境。

三、积极稳妥推进试点,发展多形式、多渠道的农业保险

认真总结试点经验,研究制定支持政策,探索建立适合我国国情的农业保险发展模式,将农业保险作为支农方式的创新,纳入农业支持保护体系。发挥中央、地方、保险公司、龙头企业、农户等各方面的积极性,发挥农业部门在推动农业保险立法、引导农民投保、协调各方关系、促进农业保险发展等方面的作用,扩大农业保险覆盖面,有步骤地建立多形式经营、多渠道支持的农业保险体系。

明确政策性农业保险的业务范围,并给予政策支持,促进我国农业保险的发展。改变单一、事后财政补助的农业灾害救助模式,逐步建立政策性农业保险与财政补助相结合的农业风险防范与救助机制。探索中央和地方财政对农户投保给予补贴的方式、品种和比例,对保险公司经营的政策性农业保险适当给予经营管理费补贴,逐步建立农业保险发展的长效机制。完善多层次的农业巨灾风险转移分担机制,探索建立中央、地方财政支持的农业再保险体系。

探索发展相互制、合作制等多种形式的农业保险组织。鼓励龙头企业资助农户参加农业保险。支持保险公司开发保障适度、保费低廉、保单通俗的农业保险产品,建立适合农业保险的服务网络和销售渠道。支持农业保险公司开办特色农业和其他涉农保险业务,提高农业保险服务水平。

四、统筹发展城乡商业养老保险和健康保险,完善多层次社会保障体系

适应完善社会主义市场经济体制和建设社会主义新农村的新形势,大力发展商业养老保险和健康保险等人身保险业务,满足城乡人民群众的保险保障需求。

积极发展个人、团体养老等保险业务。鼓励和支持有条件的企业通过商业保险建立多层次的养老保障计划,提高员工保障水平。充分发挥保险机构在精算、投资、账户管理、养老金支付等方面的专业优势,积极参与企业年金业务,拓展补充养老保险服务领域。大力推动健康保险发展,支持相关保险机构投资医疗机

构。努力发展适合农民的商业养老保险、健康保险和意外伤害保险。建立节育手术保险和农村计划生育家庭养老保险制度。积极探索保险机构参与新型农村合作医疗管理的有效方式,推动新型农村合作医疗的健康发展。

五、大力发展责任保险,健全安全生产保障和突发事件应急机制

充分发挥保险在防损减灾和灾害事故处置中的重要作用,将保险纳入灾害事故防范救助体系。不断提高保险机构风险管理能力,利用保险事前防范与事后补偿相统一的机制,充分发挥保险费率杠杆的激励约束作用,强化事前风险防范,减少灾害事故发生,促进安全生产和突发事件应急管理。

采取市场运作、政策引导、政府推动、立法强制等方式,发展安全生产责任、建筑工程责任、产品责任、公众责任、执业责任、董事责任、环境污染责任等保险业务。在煤炭开采等行业推行强制责任保险试点,取得经验后逐步在高危行业、公众聚集场所、境内外旅游等方面推广。完善高危行业安全生产风险抵押金制度,探索通过专业保险公司进行规范管理和运作。进一步完善机动车交通事故责任强制保险制度。通过试点,建立统一的医疗责任保险。推动保险业参与"平安建设"。

六、推进自主创新,提升服务水平

健全以保险企业为主体、以市场需求为导向、引进与自主创新相结合的保险创新机制。发展航空航天、生物医药等高科技保险,为自主创新提供风险保障。稳步发展住房、汽车等消费信贷保证保险,促进消费增长。积极推进建筑工程、项目融资等领域的保险业务。支持发展出口信用保险,促进对外贸易和投资。努力开发满足不同层次、不同职业、不同地区人民群众需求的各类财产、人身保险产品,优化产品结构,拓宽服务领域。

运用现代信息技术,提高保险产品科技含量,发展网上保险等新的服务方式,全面提升服务水平。提高保险精算水平,科学厘定保险费率。大力推进条款通俗化和服务标准化。加强保险营销员教育培训,提升营销服务水平。发挥保险中介机构在承保理赔、风险管理和产品开发方面的积极作用,提供更加专业和便捷的保险服务。加快发展再保险,促进再保险市场和直接保险市场协调发展。统筹保险业区域发展,提高少数民族地区和欠发达地区保险服务水平。

鼓励发展商业养老保险、健康保险、责任保险等专业保险公司。支持具备条件的保险公司通过重组、并购等方式,发展成为具有国际竞争力的保险控股(集

团)公司。稳步推进保险公司综合经营试点,探索保险业与银行业、证券业更广领域和更深层次的合作,提供多元化和综合性的金融保险服务。

七、提高保险资金运用水平,支持国民经济建设

深化保险资金运用体制改革,推进保险资金专业化、规范化、市场化运作,提高保险资金运用水平。建立有效的风险控制和预警机制,实行全面风险管理,确保资产安全。

保险资产管理公司要树立长期投资理念,按照安全性、流动性和收益性相统一的要求,切实管好保险资产。允许符合条件的保险资产管理公司逐步扩大资产管理范围。探索保险资金独立托管机制。

在风险可控的前提下,鼓励保险资金直接或间接投资资本市场,逐步提高投资比例,稳步扩大保险资金投资资产证券化产品的规模和品种,开展保险资金投资不动产和创业投资企业试点。支持保险资金参股商业银行。支持保险资金境外投资。根据国民经济发展的需求,不断拓宽保险资金运用的渠道和范围,充分发挥保险资金长期性和稳定性的优势,为国民经济建设提供资金支持。

八、深化体制改革、提高开放水平,增强可持续发展能力

进一步完善保险公司治理结构,规范股东会、董事会、监事会和经营管理者的权责,形成权力机构、决策机构、监督机构和经营管理者之间的制衡机制。加强内控制度建设和风险管理,强化法人机构管控责任,完善和落实保险经营责任追究制。转换经营机制,建立科学的考评体系,探索规范的股权、期权等激励机制。实施人才兴业战略,深化人才体制改革,优化人才结构,建立一支高素质人才队伍。

统筹国内发展与对外开放,充分利用两个市场、两种资源,增强保险业在全面对外开放条件下的竞争能力和发展能力。认真履行加入世贸组织承诺,促进中外资保险公司优势互补、合作共赢、共同发展。支持具备条件的境内保险公司在境外设立营业机构,为"走出去"战略提供保险服务。广泛开展国际保险交流,积极参与制定国际保险规则。强化与境外特别是周边国家和地区保险监管机构的合作,加强跨境保险业务监管。

九、加强和改善监管,防范化解风险

坚持把防范风险作为保险业健康发展的生命线,不断完善以偿付能力、公司治

理结构和市场行为监管为支柱的现代保险监管制度。加强偿付能力监管,建立动态偿付能力监管指标体系,健全精算制度,统一财务统计口径和绩效评估标准。参照国际惯例,研究制定符合保险业特点的财务会计制度,保证财务数据真实、及时、透明,提高偿付能力监管的科学性和约束力。深入推进保险公司治理结构监管,规范关联交易,加强信息披露,提高透明度。强化市场行为监管,改进现场、非现场检查,严厉查处保险经营中的违法违规行为,提高市场行为监管的针对性和有效性。

按照高标准、规范化的要求,严格保险市场准入,建立市场化退出机制。实施分类监管,扶优限劣。健全保险业资本补充机制。完善保险保障基金制度,逐步实现市场化、专业化运作。建立和完善保险监管信息系统,提高监管效率。

规范行业自保、互助合作保险等保险组织形式,整顿规范行业或企业自办保险行为,并统一纳入保险监管。研究并逐步实施对保险控股(集团)公司并表监管。健全保险业与其他金融行业之间的监管协调机制,防范金融风险跨行业传递,维护国家经济金融安全。

加快保险信用体系建设,培育保险诚信文化。加强从业人员诚信教育,强化失信惩戒机制,切实解决误导和理赔难等问题。加强保险行业自律组织建设。建立保险纠纷快速处理机制,切实保护被保险人合法权益。

十、进一步完善法规政策,营造良好发展环境

加快保险业改革发展,既要坚持发挥市场在资源配置中的基础性作用,又要加强政府宏观调控和政策引导,加大政策支持力度。根据不同险种的性质,按照区别对待的原则,探索对涉及国计民生的政策性保险业务给予适当的税收优惠,鼓励人民群众和企业积极参加保险。立足我国国情,结合税制改革,完善促进保险业发展的税收政策。不断完善保险营销员从业和权益保障的政策措施。建立国家财政支持的巨灾风险保险体系。修改完善保险法,加快推进农业保险法律法规建设,研究推动商业养老、健康保险和责任保险以及保险资产管理等方面的立法工作,健全保险法规规章体系。将保险教育纳入中小学课程,发挥新闻媒体的正面宣传和引导作用,普及保险知识,提高全民风险和保险意识。

各地区、各部门要充分认识加快保险业改革发展的重要意义,加强沟通协调和配合,努力做到学保险、懂保险、用保险,提高运用保险机制促进社会主义和谐社会建设的能力和水平。要将保险业纳入地方或行业的发展规划统筹考虑,认真落实各项法规政策,为保险业改革发展创造良好环境。要坚持依法行政,切实维

六、科技保险篇

护保险企业的经营自主权及其他合法权益。保监会要不断提高引领保险业发展和防范风险的能力和水平,认真履行职责,加强分类指导,推动政策落实。通过全社会的共同努力,实现保险业又快又好发展,促进社会主义和谐社会建设。

国务院

二〇〇六年六月十五日

财政部关于进一步支持出口信用保险为高新技术企业提供服务的通知

财金〔2006〕118号

中国出口信用保险公司：

　　为落实《中共中央国务院关于实施科技规划纲要、增强自主创新能力的决定》（中发〔2006〕4号）和《国务院关于实施〈国家中长期科学和技术发展规划纲要〉的若干配套政策》，加强出口信用保险对自主创新的支持，进一步促进出口信用保险为高新技术企业提供服务，现就有关事项通知如下：

　　一、要充分发挥出口信用保险对推动高新技术企业出口的作用。要主动贴近市场深入了解企业需求，根据高新技术企业的特点，不断改善服务，加强保险新产品的开发，完善业务种类，积极为高新技术产品出口提供收汇保障。

　　二、要优先为高新技术企业出口提供保险保障。在国家规定的政策范围内，适当简化承保、理赔手续，加快承保和理赔工作的速度。进一步推动保险项下融资业务，扩大与商业银行的合作，拓宽高新技术企业的融资渠道。

　　三、要加强出口信用保险宣传。要向高新技术企业广泛推介出口信用保险，提高高新技术企业的风险防范意识，引导高新技术企业利用出口信用保险手段，建立风险控制机制，增强国际竞争力。

　　四、要强化海外风险信息的收集和分析工作。发挥出口信用保险机构的信息资源优势和商账追收经验，为高新技术企业提供信息咨询、商账管理等全方位服务。

　　五、要加强同科技部、财政部等有关部门的沟通。及时汇报工作情况，反映实际工作中出现的问题，不断增强为高新技术企业提供服务的能力。

财政部
二〇〇六年十二月七日

中国保监会 科技部关于加强和改善对高新技术企业保险服务有关问题的通知

保监发[2006]129号

各保监局,各省、自治区、直辖市、计划单列市科技厅(局、委),各国家高新技术产业开发区,中国出口信用保险公司、华泰财产保险股份有限公司:

为贯彻实施《国家中长期科学和技术发展规划纲要(2006—2020年)》(国发〔2005〕44号)和《国务院关于保险业改革发展的若干意见》(国发〔2006〕23号),根据国务院《关于印发实施〈国家中长期科学和技术发展规划纲要(2006—2020年)〉若干配套政策的通知》(国发〔2006〕6号)等文件的有关规定,现就加强和改善对高新技术企业保险服务有关问题通知如下:

一、大力推动科技保险创新发展,逐步建立高新技术企业创新产品研发、科技成果转让的保险保障机制。科技保险的险种由保监会和科技部共同分批组织开发并确定,第一批险种包括高新技术企业产品研发责任保险、关键研发设备保险、营业中断保险、出口信用保险、高管人员和关键研发人员团体健康保险和意外保险等6个险种。政策性出口信用保险由中国出口信用保险公司经营,其他险种初期由华泰财产保险股份有限公司进行试点经营,期限一年。

上述6个险种作为高新科技研发保险险种,其保费支出纳入企业技术开发费用,享受国家规定的税收优惠政策。

二、探索并实践通过国家财政科技投入引导推动科技保险发展的新模式,并由保监会、科技部在国家高新技术产业开发区、保险创新试点城市和火炬创新试验城市中选择科技保险试点地区,开展科技保险发展新模式的试点。

各地科技主管部门、国家高新技术产业开发区要积极宣传和动员本地区高新技术企业参与科技保险,运用保险手段为科技发展服务。

三、高新技术企业可以为符合团体人数要求的关键研发人员投保团体保险。

四、中国出口信用保险公司对列入《中国高新技术产品出口目录》的产品出口信用保险业务,在限额审批方面,同等条件下实行限额优先;在保险费率方面,给予公司规定的最高优惠。

加快出口信用保险产品创新、服务创新和模式创新，加强中国出口信用保险公司与有关部门的合作，推进高新技术企业软件出口新险种的开发，解决软件等高新技术产品出口和高新技术企业"走出去"中的收汇风险和融资需求，推动高新技术企业投保出口信用险项下的融资业务发展。

在积极发展政策性出口信用保险的基础上，适当增加商业性出口信用保险业务经营主体，发展多种形式的出口信用保险业务，支持高新技术产品出口。

五、发挥保险中介机构在高新技术企业承保理赔、风险管理和保险产品开发方面的积极作用。鼓励高新技术企业和保险公司采用保险中介服务，支持设立专门为高新技术企业服务的保险中介机构，鼓励在国家高新技术产业开发区内设立保险中介机构及其分支机构。

鼓励保险经纪公司参与科技保险产品创新，专门为高新技术企业服务的保险中介机构资格由保监会和科技部共同认定，享受科技中介机构有关优惠政策。

六、加强保险机构和保险中介机构对高新技术企业的风险管理工作，为高新技术企业提供方便快捷的保险服务，提高理赔服务质量，建立高新技术企业保险理赔快速通道，提高理赔效率，加快理赔速度。建立科技保险风险数据库，科学厘定科技保险产品费率。

七、加强在科技保险领域内的国际合作。充分借鉴国外开展科技保险业务的经验和做法，鼓励国内保险机构在人员交流、技术研讨和专业培训等方面与境外保险机构的合作。

八、大力提升保险行业在实施自主创新战略、建设创新型国家目标中的保险保障作用，分散高新技术企业的创新创业风险。保监会和科技部共同制定科技保险中长期发展专项规划，加强在科技保险业务和保险资金运用等多方面支持国家科技发展的统筹工作。

九、各地保险和科技主管部门要加强与地方财政、税务部门的协调和沟通，推动高新技术企业运用保险手段分散风险，并及时将试点情况向保监会和科技部报告。

十、本文中关键研发人员是指高新技术企业中关键技术成果的主要完成人、重大研发项目的负责人或对主导产品、核心技术进行重大创新、改进的主要技术人员。高新技术企业的资格，按照国家有关高新技术企业认定的相关规定执行。

十一、本通知自发布之日起实施。由中国保监会、科技部负责解释。

中国保监会　科技部
二○○六年十二月二十八日

科学技术部 中国出口信用保险公司关于进一步发挥信用保险作用支持高新技术企业发展有关问题的通知

国科发财字[2007]254号

各省、自治区、直辖市、计划单列市科技厅(委、局),各国家高新技术产业开发区,中国出口信用保险公司各分支机构:

为贯彻实施《国家中长期科学和技术发展规划纲要(2006—2020年)》,根据中国保监会、科技部《关于加强和改善对高新技术企业保险服务有关问题的通知》(保监发[2006]129号)、财政部《关于进一步支持出口信用保险为高新技术企业提供服务的通知》(财金[2006]118号)的要求,现就进一步发挥出口信用保险作用,支持高新技术企业发展的有关问题通知如下:

一、各科技主管部门和国家高新技术产业开发区要高度重视信用保险在支持高新技术产品出口、高新技术企业"走出去"以及高新技术企业融资等方面的作用,发挥科技部门了解熟悉科技项目和高新技术企业的优势,采取政策和资金等多种方式,加强引导和宣传,指导、帮助和扶持高新技术企业运用信用保险工具。

二、中国出口信用保险公司(以下简称中国信保)及其各分支机构要注重发挥政策性保险机构的职能,积极参与和支持国家自主创新战略的实施。对列入《中国高新技术产品出口目录》产品的出口,根据不同的出口方式,提供短期出口信用保险、中长期出口信用保险、海外投资保险保障;对列入《中国高新技术产品目录》产品的国内销售,提供国内贸易信用保险保障;对列入《鼓励外商投资高新技术产品目录》的产品,积极为国外的投资商提供来华投资保险。发挥中国信保在风险管理和信息服务的专业优势,通过国内外买家资信调查、资信评估、对外担保、应收账款代理追收等服务手段,提高企业防范风险能力,促进高新技术企业的市场化发展。

三、科技部与中国信保建立经营性联系机制,双方加强在科技政策、信息、专家以及人员等方面的合作交流。具体工作由科技部条件财务司和中国信保业务发展部负责。

各省、自治区、直辖市、计划单列市科技厅（局、委），各国家高新技术产业开发区管委会与中国信保各分支机构要建立区域性的业务协调和信息沟通机制。各地科技部门、国家高新技术产业开发区管委会，中国信保各分支机构设立联络员，负责本地区的对口联系和业务协调。

四、探索并实践通过国家财政科技投入引导和推动信用保险发展的新模式。鼓励各地科技部门、国家高新技术产业开发区管委会制定出台有效措施，先行先试，扶持具有自主知识产权的高新技术企业在信用保险的保障下开展国际化经营。各科技保险创新试点地区、科技兴贸高新技术产品出口基地应当利用科技发展资金，扶持具有自主知识产权的高新技术企业降低投保成本，提高市场竞争力，不断开拓国内外市场。

五、为降低高新技术企业的投保成本，中国信保将为投保信用保险的高新技术企业提供优惠保险费率和保险条件，并按最低成本价计收资信调查费，同时为投保的高新技术企业提供承保和理赔绿色通道。

六、中国信保将充分发挥信用保险的便利融资功能，拓宽高新技术企业的融资渠道，帮助高新技术企业利用信用保险获得融资便利。中国信保将加强与有关银行的合作，为企业搭建信用保险项下的融资平台。中国信保各分支机构要主动配合各地科技部门、国家高新技术产业开发区管委会落实针对高新技术企业的各项金融支持政策和出口扶持政策，发挥协同作用，为高新技术企业，特别是中小高新技术企业，提供融资便利，解决融资难问题。

七、科技部与中国信保将针对高新技术企业在高新技术产品出口、高新技术企业"走出去"以及高新技术企业融资等方面的实际情况，共同开展调研活动，研究提出信用保险支持高新技术企业发展的政策建议。共同组织培训并开展相关活动，培养一批懂科技、了解信用保险的专门人才，扩大信用保险在科技界的影响。同时，不断加强产品和服务创新，丰富和完善支持高新技术企业发展的措施和手段，增强对高新技术企业的支持服务能力。

请各单位将贯彻落实本通知的情况及实际工作中存在的问题和建议及时报科技部条件财务司和中国信保业务发展部。各地科技部门、国家高新技术产业开发区管委会和中国信保各分支机构于5月28日前将本单位联络员姓名、职务、联系方式（电话、传真、手机、邮箱、地址）通过电子邮件分别报科技部条件财务司和

六、科技保险篇

中国信保业务发展部。

  联系人：科技部 沈文京 010—58881686 shenwj@most.cn
      中国信保 刘凤楼 010—66582296 liufl@sinosure.com.cn

科学技术部 中国出口信用保险公司

二〇〇七年五月十日

科技部 中国保监会关于开展科技保险创新试点工作的通知

国科办财字[2007]24号

各有关省、自治区、直辖市科技厅(委、局)、国家高新技术企业开发区管委会、保监局：

为贯彻落实《国家中长期科学和技术发展规划纲要(2006－2020年)》配套政策,根据中国保监会、科技部《关于加强和改善对高新技术企业保险服务有关问题的通知》(保监发[2006]129号)精神,科技部、中国保监会将在国家高新技术产业开发区、保险创新试点城市和火炬创新试验城市中选择科技保险试点地区,开展科技保险发展新模式的试点,推动科技保险事业的发展。现将有关事项通知如下：

一、试点的任务

1. 通过政府的引导和推动,提高高新技术企业的保险意识,形成科技保险发展新模式的应用示范。

2. 指导高新技术企业通过保险工具为企业的技术创新活动分散风险、提供保障；收集科技保险支持企业技术创新的经验、模式和案例。

3. 进一步研究开发适合高新技术企业需求的保险产品。

4. 积累科技保险数据,检验科技保险条款的科学性和合理性。

二、申报科技保险试点的条件

1. 高新技术企业数量在100家以上。

2. 试点地区科技部门或国家高新技术产业开发区管委会制定了对高新技术企业参与科技保险的支持政策。

三、申请程序

1. 请准备申请成为科技保险创新试点地区的政府(管委会)向省级科技部门

提出申请。

2. 省级科技部门会同当地保监局对申请材料进行审核后,报送科技部并抄送中国保监会,各省市提出的试点地区不得超过2家。

3. 科技部、中国保监会将对申请材料进行综合评估,选择确定"科技保险创新试点地区"。

4. 科技部、中国保监会将与试点地区签订相关合作备忘录,正式启动试点。

四、申报时间

申请材料请于2007年4月20日前报送科技部、中国保监会。

五、联系人

科技部条件财务司　沈文京　010－58881686

中国保监会发展改革部　高大宏　010－66286559

科技部　中国保监会
二〇〇七年三月二十二日

科技部 中国保监会关于确定第一批科技保险创新试点城市的通知

国科发财字[2007]427号

北京市、天津市、重庆市、湖北省、江苏省科技厅（委）、保监局，深圳市科技和信息局、保监局，武汉市科技局，苏州高新区管委会：

为贯彻落实《国家中长期科学和技术发展规划纲要（2006—2020年）》及其配套政策，根据中国保监会、科技部《关于加强和改善对高新技术企业保险服务有关问题的通知》（保监发[2006]129号），科技部办公厅、中国保监会办公厅《关于开展科技保险创新试点工作的通知》（国科办财[2007]24号）精神，经研究，确定重庆市、天津市、北京市、武汉市、深圳市和苏州国家高新区为第一批科技保险创新试点城市（区）。

同时，将中国平安人寿保险股份有限公司经营的高新技术企业特殊人员团体意外伤害保险和高新技术企业特殊人员团体重大疾病保险列为高新科技研发保险险种。

请你们按照科技部、中国保监会有关文件精神，认真组织实施科技保险工作，充分发挥保险工具对高新技术企业发展的保障与激励作用。在试点期间如有问题，请及时告知科技部（条件财务司）和中国保监会（发展改革部）。

科技部 中国保监会
二〇〇七年七月十七日

科学技术部 中国保监会关于确定成都市等第二批科技保险创新试点城市(区)的通知

国科发财[2008]521号

四川省、上海市、江苏省、辽宁省、陕西省科技厅、保监局,成都市、沈阳市科技局,西安国家高新区管委会、合肥国家高新区管委会:

为贯彻落实《国家中长期科学和技术发展规划纲要(2006—2020年)》及其配套政策,根据中国保监会、科技部《关于加强和改善对高新技术企业保险服务有关问题的通知》(保监发[2006]129号),科技部办公厅、中国保监会办公厅《关于开展科技保险创新试点工作的通知》(国科办财[2007]24号)精神,经研究,确定成都市、上海市、沈阳市、无锡市和西安国家高新区、合肥国家高新区为第二批科技保险创新试点城市(区)。

请你们按照科技部、中国保监会有关文件精神,进一步完善本地区试点方案,落实各项扶持政策,认真组织实施科技保险工作,充分发挥保险工具对高新技术企业发展的保障与激励作用。今年年底前,科技部、中国保监会将对所有试点城市(区)进行检查、评估。请各试点城市(区)对在试点期间出现的问题和建议,及时告知科技部(条件财务司)和中国保监会(发展改革部)。

科学技术部 中国保监会
二〇〇八年八月二十八日

中国保险监督管理委员会 中华人民共和国科学技术部关于进一步做好科技保险有关工作的通知

保监发[2010]31号

各省、自治区、直辖市、计划单列市保监局、科技厅（局、委），深圳市科工贸信委，各国家高新技术开发区管委会，各中资保险公司、保险中介机构：

2007年保监会和科技部共同开展科技保险创新发展模式试点工作以来，科技保险的保险产品逐步丰富，承保范围逐步扩大，投保企业快速增加，为科技领域开展自主创新提供了风险保障。为进一步发挥科技保险的功能作用，支持国家自主创新战略的实施，现就科技保险有关工作通知如下：

一、鼓励保险公司开展科技保险业务。保险公司要增强科技保险工作意识，主动与科技部门联系，深入科技行业研究科技领域风险特点，组建专门团队开展业务，建立科技保险理赔绿色通道，做好科技保险服务。地方保监局和科技主管部门要积极组织推动，加强工作协调，提供相关支持，与保险机构共同推动科技保险的创新发展。

二、支持保险公司创新科技保险产品。保险机构要建立保险公司、科研机构、中介机构和科技企业共同参与的科技保险产品创新机制，根据科技行业不同特点和实际需求，针对科技领域风险特点，组织专门技术力量，积极创新，大力开发新险种，在科技型中小企业自主创业、融资、企业并购以及战略性新型产业供应链等方面提供保险支持，不断拓宽保险服务领域。

三、进一步完善出口信用保险功能。发挥中国出口信用保险公司政策性业务在应对国际金融危机和支持科技企业出口方面的特殊作用，在信用风险管理、融资支持和企业信用体系建设等方面，为科技企业提供信用保险、资信调查、商账追收、保单融资等多方面的保障服务，扩大信用保险在科技领域的综合性服务。

四、加大对科技人员保险服务力度。科技人员是科技工作的重要力量，要进一步研究利用保险手段分散科技人员在科研、生产过程中的风险，解决他们的后顾之忧。高新技术企业可以为符合人数要求的关键研发人员投保团体保险。

五、提高保险中介机构服务质量。各类保险中介机构应积极参与科技保险工作,发挥保险中介机构在企业风险管理、保险方案设计、保险产品宣传推广、保单维护和保险索赔服务以及科技型中小企业风险管理等方面的作用,切实做好保险中介服务工作。保险经纪公司要主动当好科技主管部门和科技企业的顾问,在科技保险工作中作为科技行业一方的代表,维护客户合法权益。

六、实施科技保险有关支持政策。研究在重大专项、国家科技计划经费中列支科技保险费和财政资金对自主创新首台(套)产品实施保费补贴的相关政策。地方科技主管部门要创新科研经费使用方式,制定支持科技保险发展的制度措施,推行科技保险保费补贴制度。企业科技保险保费计入高新技术企业研究与开发费用核算范围,享受国家规定的税收优惠政策。

七、创新科技风险分担机制。鼓励保险公司、再保险公司和担保公司等金融机构共同参与重大科技项目的风险管理工作,与银行等其他金融机构一起创新科技风险管理机制与服务,为科技企业特别是科技型中小企业提供融资、担保方面的支持。

八、探索保险资金支持科技发展新方式。根据科技领域需求和保险资金特点,研究保险资金支持国家高技术产业发展的相关机制和具体措施,探索保险资金参与国家高新技术产业开发区基础设施建设、战略性新兴产业的培育与发展以及国家重大科技项目投资的方式方法,并推动相关工作。

本通知自发文之日起执行。

中国保险监督管理委员会
中华人民共和国科学技术部
二〇一〇年三月十一日